普通高等教育"十二五"规划教材

Visual Basic 程序设计

主　编　王建忠
副主编　何明瑞　张　萍　林蓉华
　　　　邹　帆　赵晴凌

科学出版社
北京

内 容 简 介

本书是为将 Visual Basic 作为第一门程序设计课程学习的学生编写的、以培养学生程序设计基本能力为目标的教材。

本书以 Visual Basic 6.0 为语言背景，以程序设计为主线，以实际应用为驱动，通过问题和案例引入内容，重点讲解程序设计的基本思想和基本方法，并结合相关的语言知识点进行介绍。全书主要内容包括程序设计代码基础、分支与循环程序控制结构、常用控件设计、数组、过程、菜单与对话框设计、图形操作、文件操作、Visual Basic 数据访问技术等概念与应用。

本书可作为普通本科院校非计算机专业的教学用书，也可供计算机等级考试的考生和社会在职人员使用。

图书在版编目(CIP)数据

Visual Basic 程序设计 / 王建忠主编. —北京：科学出版社，2013.1
普通高等教育"十二五"规划教材
ISBN 978-7-03-036495-1

Ⅰ. ①V… Ⅱ. ①王… Ⅲ. ①BASIC 语言－程序设计－高等学校－教材 Ⅳ. ①TP312

中国版本图书馆 CIP 数据核字(2013)第 012673 号

责任编辑：毛 莹 张丽花 / 责任校对：张小霞
责任印制：闫 磊 / 封面设计：迷底书装

科学出版社出版
北京东黄城根北街 16 号
邮政编码：100717
http://www.sciencep.com

北京市文林印务有限公司 印刷
科学出版社发行 各地新华书店经销
*

2013 年 1 月第 一 版 开本：787×1092 1/16
2015 年 1 月第三次印刷 印张：19 1/2
字数：497 000

定价：45.00 元
(如有印装质量问题，我社负责调换)

前 言

Visual Basic 是目前应用最为广泛的 Windows 应用程序开发工具之一，它采用面向对象与事件驱动的程序设计思想，使编程变得更加方便、快捷。它具有简单易学、功能强大、资源丰富等特点，是初学者首选的理想语言。

本书根据教育部高等学校计算机基础课程教学指导委员会 2011 年 10 月编写的《高等学校计算机基础核心课程教学实施方案》、2009 年 10 月编写的《高等学校计算机基础教学发展战略研究报告暨计算机基础课程教学基本要求》，以及教育部高等学校文科计算机基础教学指导委员会 2008 年 11 月编写的《大学计算机教学基本要求》中所涉及的程序设计课程的知识点与技能点，并结合本科院校非计算机专业学生的计算机实际水平与社会应用编写而成。

全书共 11 章，包括 Visual Basic 概述、Visual Basic 简单工程的设计、Visual Basic 程序设计代码基础、Visual Basic 的控制结构、常用控件、数组、过程、菜单与对话框设计、图形操作、文件操作、Visual Basic 与数据库。本书在编写上注意内容由浅入深、重点突出，结构合理清晰，语言准确精炼，内容详略适当，理论联系实际。

本书由长期从事计算机理论教学、实践教学与科研工作的优秀教师编写，其中第 1 章由何明瑞编写，第 2 章由胡绪英编写，第 3 章由葛宇编写，第 4 章由张萍编写，第 5 章由王建忠编写，第 6 章由方涛编写，第 7 章由林蓉华编写，第 8 章由兰清昭编写，第 9 章由吴倩编写，第 10 章由邹帆编写，第 11 章由赵晴凌编写，最后由王建忠统稿与审阅。

在本书的编写过程中得到四川师范大学副校长祁晓玲教授、教务处处长杜伟教授、教务处副处长张松教授、基础教学学院院长唐应辉教授等领导的大力支持，同时也得到基础教学学院从事计算机教学的老师们的支持与关心，在此一并表示真诚的感谢！

由于时间仓促，书中难免存在不足与欠妥之处，为了便于今后的修订，恳请广大读者提出宝贵的意见与建议。

编 者
2012 年 10 月

目 录

前言
第1章 Visual Basic 概述 ················ 1
1.1 Visual Basic 简介 ···················· 1
1.1.1 Visual Basic 的发展 ············ 1
1.1.2 Visual Basic 的版本 ············ 1
1.1.3 Visual Basic 的特点 ············ 2
1.1.4 Visual Basic 6.0 的新特性 ······ 3
1.2 安装、启动和退出
Visual Basic 6.0 ····················· 4
1.2.1 Visual Basic 6.0 的系统要求 ····· 4
1.2.2 安装 Visual Basic 6.0 ············ 4
1.2.3 启动和退出 Visual Basic 6.0 ····· 8
1.3 Visual Basic 的集成开发环境 ······ 8
1.3.1 标题栏 ······················· 9
1.3.2 菜单栏 ······················ 10
1.3.3 快捷菜单 ···················· 10
1.3.4 工具栏 ······················ 10
1.3.5 工具箱 ······················ 11
1.3.6 工程资源管理器窗口 ·········· 12
1.3.7 窗体设计窗口 ················ 13
1.3.8 属性窗口 ···················· 13
1.3.9 窗体布局窗口 ················ 14
1.3.10 代码窗口 ··················· 15
1.3.11 立即窗口 ··················· 17
1.4 Visual Basic 的帮助系统 ··········· 17
1.4.1 使用 MSDN Library 查阅器 ···· 18
1.4.2 使用上下文相关帮助 ·········· 19
习题 1 ······································ 19
第2章 Visual Basic 简单工程的设计 ··· 21
2.1 Visual Basic 面向对象的
基本概念 ························· 21
2.1.1 对象与类 ···················· 21
2.1.2 属性 ························· 22
2.1.3 方法 ························· 23
2.1.4 事件 ························· 24
2.2 Visual Basic 应用程序基础 ········ 25
2.2.1 新建工程 ···················· 25
2.2.2 设计应用程序界面 ············ 25
2.2.3 设置各对象属性 ·············· 29
2.2.4 编写事件过程代码 ············ 29
2.2.5 保存工程 ···················· 30
2.2.6 运行与调试工程 ·············· 31
2.2.7 生成可执行文件 ·············· 32
2.3 窗体 ······························· 32
2.3.1 窗体的基本元素 ·············· 32
2.3.2 窗体的添加和移除 ············ 33
2.3.3 窗体的属性 ·················· 34
2.3.4 窗体的事件 ·················· 37
2.3.5 窗体的方法 ·················· 38
2.4 命令按钮 ·························· 41
2.4.1 命令按钮的属性 ·············· 41
2.4.2 命令按钮的事件 ·············· 42
2.4.3 命令按钮的方法 ·············· 42
2.5 标签 ······························· 43
2.5.1 标签控件的属性 ·············· 43
2.5.2 标签控件的事件 ·············· 44
2.5.3 标签控件的方法 ·············· 44
2.6 文本框 ···························· 45
2.6.1 文本框控件的属性 ············ 45
2.6.2 文本框控件的事件 ············ 47
2.6.3 文本框控件的方法 ············ 47
习题 2 ······································ 50
第3章 Visual Basic 程序设计代码基础 ··· 52
3.1 代码编写规范 ····················· 52
3.2 数据类型 ·························· 55
3.3 常量 ······························· 57

3.4 变量 ································· 59
3.5 常用函数 ····························· 63
3.6 运算符与表达式 ····················· 68
习题 3 ······································ 71

第 4 章 Visual Basic 的控制结构 ······ 74
4.1 基本语句 ····························· 74
    4.1.1 赋值语句 ······················· 74
    4.1.2 数据输入 ······················· 78
    4.1.3 数据输出 ······················· 80
    4.1.4 打印机输出 ···················· 86
4.2 顺序结构程序设计 ·················· 87
4.3 选择结构程序设计 ·················· 87
    4.3.1 If 语句 ·························· 87
    4.3.2 多分支选择语句 Select Case…
         End Select ······················ 90
    4.3.3 替代条件语句的函数 ············ 92
    4.3.4 条件语句的嵌套 ················ 93
4.4 循环结构程序设计 ·················· 94
    4.4.1 For…Next 循环 ················· 94
    4.4.2 Do…Loop 循环 ················· 96
    4.4.3 While…Wend 循环 ············· 98
    4.4.4 循环的嵌套 ···················· 100
4.5 其他辅助控制语句 ················ 103
    4.5.1 跳转语句 GoTo ················ 103
    4.5.2 多分支选择转移语句
         On...GoTo ····················· 103
    4.5.3 退出语句 Exit ················· 103
    4.5.4 结束语句 End ·················· 103
4.6 程序调试与错误处理 ·············· 104
    4.6.1 编程规范 ······················ 104
    4.6.2 程序错误 ······················ 105
    4.6.3 程序调试 ······················ 106
习题 4 ···································· 108

第 5 章 常用控件 ······················ 116
5.1 控件分类 ··························· 116
5.2 图片框 ····························· 117
5.3 图像框 ····························· 119
5.4 复选框 ····························· 121
5.5 框架 ································ 124
5.6 单选按钮 ··························· 125
5.7 列表框 ····························· 130
5.8 组合框 ····························· 135
5.9 定时器 ····························· 138
5.10 滚动条 ···························· 143
5.11 游标控件 ························· 145
5.12 进度条 ···························· 146
5.13 日期/时间控件 ··················· 148
5.14 鼠标与键盘 ······················ 150
5.15 焦点与 Tab 顺序 ················· 153
习题 5 ···································· 155

第 6 章 数组 ···························· 159
6.1 数组的基本概念 ··················· 159
    6.1.1 数组与数组元素 ··············· 159
    6.1.2 数组的类型 ···················· 159
    6.1.3 数组的形式 ···················· 159
    6.1.4 数组的维数 ···················· 160
6.2 数组的定义与应用 ················ 160
    6.2.1 静态数组的定义 ··············· 160
    6.2.2 数组的基本操作 ··············· 161
    6.2.3 用户自定义类型的数组 ········ 165
6.3 数组的基本操作示例 ·············· 166
6.4 动态数组 ··························· 173
    6.4.1 动态数组的建立 ··············· 173
    6.4.2 保留动态数组的内容 ·········· 175
6.5 控件数组 ··························· 176
    6.5.1 控件数组的概念 ··············· 176
    6.5.2 控件数组的建立 ··············· 177
    6.5.3 控件数组的应用 ··············· 178
习题 6 ···································· 180

第 7 章 过程 ···························· 186
7.1 Sub 过程 ··························· 186
    7.1.1 事件过程 ······················ 186
    7.1.2 通用过程 ······················ 188
7.2 Function 过程 ····················· 191
    7.2.1 Function 过程的定义 ·········· 191
    7.2.2 Function 过程的调用 ·········· 192
7.3 参数的传递 ························ 194
    7.3.1 形参与实参 ···················· 194

7.3.2	引用	194
7.3.3	传值	195
7.3.4	数组参数	196
7.3.5	对象参数	197
7.3.6	可选参数与可变参数	199

7.4 过程的嵌套与递归 ········ 200
    7.4.1 过程的嵌套调用 ········ 200
    7.4.2 过程的递归调用 ········ 201

7.5 Visual Basic 工程结构 ········ 202
    7.5.1 模块的分类 ········ 203
    7.5.2 多重窗体 ········ 204
    7.5.3 Sub Main 过程 ········ 207

7.6 变量的作用域与生存周期 ········ 207
    7.6.1 变量的作用域 ········ 207
    7.6.2 变量的生存周期 ········ 209

习题 7 ········ 209

第 8 章 菜单与对话框设计 ········ 214

8.1 菜单设计 ········ 214
    8.1.1 下拉式菜单 ········ 214
    8.1.2 弹出式菜单 ········ 223

8.2 对话框设计 ········ 225
    8.2.1 对话框的分类和特点 ········ 226
    8.2.2 自定义对话框 ········ 226
    8.2.3 通用对话框 ········ 229

习题 8 ········ 237

第 9 章 图形操作 ········ 240

9.1 图形操作基础 ········ 240
    9.1.1 标准坐标系 ········ 240
    9.1.2 自行定义坐标系 ········ 241

9.2 绘图属性 ········ 242
    9.2.1 当前坐标 ········ 242
    9.2.2 DrawWidth 属性 ········ 243
    9.2.3 DrawStyle 属性 ········ 243
    9.2.4 颜色 ········ 243
    9.2.5 FillColor 属性和 FillStyle 属性 ········ 244

9.3 图形绘制 ········ 245
    9.3.1 Shape 控件 ········ 245
    9.3.2 Line 控件 ········ 246

9.4 绘图方法 ········ 247
    9.4.1 Line 方法 ········ 247
    9.4.2 Circle 方法 ········ 247
    9.4.3 PSet 方法 ········ 248
    9.4.4 Cls 清除图形方法 ········ 249

习题 9 ········ 249

第 10 章 文件操作 ········ 251

10.1 文件的基本概念 ········ 251
    10.1.1 文件说明 ········ 251
    10.1.2 文件结构 ········ 251
    10.1.3 文件分类 ········ 252

10.2 文件的打开与关闭 ········ 253
    10.2.1 打开文件 ········ 253
    10.2.2 关闭文件 ········ 254

10.3 文件的读/写 ········ 255
    10.3.1 相关概念和函数 ········ 255
    10.3.2 顺序文件的读/写 ········ 256
    10.3.3 随机文件的读/写 ········ 260
    10.3.4 二进制文件的读/写 ········ 263
    10.3.5 常用文件及目录操作语句和函数 ········ 264

10.4 常用文件系统控件 ········ 266
    10.4.1 驱动器列表框 ········ 266
    10.4.2 目录列表框 ········ 267
    10.4.3 文件列表框 ········ 268

习题 10 ········ 270

第 11 章 Visual Basic 与数据库 ········ 274

11.1 数据库概述 ········ 274
    11.1.1 数据库的基本概念 ········ 274
    11.1.2 关系数据库的基本概念 ········ 275
    11.1.3 数据访问基础 ········ 276

11.2 使用可视化数据库管理器 ········ 277
    11.2.1 建立数据库 ········ 277
    11.2.2 添加数据表 ········ 278
    11.2.3 编辑数据表中数据 ········ 280
    11.2.4 使用数据窗体设计器 ········ 281
    11.2.5 使用查询生成器 ········ 283

11.3 ADO Data 控件 ········ 284
    11.3.1 ADO Data 控件的属性 ········ 285

    11.3.2 ADO Data 控件的事件 ····· 287
    11.3.3 Recordset 对象 ············· 287
    11.3.4 数据绑定控件 ············· 289
    11.3.5 ADO Data 控件的应用 ····· 289
11.4 结构化查询语言 ················ 292
    11.4.1 SQL 的组成 ················ 292
    11.4.2 数据的查询 ················ 292
    11.4.3 数据表的操作 ············· 294
    11.4.4 SQL 的应用 ················ 295
习题 11 ································· 296
参考答案 ···························· 298
参考文献 ···························· 303

第 1 章　Visual Basic 概述

　　Visual Basic 是 Microsoft 公司推出的基于 Windows 环境的一种结构化程序设计语言，它集成了系统完整且功能强大的应用程序开发环境。Visual Basic 继承了 BASIC 语言简单易学的优点，又增加了许多新的功能，使其简单易用，适用面广，成为开发 Windows 应用程序最迅速、最简捷的平台。

1.1　Visual Basic 简介

　　什么是 Visual Basic？Visual 意为"可视化"，指的是开发图形用户界面(GUI)的方法，在图形用户界面下，不需要编写大量代码去描述界面元素的外观和位置，而只要把预先建立的对象画到屏幕上的适当位置，再进行简单设置。Basic 指的是 BASIC(Beginners All-Purpose Symbolic Instruction Code)语言，是在计算技术发展历史上应用得最为广泛的一种语言。Visual Basic 在原有 BASIC 语言的基础上进一步发展，至今包含了数百条语句、函数及关键字，其中很多与 Windows GUI 有直接关系。专业人员用 Visual Basic 可以实现其他任何 Windows 编程语言的功能，而初学者只要掌握几个关键字就可以建立实用的应用程序。

1.1.1　Visual Basic 的发展

　　BASIC 语言是在 1964 年由美国 Dartmouth 大学的 John G. Kemeny 和 Thomas E.Kurtz 两位教授共同创立的一种通用计算机算法语言，由于其简单易学、人机对话方便，故得到广泛的应用。

　　1991 年，Microsoft 公司推出了 Visual Basic 1.0 版，这套软件为开发 Windows 应用程序提供了强有力的工具。Visual Basic 包含了 GUI 界面，使得屏幕设计简单直观，受到广大应用程序设计员的欢迎。随后，Microsoft 公司又分别在 1992 年、1993 年、1995 年和 1997 年相继推出了 2.0 版、3.0 版、4.0 版和 5.0 版。从 Visual Basic 3.0 版开始，Microsoft 将 Access 数据库驱动集成到 Visual Basic 中，使得 Visual Basic 的数据库编程功能大大提高。从 Visual Basic 4.0 版开始，Visual Basic 引入了面向对象的程序设计思想和"控件"概念。Visual Basic 6.0 是 Microsoft 公司于 1998 年下半年推出的 Visual Basic 最高版，与以往版本比较，它的功能更强大、更完善，其中主要增强了对数据库和 Internet 的访问功能。

1.1.2　Visual Basic 的版本

　　为了满足不同开发人员的需要，Visual Basic 提供了 3 个版本供用户选择。

　　1. 学习版

　　学习版是针对初学者学习和使用的基础版本，该版本包括所有的内部控件，以及网格、选项卡和数据绑定控件。学习版提供的文档有 Learn VB Now CD 和包含全部联机文档的 Microsoft Developer Network CD。

2. 专业版

专业版为专业编程人员提供了一整套功能完备的开发工具，包括学习版的全部功能，以及 ActiveX 控件、Internet Information Server Application Designer、集成的 Visual Database Tools 和 Data Environment、Active Data Objects 和 Dynamic HTML Page Designer。专业版提供的文档有 Visual Studio Professional Features 手册和包含全部联机文档的 Microsoft Developer Network CD。

3. 企业版

企业版是 Visual Basic 6.0 的最强版本，该版本除了包括专业版的全部功能外，还包括一个 Back Office 特殊工具，如 SQL Server、Microsoft Transaction Server、Internet Information Server、Visual SourceSafe 和 SNA Server。企业版还提供 Visual Studio Enterprise Features 手册和包含全部联机文档的 Microsoft Developer Network CD。

1.1.3 Visual Basic 的特点

Visual Basic 与传统的程序设计语言相比有许多特点，其主要特点如下。

1. 可视化的设计平台

在使用传统程序设计语言编程时，需要通过编程计算来设计程序界面，在设计过程中看不到程序的实际显示效果，必须在运行程序之后才能观察。Visual Basic 的可视化设计平台，把 Windows 界面设计的复杂性"封装"起来。程序员不必再为界面的设计而编写大量的程序代码，只需按设计的要求，用系统提供的工具在屏幕上"画出"各种对象，Visual Basic 自动产生界面设计代码，程序员所需要编写的只是实现程序功能的代码，从而大大降低了开发难度、提高了编程效率。

2. 面向对象的程序设计方法

Visual Basic 采用面向对象的程序设计方法(Object Oriented Programming)，把程序和数据封装起来作为一个对象，并为每个对象赋予相应的属性。在设计对象时，不必编写建立和描述每个对象的程序代码，而是用工具"画"在界面上，由 Visual Basic 自动生成对象的程序代码并封装起来。

3. 结构化程序设计语言

Visual Basic 是在结构化的 BASIC 语言的基础上发展起来的，具有高级程序设计语言的语句结构。Visual Basic 语句简单易懂，其编辑器支持彩色代码，可自动进行语法错误检查，同时具有功能强大且使用灵活的调试器和编译器。

4. 事件驱动的编程机制

传统的程序设计语言中，程序是按指定的流程执行，用户不能随意改变、控制程序的流向。在 Visual Basic 中，通过事件来执行对象的操作。用户操作触发事件，系统响应事件时会自动执行相应的事件过程(事件驱动)，从而实现指定的操作以达到运算、处理的目的。

5. 交互式的开发环境

传统的应用程序开发过程可以分为 3 个明显的步骤：编码、编译和测试代码。Visual Basic 是一个交互式的集成开发环境，集应用程序开发、测试、查错功能于一体，使用交互式方法开发应用程序，使编码、编译和测试代码 3 个步骤之间不再有明显的界限。

1.1.4 Visual Basic 6.0 的新特性

1. 数据访问的新特性

Visual Basic 6.0 数据访问技术方面比 Visual Basic 5.0 有了很大的增强。第一，它采用了 ADO（Active Data Object）数据访问技术，使之能更好地访问本地和远程的数据库。第二，在数据环境方面，允许程序员可视化地创建和操作 ADO 连接及命令，为程序员操作数据源提供了很大的方便。第三，增加了 ADO 控件和集成的可视化数据库工具。

2. Internet 功能的增强

Internet 是当今发展的潮流，Visual Basic 6.0 在 Internet 方面的增强使得它成为当前最强有力的开发工具之一。

（1）IIS 程序设计。专业版和企业版中都有 IIS。用 Visual Basic 6.0 可以直接创建 IIS 应用程序，响应用户的要求。

（2）DHTML 的设计。利用 Visual Basic 6.0，程序员可以直接通过 Visual Basic 代码来实现动态网页的设计。

（3）Internet Explorer 对下载 ActiveX 文档的支持。

3. 控件、语言和向导方面的新增特性

（1）DataGrid、DataList、DataCombo 等新增的数据控件，相当于 DB 版本的 DB Grid、OLEDBList 和 DBCOmbo，所不同的是它们都支持 ADO 控件。

（2）可以创建自己的数据源和数据绑定对象。

（3）函数可以将数组作为返回值，并且为可变大小的数组赋值。

（4）安装向导、数据对象向导、数据窗体向导及应用程序向导，开发人员通过这些新增的向导及功能增强的向导，可以设计出优秀的应用程序。

4. 高度可移植化的代码

代码的可移植性是面向对象编程的一个重要特点。Visual Basic 6.0 集成了 Visual ComPonent Manager（VCM，可视化组件管理器）和 Visual Modeler（可视化模块设计器）。通过 VCM，可以在 Visual Basic 的工程中方便地组织、查找、插入各种窗体（或者模板、类模块），甚至整个工程，为代码的重新利用提供了方便。而利用 Visual Modeler 可以将设计器和组件转化成 Visual C++或 Visual Basic 的代码，它与 VCM 结合可以将 Visual Basic 中写的类，在其他工程甚至 Visual C++的工程中使用。

5. ActiveX 控件的轻松创建

用 Visual Basic 6.0 创建的 ActiveX 控件，其外观和行为均和用 C 语言编写的控件一样，可以用在 Visual C++、Visual Basic、Delphi，甚至 Word 和 Access 中。

6. 完善的在线帮助

Visual Basic 6.0 有两张光盘的文档资料，包括 Visual Basic 6.0 程序员设计手册、全文**搜索索引**、Visual Basic 文档和 Visual Basic 程序样例等。

1.2 安装、启动和退出 Visual Basic 6.0

Visual Basic 6.0 是 Microsoft 推出的 Visual Studio 6.0 系列开发产品中的一个组件，既可单独安装，又可和 Visual Studio 一起安装。MSDN Library 是编程技术信息，建议安装 Visual Basic 时将其安装，以获取相关的帮助信息。

1.2.1 Visual Basic 6.0 的系统要求

在安装 Visual Basic 之前，首先应检查计算机是否具有安装所要求的系统环境，即 Visual Basic 6.0 运行所需要的硬件系统和软件系统。

1. 处理器

486DX/66MHz 或更高的处理器(推荐 Pentium 或更高的处理器)，或任何运行于 Microsoft Windows NT Workstation 的 Alpha 处理器。

2. 内存

在 Windows 95 系统使用 Visual Basic 6.0，至少需要 16MB 的内存；在 Windows NT Workstation 系统则需要 32MB 的内存。

3. 操作系统

Visual Basic 6.0 是一个 32 位的应用程序，必须运行在 Windows 95 或更高版本，或 Microsoft Windows NT Workstation 4.0(推荐 Service Pack 3)或更高版本。

4. 硬盘空间

安装不同版本所需的硬盘空间是不同的。对于学习版，典型安装需要 48MB，完全安装需要 80MB；对于专业版，典型安装需要 48MB，完全安装需要 80MB；对于企业版，典型安装需要 128MB，完全安装需要 147MB。

5. 其他

除上面的要求之外，还应该具备：CD-ROM 驱动器、Microsoft Windows 支持的 VGA 或分辨率更高的监视器、鼠标或其他定点设备。

1.2.2 安装 Visual Basic 6.0

Visual Basic 6.0 的安装过程和一般软件的安装差不多，可以使用系统自带的安装程序进行安装，也可以运行安装盘上的 setup.exe 文件进行安装。在安装过程中，安装程序会为 Visual Basic 创建目录，并要求选择安装的 Visual Basic 部件。

下面介绍 Visual Basic 6.0 的安装过程。

（1）将 Visual Basic 6.0 的安装光盘放入光驱，若系统能够自动播放，则会自动启动安装程序。否则运行安装光盘中的 setup.exe 文件，出现如图 1-1 所示的"Visual Basic 6.0 中文企业版 安装向导"对话框。

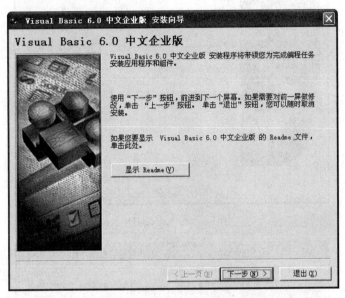

图 1-1　Visual Basic 安装向导

（2）单击"下一步"按钮，出现如图 1-2 所示的对话框。

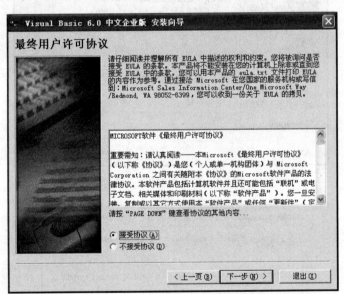

图 1-2　接受用户许可协议

（3）选择"接受协议"单选按钮，单击"下一步"按钮，在如图 1-3 所示的对话框中输入产品的 ID 号、姓名和公司名称。

（4）单击"下一步"按钮，出现如图 1-4 所示的对话框，选择"安装 Visual Basic 6.0 中文企业版"单选按钮，单击"下一步"按钮。

（5）出现如图 1-5 所示的对话框，给以相应说明和版权警示，单击"继续"按钮。

图 1-3 输入产品 ID 号

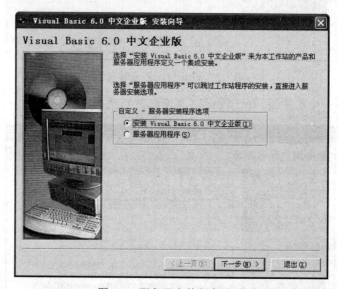

图 1-4 服务器安装程序选项

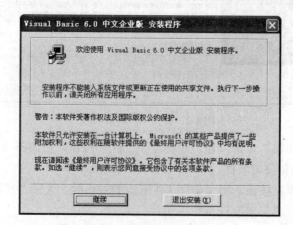

图 1-5 是否接受协议

(6) 安装程序搜索已经安装的组件，然后出现如图 1-6 所示对话框。选择"典型安装"选项，系统将自动安装 Visual Basic 6.0 最常用的组件；选择"自定义安装"选项，允许用户选择安装 Visual Basic 6.0 的各种组件，出现如图 1-7 所示的对话框，在"选项"列表框中可以选定要安装的部件。在这里还可以根据具体情况更改 Visual Basic 6.0 的安装路径（单击"更改文件夹"按钮，输入或选择新的目的地文件夹）。

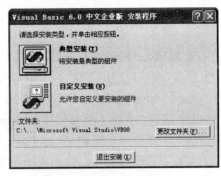

图 1-6 选择安装方式

(7) 接下来开始正式安装 Visual Basic 6.0 中文企业版，安装完成后会要求重新启动计算机，单击"重新启动计算机"按钮，重新启动计算机。

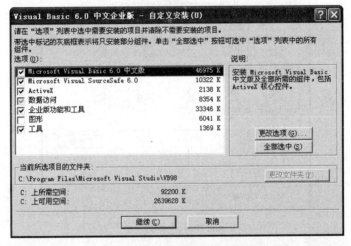

图 1-7 "自定义安装"对话框

(8) 计算机重新启动之后，安装程序自动打开"安装 MSDN"对话框，如图 1-8 所示，选中"安装 MSDN"复选框，单击"下一步"按钮，即可安装 MSDN 联机帮助文档。

图 1-8 "安装 MSDN"对话框

1.2.3 启动和退出 Visual Basic 6.0

安装 Visual Basic 6.0 之后，将在"所有程序"下建立一个程序组"Microsoft Visual Basic 6.0 中文版"，在该程序组下建立一个程序项"Microsoft Visual Basic 6.0 中文版"。

启动 Visual Basic 6.0 的步骤如下：

（1）选择"开始｜所有程序｜Microsoft Visual Basic 6.0 中文版｜Microsoft Visual Basic 6.0 中文版"菜单命令，启动 Visual Basic 6.0。

（2）在启动过程中，将出现如图 1-9 所示的"新建工程"对话框。

图 1-9　Visual Basic "新建工程"对话框

在"新建工程"对话框中，有 3 个选项卡：

①"新建"选项卡：在该选项卡内列出了新建应用程序的各种类型（默认类型为"标准 EXE"）。单击"打开"按钮，即可创建一个与所选类型对应的应用程序。

②"现存"选项卡：在此选项卡内用户可以选择和打开一个已有的工程。

③"最新"选项卡：该选项卡内列出最近使用过的工程。

无论用户选择哪一个选项卡，都可以通过单击"打开"按钮，新建或打开一个工程。

一般情况下，在"新建"选项卡中选择"标准 EXE"选项，然后单击"打开"按钮，即可新建立一个"标准 EXE"类型的工程，并进入 Visual Basic 6.0 集成开发环境。

退出 Visual Basic 6.0 的方法如下：

（1）选择"文件｜退出"菜单命令或者直接按 Alt+Q 快捷键，退出 Visual Basic 6.0。

（2）右击 Visual Basic 6.0 应用程序标题栏，在弹出的快捷菜单中选择"关闭"命令。

（3）单击 Visual Basic 6.0 应用程序标题栏中的"关闭"按钮。

1.3　Visual Basic 的集成开发环境

Visual Basic 的集成开发环境（Integrated Develop Environment，IDE）包含标题栏、菜单栏、快捷菜单、工具栏等元素。此外，还有工具箱、工程资源管理器窗口、属性窗口、窗体设计窗口、代码窗口和窗体布局窗口等，如图 1-10 所示。

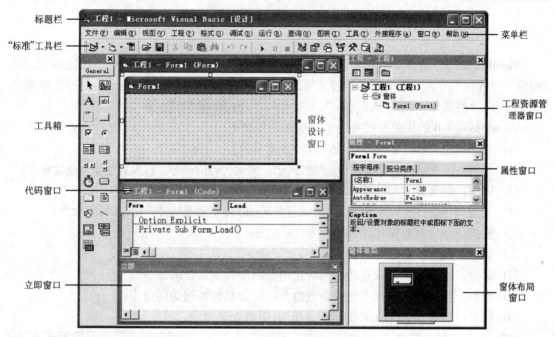

图 1-10　Visual Basic 集成开发环境的界面

1.3.1　标题栏

标题栏位于集成开发环境主窗口最上面，显示窗口标题及工作模式。启动 Visual Basic 6.0 后，窗口标题为"工程 1-Microsoft Visual Basic[设计]"，方括号中的"设计"表示 Visual Basic 处于程序设计模式。Visual Basic 6.0 有设计、运行和中断 3 种工作模式，处于不同的工作模式，方括号中的信息会随之变化。例如，运行窗体时，方括号中的文字变成"运行"。

下面简单介绍 Visual Basic 6.0 的 3 种工作模式。

1. 设计模式

在设计模式(Design)下，可进行用户界面的设计和代码的编写。使用"属性"窗口可以设置或查看对象的属性设置值。

2. 运行模式

在运行模式(Run)下，运行应用程序。可以测试程序的运行结果，可以与应用程序对话，还可以查看程序代码，但不能修改程序代码，也不能进行界面设计。

执行"运行 | 启动"命令，或单击"标准"工具栏上的"启动"按钮 ▶，运行应用程序；在运行时，执行"运行 | 结束"命令，或单击"标准"工具栏上的"结束"按钮 ■，切换到设计模式。

3. 中断模式

在应用程序运行时，执行"运行 | 中断"命令，或单击"标准"工具栏上的"中断"按钮 ❙❙，或按快捷键 Ctrl+Break，切换到中断模式(Break)。中断模式表示暂时中止应用程序的运行，此时可以查看并编辑代码、检查或修改数据，但不可以编辑界面。在中断模式下，执行"运行 | 启动"命令，或单击"标准"工具栏上的"启动"按钮 ▶，应用程序继续运行；执行"运行 | 结束"命令，或单击"标准"工具栏上的"结束"按钮 ■，应用程序停止运行。

1.3.2 菜单栏

Visual Basic 6.0 的菜单栏包含使用 Visual Basic 所需要的命令。该菜单栏不仅包括"文件"、"编辑"、"视图"、"窗口"、"帮助"等常见命令菜单外，还包括 Visual Basic 的专用编程菜单，如"工程"、"格式"、"调试"、"运行"、"工具"、"外接程序"等。

Visual Basic 6.0 的集成开发环境中的基本菜单如下。

(1) 文件：包含打开和保存工程，以及生成可执行文件的命令。
(2) 编辑：包含编辑命令和其他一些格式化、编辑代码的命令，以及其他编辑功能命令。
(3) 视图：包含显示和隐藏 IDE 元素的命令。
(4) 工程：包含在工程中添加构件、引用 Windows 对象和工具箱新工具的命令。
(5) 格式：包含对齐窗体控件的命令。
(6) 调试：包含一些通用的调试命令。
(7) 运行：包含启动、设置断点和终止当前应用程序运行的命令。
(8) 查询：包含操作数据库时的查询命令，以及其他数据访问命令。
(9) 图表：包含操作 Visual Basic 工程时的图表处理命令。
(10) 工具：包含建立 ActiveX 控件时需要的工具命令，并可以启动菜单编辑器和配置环境选项。
(11) 外接程序：包含可以随意增删的外接程序。
(12) 窗口：包含屏幕窗口布局命令。
(13) 帮助：提供相关帮助信息。

1.3.3 快捷菜单

快捷菜单包括经常执行操作的快捷键，右击对象，便可打开与该对象相关的快捷菜单。右击不同的对象，将打开不同的快捷菜单。例如，在"工具箱"上右击时显示的快捷菜单，可以在上面选择：显示"部件"对话框，隐含"工具箱"，连接或挂断"工具箱"，或在"工具箱"中添加自定义选项卡。

1.3.4 工具栏

Visual Basic 工具栏提供了对常用菜单的快速访问，只需要单击工具栏上的按钮即可执行相应的菜单命令。Visual Basic 6.0 共有 4 种工具栏：编辑、标准、窗体编辑器和调试。在默认情况下，启动 Visual Basic 后显示"标准"工具栏，其他的工具栏可以从"视图"菜单下的"工具栏"命令中打开或关闭；也可以右击工具栏，从快捷菜单中打开或关闭某种工具栏。

每种工具栏都有固定和浮动两种形式。把鼠标指针移到固定形式工具栏中的垂直分隔线，按住鼠标左键，向下拖动鼠标或双击鼠标，工具栏变成浮动形式，工具栏"悬"在窗口中；如果想把浮动形式的工具栏变成固定形式，只需双击浮动工具栏的标题栏，此时工具栏紧贴在菜单栏下方。

4 种工具栏的基本功能如下。

(1) "编辑"工具栏：包含代码编辑时频繁使用的一些常用菜单项的快捷方式按钮。
(2) "标准"工具栏：包含一些常用菜单项的快捷方式按钮。

(3)"窗体编辑器"工具栏：包含一些经常用到的、对于使用窗体常用的菜单项的快捷方式按钮。

(4)"调试"工具栏：包含调试代码时经常使用的一些常用菜单项的快捷方式按钮。

1.3.5 工具箱

Visual Basic 的工具箱如图 1-11 所示，其中的每个图标表示一种控件，控件是建立图形用户界面的基本要素，利用工具箱中的控件可以在窗体上创建对象。

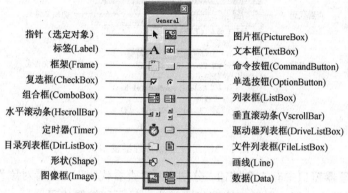

图 1-11 Visual Basic 工具箱中标准控件类型

在 Visual Basic 中，控件分成以下 3 类。

(1) 内部控件：默认状态下工具箱中显示的控件。内部控件总是出现在工具箱中，不像 ActiveX 控件和可插入对象那样可以添加到工具箱中，或从工具箱中删除。

(2) ActiveX 控件：是扩展名为 .ocx 的独立文件，包括各种 Visual Basic 版本提供的控件及第三方厂家提供的控件。

(3) 可插入的对象：将其他应用程序产品，如 Excel 工作表对象、公式等作为一个对象加入到工具箱中。

用户可以将不在工具箱中的其他 ActiveX 控件放到工具箱中，通过"工程"菜单中的"部件"命令或从"工具箱"快捷菜单中选定"部件"命令，就会显示系统安装的所有 ActiveX 控件清单。要将某控件加入到当前选项卡中，单击要选定控件前面的方框，然后单击"确定"按钮即可，如图 1-12 所示。

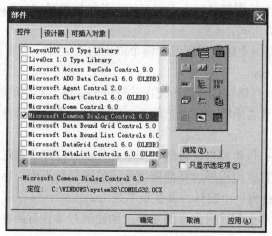

图 1-12 "部件"对话框的"控件"选项卡

1.3.6 工程资源管理器窗口

工程是用于建立一个应用程序的所有文件组成的集合。在 Visual Basic 中用工程资源管理器来管理工程中的窗体和其他各种模块，工程资源管理器以树形目录结构的形式列出了当前工程中包括的所有文件，工程资源管理器如图 1-13 所示。

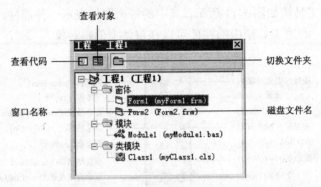

图 1-13　工程资源管理器窗口

工程资源管理器窗口中有 3 个按钮，分别表示"查看代码"、"查看对象"、"切换文件夹"。

(1) "查看代码"按钮：用于切换到代码窗口，显示和编辑代码。

(2) "查看对象"按钮：用于切换到窗体设计窗口，查看和编辑所设计的界面。当选择标准模块文件时，该按钮无效。

(3) "切换文件夹"按钮：切换文件夹显示方式。单击该按钮，显示各类文件所在的文件夹；再单击一次该按钮，取消文件夹显示。

如果关闭了工程资源管理器窗口，执行"视图 | 工程资源管理器"命令，或单击"标准"工具栏上的"工程资源管理器"按钮也可以打开该窗口。

在工程资源管理器窗口中，主要列出了窗体模块、类模块和标准模块三类模块，每一行包括模块的名称和该模块对应的磁盘文件名，括号前的名称是模块名称(如 Form1、Module1 等)，括号中的名称是磁盘文件名(如 myForm1.frm、myModule1.bas 等)。默认时，磁盘文件名和对应的模块名称相同。

一般地，一个工程包含以下 5 种类型的文件。

(1) 工程文件：每个工程都有一个工程文件，其扩展名是.vbp。执行"文件 | 新建工程"命令建立一个新的工程。

(2) 工程组文件：当一个应用程序包含两个以上的工程时，这些工程就构成一个工程组。工程组文件的扩展名是.vbg。

(3) 窗体模块文件：存储窗体及其所使用的控件的属性、对应的事件过程、程序代码等，包括窗体级的常量、变量的声明。一个工程至少应包含一个窗体模块文件，窗体模块文件的扩展名是.frm。

(4) 标准模块文件：包含类型、常量、变量、外部过程和公共过程的公共的或模块级的声明，标准模块用来放置应用程序内其他模块访问的过程和声明。标准模块文件是一个纯代码性质的文件，不属于任何一个窗体，其扩展名是.bas。

(5) 类模块文件：用于创建自定义的对象，创建的对象含有属性和方法。类模块文件的扩展名是.cls。

此外，Visual Basic 中的工程还可包含资源文件、ActiveX 文档、用户控件和属性页等。各种类型文件之间的层次关系如图 1-14 所示。

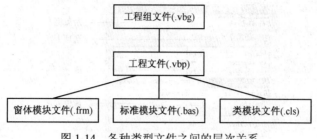

图 1-14　各种类型文件之间的层次关系

1.3.7　窗体设计窗口

窗体是设计应用程序界面的场所，在窗体中添加控件、图形图片和菜单等来创建所需界面，窗体的设计是在窗体设计窗口中完成的，窗体设计窗口是应用程序最终面向用户的窗口，如图 1-15 所示。

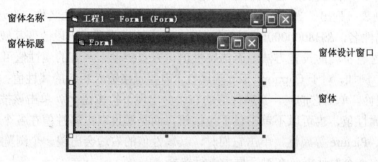

图 1-15　"窗体设计"窗口

应用程序中的每一个窗体都有自己的窗体设计窗口，一个应用程序可以有多个 Form 窗口，各个窗口都有不同的名字，以免发生混淆。默认时被命名为 Form1、Form2、Form3 等，用户也可以重命名这些窗口名。每个窗体保存在窗体模块文件中。注意，窗体名即窗体的 Name 属性和窗体模块文件名的区别。

通过"工程|添加窗体"命令可以创建新窗体或将已有的窗体添加到工程中。如果关闭了窗体设计窗口，可以执行"视图|对象窗口"命令将其打开；也可在工程资源管理器窗口中，双击要打开的窗体，或右击某一个窗体，在弹出的快捷菜单中选择"查看对象"命令打开窗体。

1.3.8　属性窗口

在 Visual Basic 中，窗体和控件被称为对象。在设计模式中，属性窗口列出了当前选定对象（窗体或控件）的属性及其值，用户可以对这些属性值进行设置。属性决定了各个独立对象的外观和行为，各种类型的对象都有自己的一组属性，如名称、标题、颜色和样式等。属性窗口如图 1-16 所示。

属性窗口由以下几部分组成。

（1）对象框：列出了当前窗体所包含对象的名称及其所属类。这是一个下拉列表框，单击其右端的下拉箭头，从下拉列表框中选择某一对象，则在下面的属性列表中显示当前对象的属性。如果选择了好几个对象，则会以第一个对象为准，列出各对象均具有的属性。要选择某一对象，可以在窗体上直接单击某对象，或者从对象下拉列表中选择。

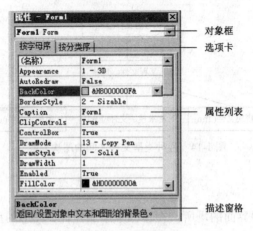

图 1-16　属性窗口

(2) 选项卡：确定属性的显示方式，即按字母顺序或按分类顺序显示属性。

(3) 属性列表：列出了当前对象的所有属性。列表中左边为属性名称，右边为属性值(如 BackColor 是属性名，&H8000000F& 是属性值)。在设计模式下，可以改变其属性值。

不同的属性有不同的设置方法。有的属性值可以直接输入，有的属性值可从下拉列表或对话框中选择。例如，对于 Caption、Top 等属性，需要直接输入相应的属性值；对于 Enabled、Alignment 等属性，单击它们时，其属性值的右边会出现下拉按钮▼，单击该按钮，从列出的有效值中选择属性值，也可以不单击该下拉按钮，而是通过双击属性值在各个属性值之间切换；对于 Font、Picture 等属性，单击它们时，其属性值的右边会出现一个浏览按钮...，单击该按钮，将弹出一个对话框，在对话框中进行选择。

(4) 描述窗格：显示属性类型和属性的简短描述，按方向键可以遍览描述列表。在该位置右击，在弹出的快捷菜单中选择"描述"命令，可以显示或隐藏描述窗格。

如果关闭了属性窗口，可以执行"视图 | 属性窗口"命令、或单击"标准"工具栏上的 按钮、或按功能键 F4 打开属性窗口。

1.3.9　窗体布局窗口

窗体布局窗口位于主窗口的右下角，其作用是设置窗体在运行时，该窗体在屏幕中的初始显示位置。在窗体布局窗口中有一个表示窗体的小图标，通过拖动小图标进行设置，如图 1-17 所示。

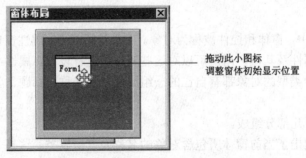

图 1-17　窗体布局窗口

如果关闭了窗体布局窗口，可以执行"视图｜窗体布局窗口"命令、或单击"标准"工具栏上的 按钮打开窗体布局窗口。

1.3.10 代码窗口

代码窗口又称为代码设计窗口，是显示和编辑程序代码的窗口。应用程序中的每个窗体或标准模块都有一个独立的代码窗口与之对应。代码编辑器像一个高度专门化的字处理软件，有许多便于编写 Visual Basic 代码的功能。

在设计好应用程序的界面后，就可以通过下列方法进入代码窗口编写程序代码：

（1）双击一个控件或窗体，这种方法最常用；
（2）在窗体上右击，在弹出的快捷菜单中选择"查看代码"命令；
（3）从工程资源管理器窗口中选择要查看的窗体或模块，单击"查看代码"按钮；
（4）选择要查看的窗体或模块，然后按 F7 键；
（5）执行"视图｜代码窗口"命令。

代码窗口如图 1-18 所示，它主要包括以下几部分。

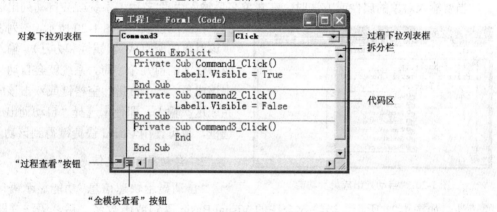

图 1-18　代码窗口

（1）对象下拉列表框：列出当前窗体及其包含的所有对象名。无论窗体名称是什么，在该列表中总是显示 Form。列表中的"通用"表示与特定对象无关的通用代码，一般在此声明模块级变量或用户编写的自定义过程。

（2）过程下拉列表框：列出所选对象的所有事件的过程名。其中，"声明"表示声明模块级变量或定义通用过程。

（3）代码区：编写程序代码的位置。在对象下拉列表框中选择对象，并在过程下拉列表框中选择事件过程名，即可在代码区形成对象的事件过程模板，用户可在该模板内输入代码。

（4）拆分栏：拖动拆分栏将代码窗口分成上、下两个窗格，两个窗格都有滚动条，单击各自的滚动条，可以查看代码中的不同部分。双击拆分栏将关闭为一个窗格。

（5）"过程查看"按钮：单击该按钮，在代码窗口中只显示当前过程的代码。

（6）"全模块查看"按钮：单击该按钮，在代码窗口中显示当前模块中所有过程的代码，过程之间用线隔开。

为了便于代码的编辑与修改，Visual Basic 提供了"自动列出成员"、"自动显示快速信息"、"自动语法检测"等功能。通过"工具｜选项"命令，打开"选项"对话框，如图 1-19 所示。在"选项"对话框的"编辑器"选项卡中，可以打开或关闭相应的功能。

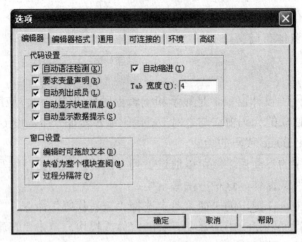

图 1-19 "选项"对话框的"编辑器"选项卡

1. 自动列出成员

当要输入对象的属性或方法时,在对象名后输入"."之后,系统就会自动列出这个对象的下拉式属性表,如图 1-20 所示,该列表中包含了该对象的所有成员(属性和方法)。输入属性名或方法名的前几个字母,系统就会自动从表中选中该成员,按 Tab 键、空格键或双击该成员即可完成这次输入。即使未选择"自动列出成员"复选框,也可使用 Ctrl+J 快捷键得到该功能。

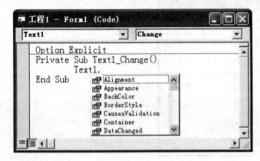

图 1-20 "自动列出成员"功能

2. 自动显示快速信息

"自动显示快速信息"功能显示语句和函数的语法,如图 1-21 所示。当输入合法的 Visual Basic 语句或函数名之后,语法立即显示在当前行的下面,并用黑体字显示它的第一个参数。在输入第一个参数值之后,第二个参数又出现了,同样也是黑体字,依次类推。"自动显示快速信息"功能也可以按 Ctrl+I 快捷键得到。

3. 自动语法检测

输入一行代码后,可按 Enter 键。如果该行代码存在语法错误,则系统会显示警告对话框,同时该语句会变成红色,如图 1-22 所示。

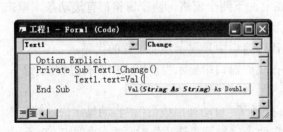

图 1-21 "自动显示快速信息"功能

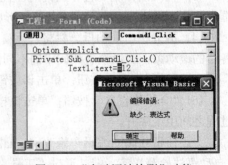

图 1-22 "自动语法检测"功能

1.3.11 立即窗口

在 Visual Basic 集成开发环境(IDE)中，执行"视图|立即窗口"命令，或按 Ctrl+G 快捷键，将打开如图 1-23 所示的"立即"窗口，"立即"窗口可以拖放到屏幕的任何地方。

"立即"窗口是 Visual Basic 提供的一个系统对象，即 Debug 对象，一般用于程序调试。它只有方法，不具备事件和属性，通常使用的是 Print 方法。

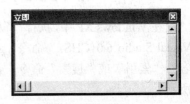

图 1-23 "立即"窗口

在中断模式下，立即窗口中的语句是根据显示在过程框的内容或范围来执行的。例如，输入 Print X,Y，则输出的就是局部变量 X、Y 的值，如图 1-24 所示。

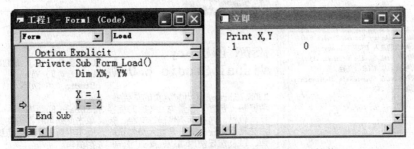

图 1-24 单步执行时，在立即窗口显示 X、Y 的值

在设计模式下，可以在"立即"窗口中进行一些简单的命令操作，如给变量赋值、用 Print 方法输出表达式的值，如图 1-25 所示。

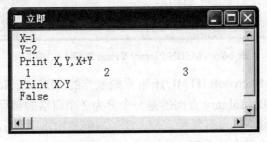

图 1-25 在"立即"窗口中操作实例

1.4 Visual Basic 的帮助系统

Visual Basic 为用户提供了完备的帮助功能，提供了大量的帮助信息。从 Visual Studio 6.0 开始，所有的帮助文件都采用全新的 MSDN(Microsoft Developer Network)文档的帮助方式。MSDN 是使用 Microsoft 开发工具或是以 Windows 或 Internet 为平台的开发人员的基本参考，MSDN Library 包含超过 1.1GB 的编程技巧信息，其中包括示例代码、开发人员知识库、Visual Studio 文档、SDK 文档、技术文章、会议及技术讲座的论文和技术规范等。

MSDN 存放在两张光盘上，其中第一张光盘上有安装程序 setup.exe 文件。如果在安装 Visual Basic 6.0 时选择"安装 MSDN"选项，则随后将其安装在计算机中；如果在安装 Visual Basic 6.0 时没有安装 MSDN，可以运行第一张光盘上的安装程序 setup.exe，将 MSDN 安装在计算机中。

1.4.1 使用 MSDN Library 查阅器

在 Windows XP 中，执行"开始丨所有程序丨Microsoft Developer Network丨MSDN Library Visual Studio 6.0(CHS)"命令，或者在 Visual Basic 6.0 系统中，执行"帮助"菜单下的"内容"、"索引"或"搜索"命令，都可以打开 MSDN Library Visual Studio 6.0 窗口，如图 1-26 所示。

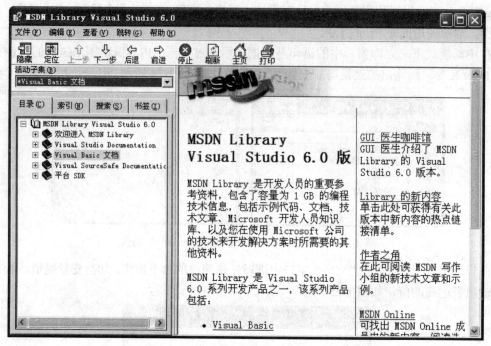

图 1-26　MSDN Library Visual Studio 6.0 窗口

MSDN Library 是用 Microsoft HTML Help 系统制作的，HTML Help 文件在一个类似于浏览器的窗口中显示。MSDN Library 查阅器是一个分为 3 个窗格的帮助窗口，顶端的窗格包含有工具栏，左侧的定位窗格包含有各种定位方法，右侧的窗格则显示主题内容，此窗格拥有完整的浏览器功能。定位窗格包含有"目录"、"索引"、"搜索"及"书签"选项卡，单击目录、索引，或书签列表中的主题，即可浏览 Library 中的各种信息。"搜索"选项卡可用于查找出现在任何主题中的所有单词或短语。

定位窗格中的各选项卡的作用如下。

(1)"目录"选项卡：用于浏览主题的标题。类似于"资源管理器"的树形目录结构，分类分层次地显示各级主题标题的目录。

(2)"索引"选项卡：在该选项卡的文本框中输入指定的关键字，则在下面的列表中列出包含该关键字的所有主题，双击列表中的某一主题，可在右侧的窗格中显示相关的帮助信息。与传统书籍的索引一样，一个主题通常可通过多个索引项进行检索。

(3)"搜索"选项卡：用于查找帮助文档中包含指定关键字的主题，在该选项卡中要输入查找的单词(关键字)。

(4)"书签"选项卡：创建或访问书签的列表。只需简单地标记书签中的某些主题，即可重新访问它们。

1.4.2 使用上下文相关帮助

上下文相关帮助是指与当前指定的对象、代码或操作位置等相关的帮助。Visual Basic 的许多部分是上下文相关的，上下文相关意味着不必搜寻"帮助"菜单就可直接获得有关这些部分的帮助。为了获得有关 Visual Basic 语言中任何关键字的帮助信息，只需将插入点置于代码窗口中的关键字上并按 F1 键。图 1-27 所示为获得关键字 If 的帮助信息。

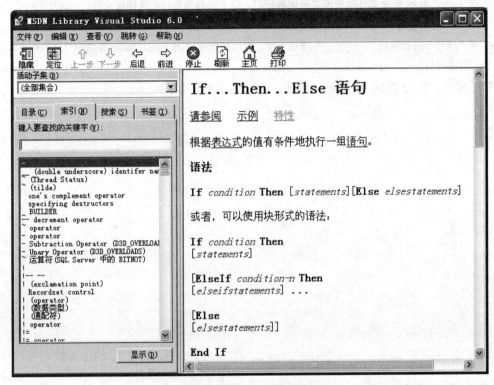

图 1-27 MSDN 帮助窗口

Visual Basic 帮助系统的上下文相关部分有：
（1）Visual Basic 中的每个窗口（属性窗口、代码窗口等）；
（2）工具箱中的控件；
（3）窗体或文档对象内的对象；
（4）属性窗口中的属性；
（5）Visual Basic 关键字（声明、函数、属性、方法、事件和特殊对象）；
（6）错误信息。

习　题　1

一、判断题（正确填写"A"，错误填写"B"）

1. Visual Basic 6.0 采用了事件驱动编程机制。（　　）
2. Visual Basic 6.0 只能运行在 Windows 2000 环境下，不能运行在 Windows 98 环境下。（　　）
3. 无论是标准控件，还是 ActiveX 控件和可插入控件，都可以加载到工具箱上，并且永久保留。（　　）

4. Visual Basic 规定工程文件的扩展名是.vbp。（   ）

5. 如果安装了 MSDN Library，在 Visual Basic 的 IDE 环境中，按 F1 键可以获得帮助。（   ）

二、填空题

1. 退出 Visual Basic 的快捷键是_____。

2. Visual Basic 有 3 种工作模式，分别是_____、运行模式、中断模式。

3. 在 Visual Basic 的集成环境中创建应用程序时，除了工具箱窗口、窗体设计窗口、属性窗口外，必不可少的窗口是_____窗口。

4. 在"选项"对话框的"_____"选项卡中，可以打开或关闭 Visual Basic 提供的"自动列出成员"、"自动显示快速信息"、"自动语法检测"等功能。

5. 一般地，单击 ▼ 按钮，会出现下拉列表；而单击 ... 按钮，会出现_____。

第 2 章　Visual Basic 简单工程的设计

Visual Basic 是基于 Windows 环境下面向对象的程序设计语言，体现了 Windows 的编程思想和面向对象程序设计的程序开发方式，其强大的 IDE 环境为快速、高效地开发具有良好用户界面的应用程序提供了保证，大大地简化了程序开发的过程。

本章将介绍 Visual Basic 面向对象的基本概念、常用对象的属性、事件和方法，并通过一个简单例子说明 Visual Basic 应用程序设计的一般步骤。

2.1　Visual Basic 面向对象的基本概念

在设计 Visual Basic 的应用程序之前，必须正确理解 Visual Basic 的对象、属性、方法、事件等重要概念，正确理解这些概念是设计 Visual Basic 应用程序的基础。

2.1.1　对象与类

1. 对象

对象(Object)在现实生活中很常见，如一个人是一个对象，一部电话机也是一个对象。对象是具有某些特性的具体事物的抽象，这些特性称为对象的属性，如人具有姓名、性别、年龄等属性。对象又具备某些行为(或能力)，如人具备吃饭、行走、工作、学习等行为。

因此，对象具有以下特征：①有一个名字以区别于其他对象。②有一组状态用来描述它的特性。③有一组操作，每一个操作决定对象的一种行为或能力。

2. 类

类(Class)是对一组对象的抽象，它将该组对象所具有的共同特性和共同行为集中起来，以说明该组对象的能力和性质。可以这样说，类描述了一组具有相同特性和相同行为的对象，它是建立对象的模型，同一个模型所建立的对象是相同的。

用类建立一个具体对象的过程称为实例化，这个具体的对象称为实例(Instance)，创建对象的过程就是类的实例化过程。

类具有的最突出特性就是封装性、继承性和多态性，这些特性对提高代码的可重用性和易维护性很有好处。

1) 封装性

封装是指将对象的数据和与数据有关的操作包装在一起。封装将对象的内部复杂性与应用程序的其他部分隔离开来，用户不必知道对象行为的实现细节，只需根据对象提供的外部特性接口访问对象即可。因此，对象中的数据和行为对用户来说是隐藏的、透明的。

2) 继承性

继承是子类自动共享父类中定义的数据和方法的机制，所表达的是对象类之间的关系。如果父类特征发生改变，则子类将继承这些新特征。子类可以在继承父类特征的基础上，增加新的特征。

继承可以减少代码冗余,并可通过协调性来减少相互之间的接口和界面。

3) 多态性

多态性是指一些关联的类包含同名的方法程序,但方法程序的内容可以不同。具体调用哪种方法程序要在运行时根据对象的类来确定。

多态性不仅增加了面向对象程序设计的灵活性,进一步减少了信息冗余,而且显著提高了软件的可重用性和可扩展性。

3. Visual Basic 中的对象和类的概念

在 Visual Basic 中开发的控件实际上是一个控件类,工具箱中的各种控件代表着各个不同的"类"。当把一个控件放在窗体上时,就创建了该控件类的一个对象,即建立了该控件类的实例,这个实例具有该控件类定义的所有数据和行为(即后面所讲的属性、方法和事件)。

例如,工具箱中有 ▬ 图标,代表 CommandButton 类,它确定了 CommandButton 类的属性、方法和事件。如果在窗体上画两个 CommandButton 对象,是类的实例化,它们继承了 CommandButton 类的特征,也可以根据需要修改各自的属性。

4. 对象的命名

每一个对象都有自己的名字,以区分不同的对象。窗体、控件对象在建立时 Visual Basic 系统给出了一个默认名,用户可通过属性窗口设置名称来给对象命名。

对象的命名原则是:①必须由字母或汉字开头,随后可以是字母、汉字、数字、下划线(最好不用)等字符,但不能是空格和标点符号。②对象名长度不能超过 255 个字符。

为了便于识别对象的类型和作用,对象名最好采用国际上通用的"智能化命名规则"方法来命名,即由指明对象类型的 3 个前缀小写字母和表示该对象作用的缩写字母组成。推荐使用的常见控件前缀如表 2-1 所示。

表 2-1 推荐使用的常见控件前缀

控件类型	前缀	例子	控件类型	前缀	例子
CheckBox	chk	chkReadOnly	Label	lbl	lblHelpMessage
ComboBox	cbo	cboEnglish	Line	lin	linVertical
CommandButton	cmd	cmdExit	ListBox	lst	lstPolicyCodes
DirListBox	dir	dirSource	OLE container	ole	oleWorksheet
DriveListBox	drv	drvTarget	OptionButton	opt	optGender
FileListBox	fil	filSource	PictureBox	pic	picVGA
Form	frm	frmEntry	Shape	shp	shpCircle
Frame	fra	fraLanguage	TextBox	txt	txtLastName
HScrollBar	hsb	hsbVolume	Timer	tmr	tmrAlarm
Image	img	imgIcon	VScrollBar	vsb	vsbRate

2.1.2 属性

属性(Property)是指对象具有的性质,用来表示对象的特征和状态。例如,控件名称(Name)、标题(Caption)、颜色(Color)、字体(FontName)等属性决定了对象展现给用户的界面具有什么样的外观及功能。不同的对象具有不同的属性,如标签有 Caption 属性而无 Text 属性,文本框无 Caption 属性而有 Text 属性。

在设计应用程序时,通过改变对象的属性值来改变对象的外观和行为。对象属性的设置通过以下两种方法来实现:

(1) 在设计阶段,利用属性窗口对选中的对象进行属性设置;
(2) 在程序代码中,利用赋值语句进行设置,在运行时设置对象的属性值。

设置对象属性的语句格式为:

　　对象名.属性名 = 属性值

【例2-1】 当前窗体对象的名称是 Form1,窗体的标题属性为 Caption,宽度属性为 Width,高度属性为 Height,背景颜色属性为 BackColor。要将标题栏文字设置为"欢迎使用 Visual Basic"、将宽度设置为 6000 缇、将高度设置为 3000 缇、将背景颜色设置为绿色,代码如下:

```
Form1.Caption = "欢迎使用Visual Basic"
Form1.Width = 6000
Form1.Height = 3000
Form1.BackColor = vbGreen
```

如果要设置同一对象的多个属性,可以使用 With...End With 语句简化书写,其格式为:

With 对象名
　　语句组
End With

一般说来,语句组中的语句是对属性进行赋值,其格式为".属性名=属性值"。

程序一旦进入 With 块,"对象名"就不能改变。因此,不能用一个 With 语句来设置多个不同的对象。

【例2-2】 用 With 语句实现例 2-1 的功能。

```
With Form1
    .Caption = "欢迎使用Visual Basic"  '等价于Form1.Caption = "欢迎使用
                                               Visual Basic"
    .Width = 6000                     '等价于Form1.Width = 6000
    .Height = 3000                    '等价于Form1.Height = 3000
    .BackColor = vbGreen              '等价于Form1.BackColor = vbGreen
End With
```

2.1.3 方法

方法(Method)描述了对象的行为,用于完成一系列特定的操作,如人具有吃饭、行走、工作、学习等行为。在 Visual Basic 中,方法是与对象相关联的过程或函数,以完成特定的功能,每一种对象都有特定的方法。系统将这些通用的过程或函数编好并封装起来,供用户直接调用。方法是面向对象的,所以对象的方法调用一般要指明对象。

对象方法的使用格式为:

　　[对象名.]方法名 [参数表]

对象名、参数表可以没有。省略对象名,表示是当前对象,一般指窗体。有些方法可以没有参数。

【例2-3】 有一个名称为 Form1 的窗体,在其 Load 事件过程编写如下语句。

```
Private Sub Form_Load()
    Form1.Show                    'Show 方法没有参数
    Print "你好，Visual Basic"    '省略对象名 Form1，等价于 Form1.Print "你好，
                                              Visual Basic"
End Sub
```

2.1.4 事件

事件(Event)是一种由系统预先定义而由用户或系统发出的动作。事件作用于对象，对象识别事件并作出相应反应。事件的发生可以通过以下 3 种方式：①由用户引发，如用户单击一个命令按钮就引发了一个 Click 事件。②由系统引发，如生成对象时，系统就引发一个 Initialize 事件。③由代码间接引发。在 Visual Basic 中，系统为每个对象预先定义好了一系列的事件(又称事件集，Visual Basic 中的事件集是不能添加的)，如单击鼠标事件 Click、双击鼠标事件 DblClick、按键事件 KeyPress、鼠标拖放事件 DragDrop 等。

事件具有与之相关联的事件过程(Event Procedure)，事件过程是为处理特定事件而编写的一段程序。当在一个对象上发生某个事件时，就会执行与该事件相关联的事件过程，以完成事件发生后所要做的动作。

事件过程的一般格式：

```
Private Sub 对象名_事件名([参数表])
    语句组
End Sub
```

如果对象是窗体，对象名始终是 Form。参数表随事件过程的不同而不同，可以省略，表示某些事件过程可能没有参数。语句组是用户编写的程序代码，用于实现发生该事件时要完成的功能。

【例 2-4】 有一个名称为 Form1 的窗体，其 Load 事件过程如下。

```
Private Sub Form_Load()
    Show
    With Form1
        .CurrentX = 1000
        .CurrentY = 500
        .Font.Size = 20
    End With
    Print "Visual Basic"
End Sub
```

如果没有为某个对象编写任何事件过程，则设计阶段，在窗体上双击该对象后，Visual Basic 会自动打开代码窗口并产生该对象的默认事件过程模板。不同对象的默认事件过程模板是不同的，如窗体的默认事件过程模板是 Load 事件，文本框的默认事件过程模板是 Change 事件。

```
Private Sub Form_Load()          '窗体的默认事件过程模板

End Sub
Private Sub Text1_Change()       '文本框(此处的文本框是 Text1)的默认事件过程模板

End Sub
```

2.2　Visual Basic 应用程序基础

创建 Visual Basic 应用程序有以下几个主要步骤：
（1）新建工程；
（2）设计应用程序界面；
（3）设置各对象属性；
（4）编写事件过程代码；
（5）保存工程；
（6）运行与调试工程；
（7）生成可执行文件。

为了说明应用程序的创建过程，本节以"你好，Visual Basic"应用程序为例，该应用程序由一个文本框和两个命令按钮组成。运行时，单击"显示文本"按钮，文本框中会出现"你好，Visual Basic"消息；单击"关闭"按钮，结束应用程序的运行。

2.2.1　新建工程

编写 Visual Basic 应用程序首先要创建一个工程，执行"文件｜新建工程"命令，出现如图 2-1 所示的对话框，从中选择"标准 EXE"

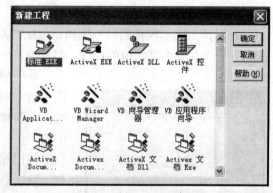

图 2-1　"新建工程"对话框

选项，单击"确定"按钮即可创建一个新的工程，创建好的工程界面如图 2-2 所示。

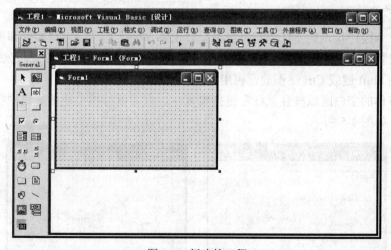

图 2-2　新建的工程

2.2.2　设计应用程序界面

在 Visual Basic 中，窗体是设计应用程序界面的基础，在窗体上绘制构成界面的对象，以实现用户与应用程序的交互。

1. 控件的添加

在工具箱上选择"文本框"图标 [abl]，将鼠标指针移到窗体上。该指针变成十字形，拖动十字形画出合适的控件大小的方框，释放鼠标，文本框出现在窗体上。文本框的名称(Name 属性)被系统自动命令为 Text1，文本框的文本属性 Text 自动设为 Text1，如图 2-3 所示。

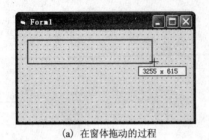 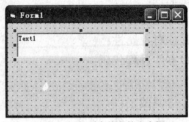

(a) 在窗体拖动的过程　　　　　　(b) 添加到窗体上的文本框

图 2-3　窗体上添加控件

在窗体上添加控件的另一个简单方法是双击工具箱中的控件图标按钮。这样会在窗体中央创建一个尺寸为默认值的控件，然后再将该控件移到窗体中的合适位置。

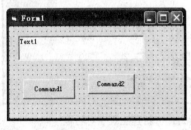

如果想在窗体上连续添加多个相同类型的控件，则按住 Ctrl 键不放，单击工具箱上所需的控件图标，松开 Ctrl 键，在窗体上连续多次拖动鼠标，添加完后，单击工具箱中的"指针"按钮 ▶ 或其他控件图标结束操作。

使用相同的方法，向窗体上添加两个命令按钮 ⊒，控件上默认显示为(命令按钮的标题 Caption 属性)Command1 和 Command2，两个命令按钮的控件名(Name 属性)被系统自动设为 Command1 和 Command2，如图 2-4 所示。

图 2-4　设计界面

2. 控件的选择

要操作一个控件，首先要选中它，当在窗体上添加一个控件后，该控件即被选中。单击一个控件，也表示选中了该控件。如果要选中多个控件，可以使用以下两种方法：

(1) 按住 Shift 键或 Ctrl 键不放，再用鼠标依次单击各个控件。

(2) 在窗体的空白区域按住鼠标左键拖曳鼠标，只要鼠标拖曳出的虚线框接触到的控件都会被选中，如图 2-5 所示。

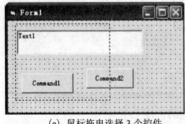 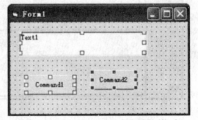

(a) 鼠标拖曳选择 3 个控件　　　　　　(b) Command2 为当前控件

图 2-5　拖曳鼠标选择多个控件

选择了一个或多个控件之后，控件的边框上会有 8 个尺寸句柄，其中有一个控件的尺寸句柄是黑色，该控件称为当前控件，图 2-5(b) 中的命令按钮 Command2 就是当前控件。

选择了一个或多个控件之后,在属性窗口显示的是这些控件共有的属性,这时在属性窗口可以为多个控件同时设置相同属性的属性值。

3. 控件的移动

可用鼠标把窗体上的控件拖动到新位置;或者选中控件,用 Ctrl+方向键(→、←、↑、↓)每次移动一个网格单元;或者选中控件,在属性窗口中改变控件的 Top 和 Left 属性值。

4. 控件的尺寸调整

选择某个要调整尺寸的控件,用鼠标拖动该控件上的尺寸句柄直到大小合适为止。角上的尺寸句柄可以调整控件水平和垂直两个方向的大小,而边上的尺寸句柄只能调整控件一个方向的大小。也可以用 Shift+方向键来调整选定控件的尺寸大小。

如果选择了多个控件,可以使用 Shift+方向键的方式来调整这些控件的尺寸大小,但不能用拖动尺寸句柄的方式进行调整。

不管是选择单个控件还是多个控件,都可以在属性窗口中设置其 Width 和 Height 属性来调整尺寸大小。

5. 控件的复制

控件复制的步骤如下:选择要复制的控件,如选择命令按钮 Command1;执行"编辑|复制"命令;最后执行"编辑|粘贴"命令。此时,弹出如图 2-6 所示的对话框,询问是否创建控件数组。

图 2-6　询问是否创建控件数组

单击"否"按钮,复制一个命令按钮,取另一个名称,如 Command2,并将其放置在窗体的左上角。

单击"是"按钮,在窗体的左上角复制一个命令按钮,该命令按钮的名称与原来的命令按钮具有相同的名称,如 Command1。复制出来的命令按钮构成一个控件数组,在程序代码中要使用控件数组中的某个控件,必须使用一个索引号来区分,即表示为 Command1(0)、Command1(1)。有关控件数组在以后章节介绍。

6. 控件的删除

要删除一个或多个控件,选择这些控件,按 Delete 键;或右击控件,从快捷菜单中选择"删除"命令。

7. 控件的布局

把控件添加到窗体上仅仅完成了界面设计的基本工作,还要对窗体上的所有控件进行整体布局,即进行排列、对齐、统一尺寸、调整间距等操作。这些操作可以通过"格式"菜单来完成。

设计界面时经常需要对一组控件进行对齐处理。对齐方式有左对齐、右对齐、居中对齐、顶端对齐等多种方式。在窗体上同时选中要进行对齐处理的各个控件，然后再执行相关的菜单命令，如图 2-7 所示。

对控件进行重新排列，对于界面的美观是非常必要的。首先同时选中需要调整的一组控件，对于纵向排列的一组对象，可通过执行"格式"菜单中的"垂直间距"子菜单中的相应命令来调整彼此间的间距，如图 2-8 所示；如果是横向排列的一组控件，可通过执行"格式"菜单中的"水平间距"子菜单中的相应命令来调整彼此间的间距。

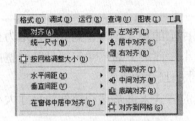

图 2-7　用菜单命令对齐控件

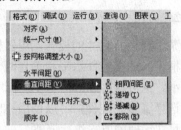

图 2-8　调整控件间的间距

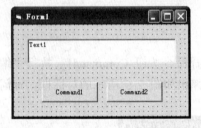

图 2-9　"你好，Visual Basic"程序初始设计界面

经过上面的操作，就完成了"你好，Visual Basic"程序界面的设计，如图 2-9 所示。

8. 控件的焦点

焦点是接收用户鼠标或键盘输入的能力。当一个控件具有焦点时，它可以接收用户的输入信息。比如，窗体上有多个文本框，只有具有焦点的文本框才能接收用户的输入信息。当对象得到焦点时，会触发 GotFocus 事件；当对象失去焦点时，将触发 LostFocus 事件，窗体和多数控件支持这些事件。

可以用下面的方法设置一个对象的焦点：①在运行时单击该对象。②运行时用热键选择该对象。③在程序代码中用 SetFocus 方法。④利用 Tab 键将焦点移动到该对象上。

焦点只能移到可视的窗体或控件上，因此只有当一个对象的 Enabled 和 Visible 属性均为 True 时，它才能接收焦点。并不是所有对象都可以接收焦点。某些控件，包括框架(Frame)、标签(Label)、菜单(Menu)、直线(Line)、形状(Shape)、图像框(Image)和计时器(Timer)都不能接收焦点。对于窗体来说，只有当窗体上的任何控件都不能接收焦点时，该窗体才能接收焦点。

对于大多数可以接收焦点的控件来说，从外观上可以看出它是否具有焦点。例如，当命令按钮、复选框、单选按钮等控件具有焦点时，在其内侧有一个虚线框，如图 2-10 所示的命令按钮 Command2。当文本框具有焦点时，在文本框内有闪烁的插入光标。

图 2-10　具有焦点的命令按钮

9. 控件的 Tab 顺序

当窗体上有多个控件时，单击某个控件，就可把焦点移到该控件上(假设该控件可以获得焦点)。除鼠标外，用 Tab 键也可以把焦点移到某个控件上。每按一次 Tab 键，焦点便从一个控件移到另一个控件。所谓 Tab 顺序，就是指按 Tab 键时，焦点在各个控件之间移动的顺序。

在一般情况下，Tab 顺序由控件建立时的先后顺序确定。例如，假定在窗体上建立了 5 个控件，其中 3 个文本框，2 个命令按钮，建立顺序为：

Text1、Text2、Text3、Command1、Command2

这 5 个控件的 TabIndex 属性值依次是 0、1、2、3、4，TabIndex 属性值从 0 开始编号。

程序执行时，光标默认位于 Text1 中，每按一次 Tab 键，焦点就按 Text2、Text3、Command1、Command2 的顺序移动。当焦点位于 Command2 时，如果再按 Tab 键，则焦点又回到 Text1。

在设计模式下，通过修改属性窗口中的 TabIndex 属性值来改变 Tab 顺序。

可以获得焦点的控件都有一个名为 TabStop 的属性，用它可以控制焦点的移动。该属性的默认值为 True，如果把它设置为 False，则在用 Tab 键移动焦点时会跳过该控件。TabStop 属性为 False 的控件，仍然保持它在实际的 Tab 顺序中的位置，只不过在按 Tab 键时这个控件会被跳过。

2.2.3 设置各对象属性

界面设计好后，接下来就是给对象设置属性。按表 2-2 所示的值设置对象的主要属性。利用属性窗口分别为每个对象设置相应的属性值，设置完后的界面如图 2-11 所示。

表 2-2 设置对象的主要属性

对象	属性名及属性值	对象	属性名及属性值
窗体	Caption("Hello")、StartUpPosition(2)	命令按钮	Name(Command1)、Caption("显示文本")
文本框	Name(Text1)、Font(字号为 18)、Text(空)	命令按钮	Name(Command2)、Caption("关闭")

2.2.4 编写事件过程代码

代码窗口是编写应用程序的 Visual Basic 代码的地方，代码由语句、常量和声明部分组成。使用代码窗口，可以快速查看和编辑应用程序代码的任何部分。

现在要编写命令按钮"显示文本"(Command1)的 Click 事件过程的代码，应双击"显示文本"按钮，进入到代码窗口中(这时"对象下拉列表框"中的对象就是 Command1)，然后从"过程下拉列表框"中选择 Click 事件，在代码窗口中出现事件过程的框架，如图 2-12 所示。

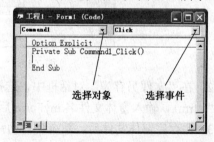

图 2-11 "你好，Visual Basic"程序最终设计界面　　图 2-12 编写事件过程的代码窗口界面

将光标移到 Private Sub Command1_Click()和 End Sub 中间的空白处，在该处输入下面的语句：

```
Text1.Text = "你好，Visual Basic"
```

此时，该事件过程代码如下：

```
Private Sub Command1_Click()
```

```
        Text1.Text = "你好，Visual Basic"
    End Sub
```

这段代码的意思是，当用户单击该命令按钮后，执行该段代码，将文本框 Text1 的 Text 属性改变为"你好，Visual Basic"，即在文本框中显示"你好，Visual Basic"字符串。在这里 Text1 是控件对象，Text 是属性，两者用"."进行连接，表示 Text 属性是从属于 Text1 对象的。

用同样的方法编写命令按钮"关闭"（Command2）的 Click 事件过程的代码，编写完毕后，Command2 的 Click 事件代码如下：

```
Private Sub Command2_Click()
    End
End Sub
```

2.2.5 保存工程

到目前为止，已经完成了第一个 Visual Basic 应用程序的创建。下面需要将程序保存起来，以便日后随时使用。

由于一个 Visual Basic 工程由多种类型的文件组成，如有工程文件、窗体文件等，因此保存一个工程需要分多步才能完成。

保存一个工程文件的具体操作步骤如下：

（1）执行"文件 | 保存工程"或"文件 | 工程另存为"命令，或单击"标准"工具栏中的"保存工程"按钮■，由于是从未保存过的工程文件，所以系统打开"文件另存为"对话框，如图 2-13 所示。

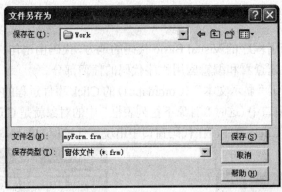

图 2-13 "文件另存为"对话框

（2）在"文件另存为"对话框中，选择文件保存的位置，并注意保存的类型，此时为窗体文件（.frm），输入窗体文件名 myForm 后，单击"保存"按钮。

（3）保存完窗体文件后，系统会自动弹出"工程另存为"对话框，如图 2-14 所示。选择文件保存的位置，并注意保存的类型，此时为工程文件（.vbp），输入工程文件名 myForm 后，单击"保存"按钮。

说明：窗体文件名和工程文件名最好保存在同一个文件夹中，并取相同的文件名前缀，以便进行管理。

保存结束后，在相应的文件夹下生成以下文件。

（1）myForm.frm：窗体文件，保存窗体及其控件的属性、代码。

（2）myForm.vbp、myForm.vbw：工程文件，记录本工程内包含的窗体、代码模块等。

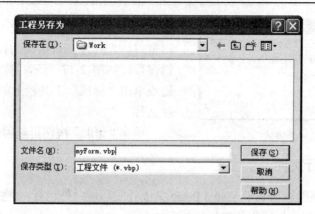

图 2-14 "工程另存为"对话框

此外，可能还生成.frx 和.bas 文件，分别用于记录窗体静态加载的图像、用户定义的代码模块等。

在保存工程文件后，对工程进行的任何修改都需要使用"文件｜保存工程"命令或单击"标准"工具栏中的"保存工程"按钮 ![] 再次保存。

如果要更改窗体文件的保存位置或更改窗体文件名，执行"文件｜myForm.frm 另存为"命令(myForm.frm 视具体窗体文件名而定)。

如果要更改工程文件的保存位置或更改工程文件名，执行"文件｜工程另存为"命令。

注意：不能在操作系统的环境下直接更改与工程有关的所有文件的文件名(包括扩展名)，否则打开工程时将会出错。

当完成一个工程的设计并保存工程之后，使用"文件｜移除工程"命令关闭当前工程，继续设计其他工程。

如果要修改工程或运行已关闭的工程，使用"文件｜打开工程"命令或单击"标准"工具栏上的"打开工程"按钮 ![] 打开工程。

2.2.6 运行与调试工程

要运行应用程序，可以直接按 F5 键、或单击"标准"工具栏中的"启动"按钮 ![]、或执行"运行｜启动"命令，则进入运行状态。单击"显示文本"按钮，执行其 Click 事件过程，在文本框中显示"你好，Visual Basic"，如图 2-15 所示。

如果在运行时代码中有错误，如将 Text1 错写成 Tet1，则会出现如图 2-16 所示的信息提示框。

图 2-15 "你好，Visual Basic"程序运行结果　　图 2-16 程序运行出错时的提示框

单击"结束"按钮，结束程序运行，回到设计模式，在代码窗口中修改错误的代码。

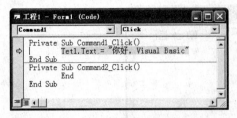

图 2-17 中断模式

单击"调试"按钮，进入中断模式，出现代码窗口，光标停在有错误的行上，并用黄色显示错误行，如图 2-17 所示。修改错误后，可按 F5 键或单击"标准"工具栏上的"启动"按钮 ▶ 继续运行。

单击"帮助"按钮可获得该错误的详细说明。

2.2.7 生成可执行文件

为了使应用程序能够独立于 Visual Basic 集成开发环境之外运行，需要把它编译成可执行文件(exe 文件)。生成可执行文件的步骤如下：

(1) 选择"文件｜生成 myForm.exe"命令(此时的 myForm 因不同的工程名而不同)，出现如图 2-18 所示的"生成工程"对话框。

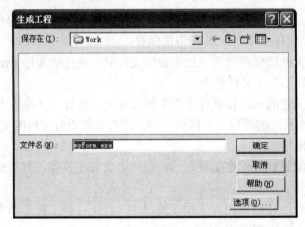

图 2-18 生成 exe 文件

(2) 在"生成工程"对话框中，可以选择生成可执行文件的文件夹和文件名。

(3) 单击"确定"按钮，便生成了名为 myForm.exe 的可执行文件。在操作系统下，双击该文件便可运行应用程序。

2.3 窗　　体

窗体(Form)是 Visual Basic 中最常用到的对象，是程序界面设计的基础，是 Visual Basic 应用程序的基本构造模块。窗体是所有控件对象的容器，各种控件对象必须建立在窗体上，一个窗体对应一个窗体模块。

2.3.1 窗体的基本元素

与 Windows 环境下的应用程序窗口一样，窗体主要由控制菜单按钮、标题栏、最小化按钮、最大化/还原按钮、关闭按钮及边框组成，如图 2-19 所示。

在设计模式下，窗体不能最小化和关闭，但可以双击标题栏进行窗体的最大化和还原的切换。在运行模式下，窗体具有 Windows 窗口特点。

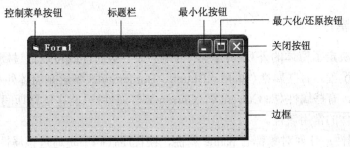

图 2-19 窗体的基本元素

2.3.2 窗体的添加和移除

1. 窗体的添加

建立新工程时，系统会自动创建一个名为 Form1 的窗体。如果工程中需要多个窗体，可以向当前工程中添加窗体。添加窗体的方法有多种，可以利用"工程"菜单进行添加，也可在工程资源管理器窗口中进行操作。

下面介绍利用"工程"菜单添加窗体的方法：

(1) 执行"工程｜添加窗体"命令，出现如图 2-20 所示的"添加窗体"对话框。

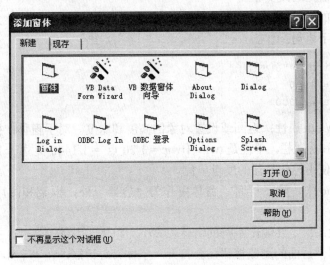

图 2-20 "添加窗体"对话框

(2) 在"添加窗体"对话框中，"新建"选项卡中列出了各种类型的新窗体，选择"窗体"选项，建立一个新的空白窗体；如果单击"现存"选项卡，则可以添加已经存在的窗体。

(3) 单击"打开"按钮，将一个窗体添加到当前工程中。

2. 窗体的移除

一个窗体可以从当前工程中移除，移除的窗体对应的窗体文件并没被删除。同样，可以利用"工程"菜单移除窗体，也可在工程资源管理器窗口中进行操作。

下面介绍利用"工程"菜单移除窗体的方法：

(1) 选择要移除窗体的"窗体设计"窗口。

(2) 执行"工程｜移除 Form1.frm"命令。Form1.frm 随具体窗体文件名的不同而不同。

2.3.3 窗体的属性

窗体的属性决定了窗体的外观与操作，窗体的大多数属性既可以通过属性窗口来设置，也可以在程序中设置。有些属性（如 MaxButton、BorderStyle 等影响窗体外观的属性）只能在设计状态下设置，有些属性（如 CurrentX、CurrentY 等属性）只能在运行期间设置。

下面介绍窗体的常用属性。

（1）Name 属性：任何对象都有 Name 属性，在程序代码中是通过该属性来引用、操作具体对象的。

首次在工程中添加窗体时，该窗体的名称默认为 Form1；添加第 2 个窗体，其名称默认为 Form2，依次类推。

（2）Caption 属性：在窗体标题栏上显示的内容，当窗体为最小化后出现在窗体图标下的文本。

（3）Left、Top 属性：窗体运行在屏幕中，屏幕是窗体的容器。Left 属性确定窗体内部的左边与它的包容器的左边之间的距离，Top 属性确定窗体内部的顶端与它的包容器的顶边之间的距离。

通常，Left 和 Top 属性在一个窗体中总是成对出现的，当通过用户或通过代码移动窗体时，这两个属性的值随之改变。

例如，将窗体的标题设置为"演示程序"，窗体的 Top、Left 两个属性分别设置为 1000、2000，可以使用以下语句：

```
Form1.Caption = "演示程序"
Form1.Top = 1000
Form1. Left = 2000
```

（4）Height、Width 属性：返回或设置对象的高度和宽度。对于窗体，指的是窗体的高度和宽度，包括边框和标题栏，单位是 twip（1twip = 1/20 点 = 1/1440 英寸 = 1/567 厘米）；对于控件，这两个属性使用控件容器的度量单位。

在 Visual Basic 中，除了屏幕、窗体可作为"容器"外，框架和图片框对象也可作为"容器"。

（5）Font 属性：决定要输出字符的字体、大小、粗体、斜体等特性。在设计时，在属性窗口中单击 Font 属性后面的浏览按钮，会打开"字体"对话框，在"字体"对话框中可以设置字体、字形、大小、效果（删除线、下划线）。

在程序代码中，可以通过两种方式来实现"字体"对话框设置的功能。

第一，通过访问 Font 对象的属性进行设置，Font 对象有 Name、Size、Bold、Italic、Strikethrough、Underline 等属性，分别表示字体、大小、粗体、斜体、删除线和下划线等特性，其语法格式为：

对象名.Font.属性名

例如，将窗体 myform 的字体设置为隶书、15 号字、粗体，可以使用如下语句：

```
myform.Font.Name = "隶书"
myform.Font.Size = 15
myform.Font.Bold = True
```

第二，利用 FontName、FontSize、FontBold、FontItalic、FontStrikeThru、FontUnderLine 等属性设置字体、大小、粗体、斜体、删除线和下划线等特性。

FontName 属性：字符型，确定对象上显示文本所用的字体，默认为宋体。
FontSize 属性：整型，确定对象上显示文本所用的字体大小。
FontBold 属性：逻辑型(取值 True、False)，确定对象上显示文本是否是粗体。
FontItalic 属性：逻辑型(取值 True、False)，确定对象上显示文本是否是斜体。
FontStrikeThru 属性：逻辑型(取值 True、False)，确定对象上显示文本是否加删除线。
FontUnderLine 属性：逻辑型(取值 True、False)，决定对象上显示文本是否带下划线。

说明：

① FontName 属性的默认值取决于系统，Visual Basic 中可用的字体取决于系统的配置、显示设备和打印设备。与字体相关的属性只能设置为真正存在的字体的值。

② FontSize 属性的默认值由系统决定。Visual Basic 中以磅为单位指定字体尺寸。FontSize 的最大值为 2160 磅。

③ FontBold、FontItalic、FontStrikethru 和 FontUnderline 按下述格式返回或设置字体样式：**Bold**、*Italic*、~~Strikethru~~ 和 Underline。对于图片框控件(Picturebox)、窗体(Form)和打印机(Printer)对象，设置这些属性不会影响在控件或对象上已经绘出的图片和文本；对于其他控件，改变字体将会在屏幕上立即生效。

例如，将窗体 myform 的字体设置为隶书、15 号字、粗体，也可以使用如下语句：

```
myform.FontName = "隶书"
myform.FontSize = 15
myform.FontBold = True
```

(6) Enabled 属性：用于确定一个窗体或控件是否能够对用户产生的事件做出反应。该属性取 True、False 两个值，True 允许窗体或控件对事件做出反应，False 禁止窗体或控件对事件做出反应。在程序运行时，把 Enabled 属性设置为 True 或 False 来使窗体和控件成为有效或无效。

【例 2-5】 下面的事件过程的功能是：如果文本框 Text1 中不包含任何文本，则使命令按钮 Command1 无效。

```
Private Sub Text1_Change ()
    If Text1.Text = "" Then           '判断文本框是否为空
        Command1.Enabled = False      '使命令按钮无效
    Else
        Command1.Enabled = True       '使命令按钮有效
    End If
End Sub
```

(7) Visible 属性：用于确定一个窗体或控件为可见或隐藏。该属性取 True、False 两个值，True 是默认值，它能够使对象可见。如果用户将该属性设置为 False 对象将被隐藏。用户若要在启动时隐藏一个对象，可在设计时设置 Visible 属性为 False；在运行时，通过触发某一事件，将该对象的 Visible 属性设置为 True 以显示对象。

如果将 Show 或 Hide 方法应用于一个窗体，相当于将窗体的 Visible 属性设置为 True 或 False。

(8) BackColor、ForeColor 属性：返回或设置对象的背景颜色和前景颜色。

如果在 Form 对象或 Picturebox 控件中设置 BackColor 属性，则所有的文本和图片，包括指定的图片，都被擦除。

设置 ForeColor 属性值不会影响已经绘出的图片或打印输出。在其他的所有控件中，屏幕的颜色会立即改变。

Visual Basic 利用 Windows 操作环境的 RGB 颜色方案设置对象颜色，每个特性有以下范围内的设置：正常 RGB 颜色、系统默认颜色，其中正常 RGB 颜色设置使用颜色调色板或在代码中使用 RGB 或 QBColor 函数确定。

例如，将窗体 Form1 的背景颜色设置为蓝色，可使用：

```
Form1.BackColor = RGB(0,0,255)
```

也可以使用 Visual Basic 系统内部常量或十六进制长整型数据进行设置：

```
Form1.BackColor = vbBlue   或
Form1.BackColor = &HFF0000&
```

(9) Icon 属性：返回或设置窗体左上角显示或最小化时显示的图标，即控制菜单图标。所加载的文件必须有 .ico 文件扩展名和格式。如果不指定图标，窗体会使用 Visual Basic 默认图标 。该属性必须在 ControlBox 属性设置为 True 才有效。

(10) Picture 属性：设置窗体上显示的背景图片。该属性的设置有 None、Bitmap、icon、metafile、GIF、JPEG 等，None 是默认设值，表示无图片；Bitmap、icon、metafile、GIF、JPEG 等设置值用来指定一个图形。如果在设计时设置属性，可以从属性窗口中加载图片。如果在运行时设置该属性，则必须使用 LoadPicture 函数。

(11) BorderStyle 属性：为窗体等对象设置边框样式，默认值为 2。BorderStyle 属性的取值及含义如表 2-3 所示。

表 2-3　窗体对象 BorderStyle 属性的取值与含义

系统常量	设置值	描述
vbBSNone	0	无（没有边框或与边框相关的元素）
vbFixedSingle	1	固定单边框。可以包含控制菜单框、标题栏、最大化按钮和最小化按钮。只有使用最大化和最小化按钮才能改变窗体大小
vbSizable	2	默认值，可调整的边框
vbFixedDouble	3	固定对话框。可以包含控制菜单框和标题栏，不包含最大化和最小化按钮，不能改变窗体尺寸
vbFixedToolWindow	4	固定工具窗口。不能改变窗体尺寸，显示关闭按钮并用缩小的字体显示标题栏，窗体不在任务栏中显示
vbSizableToolWindow	5	可变尺寸工具窗口。可以改变窗体大小，显示关闭按钮并用缩小的字体显示标题栏，窗体不在任务栏中显示

(12) ControlBox 属性：决定运行时窗体是否显示控制菜单。设置为 True，显示控制菜单；设置为 False 则无控制菜单，同时窗体也无最大化按钮和最小化按钮。

为了显示控制菜单框，还必须将窗体的 BorderStyle 属性值设置为 1（固定单边框）或 2（可变尺寸）或 3（固定对话框）。

(13) WindowState 属性：返回或设置窗体运行初始时的可视状态，即正常、最小化和最大化。WindowState 属性的取值及含义如表 2-4 所示。

表 2-4　WindowState 属性的取值与含义

系统常量	设置值	描述
vbNormal	0	默认值，正常窗口状态
vbMinimized	1	最小化状态
vbMaximized	2	最大化状态，无边框，充满整个屏幕

(14) MaxButton 属性：决定在运行时窗体是否有最大化按钮。MaxButton 属性有两种设置：True 和 False。True 是默认设置，表明窗体有最大化按钮，False 表明窗体没有最大化按钮。要显示最大化按钮，必须将 BorderStyle 属性设置为 1(固定单边框)或 2(可变尺寸)。

(15) MinButton 属性：决定在运行时窗体是否有最小化按钮。MinButton 属性有两种设置：True 和 False。True 是默认设置，表明窗体有最小化按钮，False 表明窗体没有最小化按钮。要显示最小化按钮，必须将 BorderStyle 属性设置为 1(固定单边框)或 2(可变尺寸)。

(16) AutoRedraw 属性：该属性决定是否重画窗体原先的图像。在窗体中，使用了 Circle、Cls、Line、Point、Print 和 Pset 等图形方法绘制了图形，当窗体被其他窗口覆盖、又重新显示时，如果 AutoRedraw 设置为 True，则自动刷新或重画该窗体的所有图形；如果 AutoRedraw 设置为 False，则不会重画，须重新使用上述方法进行绘制。

(17) StartUpPosition 属性：指定窗体首次出现时的位置，运行时不能使用。StartUpPosition 属性的取值及含义如表 2-5 所示。

表 2-5　StartUpPosition 属性的取值与含义

系统常量	设置值	描述
vbStartUpManual	0	手动方式，没有指定初始设置值
vbStartUpOwner	1	UserForm 所属的项目中央
vbStartUpScreen	2	屏幕中央
vbStartUpWindowsDefault	3	屏幕的左上角

(18) CurrentX、CurrentY 属性：返回或设置下一次打印或绘图方法的水平(CurrentX)或垂直(CurrentY)坐标，设计时不可用，属性窗口中看不到这两个属性。默认坐标以缇为单位表示。

2.3.4　窗体的事件

窗体的事件是窗体识别的动作，与窗体有关的事件较多，下面介绍与窗体相关的重要事件。

(1) Click 事件：单击窗体的空白区域或一个无效控件时发生，执行 Form_Click( )过程。

(2) DblClick 事件：双击窗体的空白区域或一个无效控件时发生，执行 Form_DblClick( )过程。

(3) Activate 事件：当窗体成为活动窗口时发生，执行 Form_Activate( )过程。单击窗体或使用代码中的 Show 方法，可以使某一窗体成为活动窗口。

(4) Load 事件：窗体被装载时发生，执行 Form_Load( )过程。当使用 Load 语句启动应用程序，或引用未装载的窗体属性或控件时，也触发本事件。

通常，Load 事件过程用来包含一个窗体的启动代码，如指定控件默认设置值、初始窗体级变量等。

(5) Unload 事件：当窗体从屏幕上删除时发生，执行 Form_Unload( )过程。当使用控制菜单中的"关闭"命令或 Unload 语句关闭该窗体时，触发该事件。

（6）Resize 事件：当一个窗体第一次显示或窗口状态改变时发生，执行 Form_Resize( ) 过程。如窗体被最大化、最小化、还原，或被拖动进行放大或缩小等操作，都会触发该事件。

2.3.5 窗体的方法

窗体的常用方法有 Show、Hide、Cls、Move、Print 等，下面简单介绍这些方法的使用。

1. Show 方法

Show 方法用于在屏幕上显示一个窗体。调用 Show 方法与设置窗体 Visible 属性为 True 具有相同的效果。如果调用 Show 方法时指定的窗体没有装载，Visual Basic 将自动装载该窗体。

Show 方法的调用格式为：

[对象名.]Show [style]

对象名：窗体对象，省略为与活动窗体关联的窗体。

style：决定窗体是模式还是无模式。如果 style 为 0(vbModeless)，则窗体是无模式的；如果 style 为 1(vbModal)，则窗体是模式的。默认值是 0。

例如，要使窗体 Form2 显示出来，可以使用以下语句：

```
Form2.Show                '无模式显示窗体 Form2
```

2. Hide 方法

Hide 方法用于隐藏指定的窗体，但不能卸载窗体。调用 Hide 方法与设置窗体 Visible 属性为 False 具有相同的效果。如果调用 Hide 方法时窗体还没有加载，那么 Hide 方法将加载该窗体但不显示它。

Hide 方法的调用格式为：

[对象名.]Hide

对象名：窗体对象，省略为带有焦点的窗体。

3. Cls 方法

Cls 方法清除运行时在窗体上或图片框中产生的图形和文本，调用 Cls 之后，窗体的 CurrentX 和 CurrentY 属性复位为 0。注意，Cls 方法不能清除窗体设计时的图形和文本。

Cls 方法的调用格式为：

[对象名.]Cls

如果省略对象名，则默认对象是带有焦点的窗体。

例如，执行下面的语句，清除窗体 Form1 上显示的信息。

```
Form1.Cls
```

4. Move 方法

Move 方法用来在屏幕上移动窗体，并可改变窗体的大小。

Move 方法的调用格式为：

[对象名.]Move left [, top [, width [, height]]]

对象名：可以是窗体及除时钟、菜单外的所有可视控件，省略代表窗体。

left、top、width、height：分别表示左边距、上边距、宽度、高度，以 twip 为单位。如果是窗体对象，则 left 和 top 是以屏幕左边界和上边界为准，其他则是以窗体的左边界和上边界为准。

【例 2-6】 使用 Move 方法移动一个窗体。单击窗体，窗体移动到屏幕的中央。

```
Private Sub Form_Click()
    Form1.Move (Screen.Width -Form1.Width) / 2, (Screen.Height -Form1.Height) / 2
End Sub
```

Screen 对象是 Visual Basic 提供的系统内部对象，代表整个 Windows 桌面，也有许多属性，其中这里的 Screen.Width、Screen.Height 表示屏幕的宽和高，单位为缇。

5. Print 方法

Print 方法可以在窗体、图片框、打印机和立即窗口等对象上输出数据。

Print 方法的调用格式为：

[对象名.]Print [{Spc(n) | Tab(n)} 表达式表] [{；|，}]

对象名：表示要打印到的对象，如窗体、图形框或打印机等，默认对象为当前窗体。

Spc(n)：用于在输出表达式前插入 n 个空格，允许重复使用。

Tab(n)：将打印位置移动到指定的第 n 列，随后的打印内容将从该列开始打印。使用无参数的 Tab 将插入点定位在下一个打印区的起始位置。

表达式表：由一个或多个数值或字符类型的表达式组成，表达式之间用空格、分号或逗号分隔，空格和分号等价。Print 方法先计算各表达式的值，然后输出。输出时，数值型数据前面有一个符号位（正号不显示），后面留一个空格位；对于字符串则原样输出，前后无空格；逻辑值按字符串的方式输出；日期前无空格，后面留一个空格位。

；（分号）：按紧凑格式显示输出，后一项紧跟前一项输出。

，（逗号）：按分区格式显示输出，即以 14 个字符为单位把一个输出行分成若干区段，每个区段输出一个表达式的值。

说明：

① 如果 Print 方法的末尾有分号或逗号，则执行随后的 Print 方法将在当前行继续输出数据；如果 Print 方法的末尾没有分号或逗号，则每执行一次 Print 方法都要自动换行，执行随后的 Print 方法时，会在新的一行上输出数据。

② 没有任何可选项的 Print 方法，输出一个空行或者取消前面 Print 方法末尾的分号或逗号的作用。

③ 如果要在窗体或图片框的指定位置上打印，可以设置它们的 CurrentX、CurrentY 两属性来决定下一次打印的水平或垂直坐标。

④ 如果要在窗体的 Load 事件过程中对窗体对象、图片框对象使用 Print 方法显示数据，必须首先使用窗体的 Show 方法显示窗体，或者把窗体对象、图片框对象的 AutoRedraw 属性设置为 True，否则无法看到打印的内容。

【例 2-7】 在窗体 Form1 的 Load 事件过程编写如下语句，运行时的输出结果如图 2-21 所示。

```
Private Sub Form_Load()
    Dim x%, y%                                '声明 x、y 两个单精度变量
    Show                                      '也可使用：Form1.Show
    x = 10                                    '给变量 x 赋值
    y = 20                                    '给变量 y 赋值
    Print 1; 2; 3; 4; 5                       '以紧凑格式输出
    Print 1, 2, 3, 4, 5                       '以分区格式输出
    Print Tab(2); x; Tab(10); y; Tab; 100     '使用 Tab 函数定位输出
    Print "X="; x, "Y=", y
    Print x + y;                              '先计算 x+y 的值，然后输出
    Print x > y                               '先计算 x>y 的值，然后输出
    Print                                     '输出空行
    CurrentX = 500                            '坐标以缇为单位表示
    CurrentY = 1000
    Print "bye-bye"                           '在(500,1000)位置上输出
End Sub
```

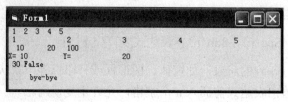

图 2-21 Print 方法的使用

【例 2-8】 启动 Visual Basic 6.0，新建一个"标准 EXE"工程，在属性窗口中将窗体的 Name 属性修改为 myForm。运行时，单击窗体，窗体上显示"Visual Basic"；双击窗体，清除窗体上显示的文本。

在代码窗口选择窗体的 Click 事件过程，输入以下语句：

```
Private Sub Form_Click()                      '单击窗体要执行的事件代码
    myForm.Height = 2000
    myForm.Width = 4000
    myForm.BackColor = vbRed
    myForm.ForeColor = vbBlue
    myForm.Font.Name = "黑体"
    myForm.Font.Size = 20
    myForm.Font.Bold = True
    myForm.CurrentX = 600
    myForm.CurrentY = 500
    myForm.Print "Visual Basic"               '使用 Print 方法在窗体上显示文本
    myForm.Caption = "窗体示例"
End Sub
```

在代码窗口选择窗体的 DblClick 事件过程，输入以下语句：

```
Private Sub Form_DblClick()                   '双击窗体要执行的事件代码
    myForm.Cls                                '使用 Cls 方法清除窗体上显示的文本
End Sub
```

单击"标准"工具栏上的"启动"按钮 ▶ 运行工程，然后单击窗体，窗体显示内容如图 2-22 所示；双击窗体，将清除窗体上显示的文本。

图 2-22 窗体示例

2.4 命 令 按 钮

命令按钮(CommandButton)控件是使用最为广泛的控件之一，它可以开始、中断或者结束一个进程。命令按钮可以完成一些特定的操作，特定操作代码通常编写在它的 Click 事件中。

命令按钮接收用户输入的命令有以下 3 种方式：

(1) 单击命令按钮；

(2) 按 Tab 键使焦点跳转到命令按钮，再按 Enter 键；

(3) 使用快捷键(Alt+有下划线的字母)。

2.4.1 命令按钮的属性

命令按钮的 Name、Height、Width、Top、Left、Visible、Font 等与窗体的使用相同，下面介绍命令按钮最主要的属性。

(1) Caption 属性：设置显示在命令按钮上的文本，即通常所说的命令按钮的标题。

可以利用 Caption 属性给命令按钮定义一个访问键，在想要指定为访问键的字符前加一个 "&" 符号，该字符就带有一个下划线，同时按下 Alt 键和带下划线的字符与单击命令按钮效果相同。例如，&Ok，显示 Ok，同时按 Alt+O 键。

(2) Enabled 属性：用来确定命令按钮是否能够对用户产生的事件做出响应。该属性取 True、False 两个值，默认值为 True。当属性值为 True 时，表示命令按钮可以对用户产生的事件做出响应；当属性值为 False 时，表示命令按钮无效，不能对用户产生的事件做出响应，呈暗淡显示。

(3) Default 属性：用于确定哪一个命令按钮控件是窗体的默认按钮。当一个命令按钮的 Default 属性为 True 时，该命令按钮为窗体的默认按钮。窗体运行时，当焦点在任何其他非命令按钮的控件上时，按 Enter 键相当于单击该命令按钮。

窗体中只能有一个命令按钮可以为默认按钮。当某个命令按钮的 Default 设置为 True 时，窗体中其他的命令按钮自动设置为 False。

(4) Cancel 属性：用于确定哪一个命令按钮控件是取消按钮。当一个命令按钮的 Cancel 属性为 True 时，该命令按钮为窗体的取消按钮。窗体运行时，按键盘上的 Esc 键相当于单击该命令按钮。

窗体中只能有一个命令按钮可以为取消按钮。当某个命令按钮的 Cancel 设置为 True 时，窗体中其他的命令按钮自动设置为 False。

(5) Value 属性：在代码中将命令按钮的 Value 属性设置为 True，即可触发命令按钮的 Click 事件。该属性在设计时无效，在运行时设置。

(6) Picture 属性：命令按钮显示的图片文件(.bmp 和.ico)，当 Style 属性值设为 1 时有效。

(7) Style 属性：用来指示命令按钮的显示类型和行为。该属性取值为 0(vbButtonStandard)

和 1(vbButtonGraphical)，0 是默认值。当设置为 0 时，命令按钮显示为标准样式，只能显示文字，不能为命令按钮设置颜色或图形；当设置为 1 时，命令按钮既可显示文字又可显示图形，可以通过 BackColor 属性为命令按钮设置颜色，或使用 Picture 属性设置在命令按钮上显示的图形。该属性在运行时是只读的。

(8) ToolTipText 属性：设置工具提示。当命令按钮设置为图形显示方式、并为其设置了 Picture 属性后，可以使用 ToolTipText 属性为命令按钮设置一个功能性提示。当运行时，将鼠标指针移动到这个命令按钮上停留片刻，便会在命令按钮的下方立即显示 ToolTipText 属性中的文本。

2.4.2 命令按钮的事件

(1) Click 事件：单击命令按钮时发生。对命令按钮，Click 事件是最重要的触发方式。多数情况下，主要针对该事件过程编写代码。

(2) KeyPress 事件：当命令按钮具有焦点时按下和松开一个按键时发生。

(3) KeyDown 事件：当命令按钮具有焦点时按下一个按键时发生。

(4) KeyUp 事件：当命令按钮具有焦点时松开一个按键时发生。

(5) MouseDown 事件：在命令按钮上按下鼠标按钮时发生。

(6) MouseUp 事件：在命令按钮上释放鼠标按钮时发生。

2.4.3 命令按钮的方法

SetFocus 方法：将焦点定位在指定的命令按钮上。调用 SetFocus 方法以后，任何的用户输入被立即引导到获得焦点的按钮上。使用该方法之前，必须保证命令按钮当前处于可见和可用状态，即它的 Visible 和 Enabled 属性值均为 True。

【例 2-9】 启动 Visual Basic 6.0，新建一个"标准 EXE"工程，选取工具箱中"标签控件"按钮 A (Label)，在窗体上画一个标签，再画三个命令按钮对象。运行时，单击"显示"按钮显示"你好"，如图 2-23(b)所示；单击"隐藏"按钮，"你好"隐去，如图 2-23(c)所示；单击"关闭"按钮，关闭窗体。设计界面如图 2-23(a)所示。

　　　(a) 设计界面　　　　　　　(b) 运行界面 1　　　　　　　(c) 运行界面 2

图 2-23　文字的显示与隐藏

对照图 2-23(a)的设计界面，按表 2-6 设置各对象的属性。

"显示"按钮 Command1 的 Click 事件过程如下：

```
    Private Sub Command1_Click()        '"显示"按钮
        Label1.Visible = True           '标签 Label1 可见
    End Sub
```

"隐藏"按钮 Command2 的 Click 事件过程如下：

```
Private Sub Command2_Click()         '"隐藏"按钮
    Label1.Visible = False           '标签 Label1 隐藏
End Sub
```

命令按钮 cmdClose 的 Click 事件过程如下：

```
Private Sub cmdClose_Click()         '"关闭"按钮
    End                              '结束程序的运行
End Sub
```

表 2-6　图 2-23(a)各对象的属性设置

对象	属性名	属性值
窗体	StartUpPosition	2-屏幕中心
标签	Name	Label1
	Caption	你好
	Font	字体为宋体，字形为常规，大小为 28
命令按钮	Name	Command1
	Caption	显示 &D
命令按钮	Name	Command2
	Caption	隐藏
命令按钮	Name	cmdClose
	Caption	
	Picture	加载指定的图像文件
	Style	1-Graphical
	ToolTipText	关闭窗口

2.5　标　　签

标签(Label)控件用来显示文本，但没有文本输入的功能。标签控件主要标注和显示提示信息，通常是标识那些本身不具有标题(Caption)属性的控件。例如，可以使用标签控件为文本框、列表框、组合框等控件添加描述性的文字，或者用来显示如处理结果、事件过程等信息。

标签控件利用 Caption 属性显示文本，Caption 属性既可在属性窗口中设定，也可在程序运行时通过代码改变。

2.5.1　标签控件的属性

标签控件的 Name、Height、Width、Top、Left、Enabled、Visible、Font、ForeColor、BackColor 等与窗体的使用相同。

(1) Caption 属性：标签控件的标题属性，用来设置标签控件中显示的文本。当创建一个新标签控件时，其默认标题为 Name 属性值，如 Label1、Label2 等。

(2) AutoSize 属性：确定标签的大小是否随其标题内容的多少自动调整。该属性取值 True、False，默认值为 False。该属性设置为 True，标签根据标题文本内容自动调整大小；该属性设置为 False，标签保持设计时的大小，超出尺寸范围的内容不予显示。

(3) Alignment 属性：用于设置 Caption 属性中文本的对齐方式。该属性有以下 3 个取值：0(vbLeftJustify，默认值)表示文本左对齐，1(vbRightJustify)表示文本右对齐，2(vbCenter)表示文本居中。

（4）BackStyle 属性：用于确定标签的背景是否透明。该属性设置为 0，表示背景透明，标签后的背景色和任何图片都是可见的，此时忽略标签的 BackColor 属性；该属性设置为 1，表示背景不透明，标签后的背景和图形不可见，用标签的 BackColor 属性填充标签。

（5）BorderStyle 属性：用于确定标签的边框样式。该属性设置为 0（默认值），标签无边框；该属性设置为 1，标签有边框。

（6）WordWrap 属性：确定一个 AutoSize 属性设置为 True 的标签控件，是否要进行水平或垂直展开以适合其 Caption 属性中指定文本的要求。该属性取值 True，表示文本卷绕，标签控件垂直展开或缩短，以使其与文本和字体大小相适，水平大小不变；该属性取值 False（默认值），表示文本不卷绕，标签控件水平地展开或缩短以使其与文本的长度相适，并且垂直地展开或缩短以使其与字体的大小和文本的行数相适应。

2.5.2 标签控件的事件

标签控件也有很多事件，最常用的是 Click、DblClick、Change 等事件，不是特殊要求，通常不在标签的事件过程中编写代码。

2.5.3 标签控件的方法

标签控件也支持 Move 方法，用于实现标签控件的移动。

【例 2-10】 在窗体上放置 4 个标签，其名称使用默认值 Label 1～Label 4，它们的高度和宽度一样，在属性窗口按表 2-7 所示设置它们的属性，运行后界面如图 2-24 所示。

表 2-7 标签控件的属性设置

对象	属性名	属性值
Label1	AutoSize	True
	Alignment	0
	BorderStle	0
	Caption	My Visual Basic 6.0
Label2	Alignment	2
	BorderStle	1
	Caption	水平居中
Label3	Alignment	0
	BorderStle	1
	Caption	自动
Label4	WordWrap	False
	Alignment	1
	BackColor	&H0000FFFF&
	BorderStle	0
	Caption	背景黄

图 2-24 标签的属性设置效果

【例 2-11】 窗体上放置一个标签,标签的属性全取默认值,如图 2-25(a)所示。

编写窗体的 Load 事件过程,其功能是:移动标签至窗体的左上角、设置标签的标题、自动调整大小、标题文本的字号与颜色;编写标签的 Click 事件过程,其功能是:每单击一次标签,标签向下、向右分别移动 100 缇、150 缇。

窗体的运行界面如图 2-25(b)、图 2-25(c)所示。

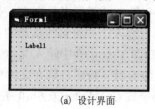 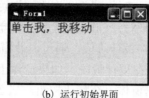 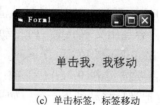

　　(a) 设计界面　　　　　　　(b) 运行初始界面　　　　　(c) 单击标签,标签移动

图 2-25　标签的移动

窗体的 Load 事件过程如下:

```
Private Sub Form_Load()          '窗体的 Load 事件,给 Lebel1 控件进行初始化
    Label1.Top = 0               '标签 Label1 的 Top、Left 均等于 0,将其移到窗体的左上角
    Label1.Left = 0
    Label1.Caption = "单击我,我移动"
    Label1.AutoSize = True
    Label1.Font.Size = 15
    Label1.ForeColor = vbRed
End Sub
```

标签 Label1 的 Click 事件过程如下:

```
Private Sub Label1_Click()               'Lebel1 控件的 Click 事件代码
    Label1.Top = Label1.Top + 100
    Label1.Left = Label1.Left + 150
End Sub
```

2.6　文　本　框

在 Visual Basic 中,文本框(TextBox)控件是最常用的控件,可以提供用户输入文本或显示文本。文本框控件有两个作用:一是用于显示用户输入的信息,作为接收用户输入数据的接口;二是在设计或运行时,通过对文本框的 Text 属性赋值,作为信息输出的对象。

2.6.1　文本框控件的属性

文本框控件的 Name、Height、Width、Top、Left、Enabled、Visible、Font、ForeColor、BackColor 等与窗体的使用相同。

(1) Text 属性:用于返回或设置文本框中显示的内容。当程序运行时,用户通过键盘输入正文内容,保存在 Text 属性中。一般情况下,Text 属性值最多可以有 2048 个字符,但是如果 MultiLine 属性设置为 True,此时最大限制大约是 32KB。在设计时,Text 属性的默认值与 Name 属性值相同。

(2) MaxLength 属性:设置文本框中所允许输入的最大字符数,默认值为 0,表示不限制最大字符数。当输入的字符数超过设定值时，文本框不接受超出部分的字符，并发出警告声。如果将一个字符数超过设定值的字符串赋给文本框，超过部分的字符被截去。

例如，文本框 Text1 的 MaxLength 属性值为 10，将字符串"1234567890ABCD"赋给 Text 属性，Text 属性中的值是"1234567890"。

(3) MultiLine 属性：该属性表明文本框是否可以接收和显示多行文本。该属性有两个设置值：True、False，False 是默认值。True 设置允许文本框可以输入或显示多行文本，且会在输入的内容超出文本框宽度时自动换行；False 设置只允许单行输入，并忽略回车符的作用。

当 MultiLine 属性为 True 时，在设计阶段，通过属性窗口在 Text 属性中输入文本并强制换行，需要按 Ctrl+Enter 快捷键；在运行阶段，如果窗体上没有默认按钮，则在文本框中按 Enter 键把光标移动到下一行；如果窗体上有默认按钮，则必须按 Ctrl+Enter 或 Shift+Enter 快捷键才能把光标移动到下一行。

MultiLine 属性在运行时是只读的，即不能用程序代码设置该属性的值。

(4) ScrollBars 属性：设置文本框是否具有垂直或水平滚动条。该属性有 0、1、2、3 四种设置值。

0-None（vbSBNone）：没有滚动条，默认值。

1-Horizontal（vbIIorizontal）：有水平滚动条。

2-Vertical（vbVertical）：有垂直滚动条。

3-Both（vbBoth），同时有水平和垂直滚动条。

只有当 MultiLine 属性设置为 True 时，用 ScrollBars 属性设置的滚动条才能显示出来。ScrollBars 属性在运行时是只读的，即不能用代码设置其属性值。

(5) Locked 属性：决定文本框的内容是否可以编辑。该属性设置为 True，文本框中的文本成为只读文本，文本框只能用于显示，不能进行输入和编辑操作；False 是默认值，表示文本框中的文本可以编辑。

(6) PassWordChar 属性：设置该属性是为了掩盖文本框中输入的字符。它常用于设置密码输入，只显示占位符。当该属性指定一个字符时，文本框中的内容显示为该字符，但文本框的 Text 属性值仍为实际输入的字符。如要恢复文本在文本框中的正常显示，只需将该属性设置为空串。一般地，PassWordChar 属性设置为"*"。

(7) SelStart 属性：用于指定当前选择文本的起始位置。该属性值为 0，表示选择文本的起始位置从第一个字符开始。如果没有选定文本，则该属性指定插入点的位置；若设置值大于或等于文本框中文本的长度，则插入点在最后一个字符之后。

(8) SelLength 属性：返回或设置文本框中选择文本的字符数。SelLength 属性值不能小于 0，否则会出错。

例如，想选定文本框 Text1 中的全部内容，可以使用如下的语句组：

```
Text1.SelStart = 0
Text1.SelLength = Len(Text1.Text)
```

(9) SelText 属性：返回或设置当前所选择文本的字符串。如果没有字符被选中，值为空串。对该属性赋值，可以替换当前选中的文本；如果当前没有文本被选中，则在当前插入点处插入被赋予该属性的值。

(10) TabStop 属性：用于决定运行时按 Tab 键，是否能跳过该控件。将控件的 TabStop

属性值设置为 True，按 Tab 键可以将焦点移动到该控件；如果设置为 False，按 Tab 键时将跳过该控件，焦点移到其 Tab 顺序的下一个控件。

2.6.2 文本框控件的事件

文本框除了支持 Click、DblClick 事件外，还支持 Change、KeyPress、GotFocus、LostFocus、Validate 等事件。

（1）Change 事件：当用户在文本框中输入新的内容，或在运行时将文本框的 Text 属性设置为新值，将触发 Change 事件。用户每向文本框输入一个字符，就会触发一次该事件。

（2）KeyPress 事件：当文本框具有焦点时按下和松开一个按键时发生。KeyPress 事件返回一个参数 KeyAscii，该参数值为整数，表示按下键的 ASCII 码值。该参数值为 0 时，则取消击键，文本框接收不到输入的字符。通过该事件对某些特殊键（如 Enter、Esc 键等）进行处理是非常有效的。

（3）GotFocus 事件：当文本框收到焦点时发生。获得焦点可以通过诸如 Tab 键切换、或单击对象之类的用户动作，或在代码中用 SetFocus 方法改变焦点来实现。一个文本框只有当它的 Enabled 和 Visible 属性都设置为 True 时，才能接收到焦点。该事件还适用于窗体和大部分可接收键盘输入的控件。

（4）LostFocus 事件：当用户按 Tab 键或单击窗体上的其他对象离开文本框、或在代码中使用 SetFocus 方法改变焦点时触发该事件。同样，该事件适用于窗体和大部分可接收键盘输入的控件。

（5）Validate 事件：将焦点从一个控件移动到另一个控件之前发生该事件。此时，控件的 CausesValidation 属性值设置为 True。Validate 事件返回一个参数 Cancel，该参数值为 True 时，焦点保持在该控件上；该参数值为 False 时，可将焦点移动开。利用 Validate 事件可以检测控件失去焦点前是否满足某些条件或准则。

2.6.3 文本框控件的方法

文本框常用的是 SetFocus 方法，使用该方法可以把光标移到指定的文本框中，使文本框获得焦点。

例如，下面的语句使文本框 Text1 获得焦点：

```
Text1.SetFocus
```

【例 2-12】 窗体上有一文本框 Text1，要求在 Text1 中输入一个大于或等于 10 的数。如果输入的不是数字或输入的数小于 10，则焦点不能从 Text1 中移开。编写文本框 Text1 的 Validate 事件来满足这种要求。

```
Private Sub Text1_Validate(Cancel As Boolean)
    '如果值不是数字串或值小于10，保持焦点
    If Not IsNumeric(Text1.Text) Or Val(Text1.Text) < 10 Then
        Cancel = True
        MsgBox "请输入一个大于或等于10的数.", , "Text1"
    End If
End Sub
```

【例2-13】 有时候为了输入数据的合理性，对文本框中输入的内容有限制。例如，下面这个事件过程，实现了文本框中只能输入数字、不接收其他任何字符的功能。

```
Private Sub Text1_KeyPress(KeyAscii As Integer)
    If KeyAscii < 48 Or KeyAscii > 57 Then
        '数字字符"0"～"9"的ASCII码值是48～57
        Beep                    '计算机喇叭发出一个声调
        KeyAscii = 0            'KeyAscii等于0，取消击键，文本框接收不到字符
    End If
End Sub
```

【例2-14】 在窗体上画两个标签Label1、Label2，画两个文本框Text1、Text2，画一个命令按钮Command1，设计界面如图2-26(a)所示。窗体初始运行时，将"Visual Basic"字符串赋给文本框Text1的Text属性将文本框Text2的内容清除。运行过程中，可以在文本框Text1中选取文本，单击"选取"按钮，在文本框Text2中显示选取的文本内容，如图2-26(b)、(c)所示。

(a) 设计界面

(b) 选取所有文本

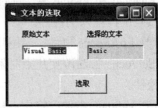
(c) 选取部分文本

图 2-26 文本的选取

对照图2-26(a)的设计界面，按表2-8设置各对象的主要属性。

表 2-8 对象的属性设置

对象	属性名	属性值
窗体	Caption	文本的选取
	StartUpPosition	2
标签	Name	Label1
	AutoSize	True
	Caption	原始文本
标签	Name	Label2
	AutoSize	True
	Caption	选择的文本
文本框	Name	Text1
文本框	Name	Text2
	BackColor	&H00E0E0E0&
	Locked	True
命令按钮	Name	Command1
	Caption	选取

窗体的 Load 事件过程如下：

```
Private Sub Form_Load()
    Text1.Text = "Visual Basic"          '给文本框 Text1 赋初值
    Text2.Text = ""                      '清除文本框 Text2 中的内容
End Sub
```

窗体的 Activate 事件过程如下：

```
Private Sub Form_Activate()
    Text1.SelStart = 0                   '设置选择文本的起点
    Text1.SelLength = Len(Text1.Text)    '设置选择文本的长度
    Text1.SetFocus                       '使文本框 Text1 获得焦点
End Sub
```

"选取"按钮 Command1 的 Click 事件过程如下：

```
Private Sub Command1_Click()
    Text2.Text = Text1.SelText           '把文本框 Text1 选取的文本赋给文本框 Text2
    Text1.SetFocus                       '使文本框 Text1 获得焦点
End Sub
```

【例 2-15】 设计一个简单应用程序，计算两个数的和。输入完两个数后，单击"求和"按钮，进行求和运算，并显示计算结果；单击"清除"按钮，将三个文本框置空；单击"关闭"按钮，关闭窗体，结束运行。设计界面和运行界面如图 2-27(a)、(b)所示。

(a) 设计界面

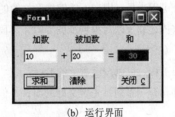
(b) 运行界面

图 2-27 计算两个数的和

窗体的 Load 事件过程如下：

```
Private Sub Form_Load()
    Text1.Text = ""                      '清除文本框 Text1 中的内容
    Text2.Text = ""                      '清除文本框 Text2 中的内容
    Text3.Text = ""                      '清除文本框 Text3 中的内容
    Text3.Font.Bold = True               '文本框 Text3 中的文字加粗
    Text3.BackColor = vbRed              '文本框 Text3 背景颜色是红色
    Text3.Locked = True                  '文本框 Text3 不可输入和编辑
End Sub
```

"求和"命令按钮 Command1 的 Click 事件过程如下：

```
Private Sub Command1_Click()
    Text3.Text = Val(Text1.Text) + Val(Text2.Text)
                                         '计算 Text1 和 Text2 中数的和，把和赋给 Text3
End Sub
```

"清除"命令按钮 Command2 的 Click 事件过程如下：

```
Private Sub Command2_Click()
    Text1.Text = ""
    Text2.Text = ""
    Text3.Text = ""
    Text1.SetFocus              '使文本框 Text1 获得焦点
End Sub
```

"关闭"命令按钮 Command3 的 Click 事件过程如下：

```
Private Sub Command3_Click()
    End                         '结束程序的运行
End Sub
```

习 题 2

一、判断题（正确填写"A"，错误填写"B"）

1. 在面向对象的程序设计中，类和实例的概念是一样的，都是指具体的对象。（　）
2. 为了使一个控件在运行时不可用，应将该控件的 Visible 属性值设置为 False。（　）
3. 将焦点通过代码设置到指定的窗体或控件上，应使用 SetFocus 方法。（　）
4. 窗体上的控件同样可以借助于剪贴板进行剪切、复制和粘贴。（　）
5. 标签控件既可用来显示用户不能编辑和修改的文本，也可以用来编辑和修改文本。（　）
6. 属性是用来描述和反映对象特征的参数，不同的对象具有各自不同的属性，对象的所有属性都可以在属性窗口中设置。（　）
7. 要运行当前工程，可以按键盘上的 F5 键。（　）
8. 每个对象都具有一系列预先定义好的事件，但要使对象能响应具体的事件，则应编写该对象相应的事件过程。（　）
9. 双击工具箱中的控件图标按钮，即可在窗体的中央位置画出控件。（　）
10. 在保存好一个工程之后，如果希望给窗体文件和工程文件同时更名或更换保存位置，可以使用另存为的方法来实现，这时最好先另存窗体文件。（　）

二、选择题

1. 要使窗体在运行时不可改变窗体的大小和没有最大化和最小化按钮，只要对（　）属性设置即可。
   A. MaxButton　　　B. MinButton　　　C. Width　　　D. BorderStyle
2. 窗体 Form1 的 Name 属性是 Form1，它的单击事件过程名是（　）。
   A. Form1_Click　　B. Form_Click　　　C. Frm1_Click　　D. Me_Click
3. 不论什么对象，都具有（　）属性。
   A. Caption　　　　B. Enabled　　　　C. ForeColor　　D. Name
4. 要改变控件的宽度，应修改该控件的（　）属性。
   A. Top　　　　　　B. Width　　　　　C. Left　　　　　D. Height
5. 将命令按钮 Command1 设置为不可用，应修改该命令按钮的（　）属性。
   A. Visible　　　　B. Value　　　　　C. Caption　　　D. Enabled

6. 如果要使命令按钮上显示文字"关闭(X)"，则其 Caption 属性应设置为（   ）。
   A．关闭(X)　　　　B．关闭(&X)　　　　C．关闭($X)　　　　D．关闭(_X)
7. 当标签的标题内容太长，需要根据标题自动调整标签的大小时，应设置标签的（   ）属性为 True。
   A．AutoSize　　　　B．Caption　　　　C．Enabled　　　　D．Visible
8. 以下选项中，不属于标签属性的是（   ）。
   A．Enabled　　　　B．Caption　　　　C．Default　　　　D．Font
9. 假设文本框 Text1 中有选定的文本，执行"Text1.SelText = "Hello""的结果是（   ）。
   A．Hello 将替换掉原来选定的文本　　　　B．Hello 将插入到原来选定的文本之前
   C．Text1.SelLength 为 5　　　　　　　　　D．文本框中只有 Hello
10. 如果文本框的 Enabled 属性设为 False，则（   ）。
    A．文本框的文本将变成灰色，并且此时用户不能将光标置于文本框中
    B．文本框的文本将变成灰色，用户仍然能将光标置于文本框中，但是不能改变文本框中的内容
    C．文本框的文本将变成灰色，用户仍然能改变文本框中的内容
    D．文本框的文本正常显示，用户能将光标置于文本框中，但是不能改变文本框中的内容

三、填空题

1. 在 Visual Basic 中，称对象的数据（或特征）为_____。
2. 按住键盘上的_____键，再单击工具箱中的图标按钮，可以在窗体上连续多次拖动画出多个控件对象。
3. 双击窗体上的控件对象后，Visual Basic 将显示的窗口是_____窗口。
4. Show 方法用来显示窗体，如果要显示名称为 myForm 的窗体，应写成_____。
5. ControlBox 属性只适用于窗体，当窗体的_____属性设置为 0 时，则 ControlBox 属性不起作用。
6. 设定当鼠标指针移动到命令按钮控件上时给用户提示文本的属性是_____。
7. 要使一个命令按钮成为图形命令按钮，则应首先设置_____属性值。
8. 要使标签中显示的文本靠右显示，则应将其 Alignment 属性设置为_____。
9. 如果要在文本框中输入字符时，不管输入什么字符，都只显示某个字符（如星号"*"），应设置文本框的_____属性。
10. 假设窗体上有一个文本框 Text1，现要设置文本框中所显示的文本颜色为红色（用 vbRed 表示），正确的语句是_____。

第 3 章 Visual Basic 程序设计代码基础

在开始 Visual Basic 编程之前，必须熟悉代码的编写规范和程序基本要素。本章从代码编写规范、数据类型、常量、变量和运算符五个方面介绍代码编写的基本知识。

3.1 代码编写规范

代码的编写风格代表程序的可维护性与可读性，是程序优劣的一个重要衡量标准。如果没有代码编写的统一标准，会让程序员没有一个共同的编码规范，导致编码风格各异，程序可读性和可维护性都比较差。因此，通过建立代码编写规范，能提高程序的可靠性、可读性、可修改性、可维护性和一致性，能更好地继承已有的开发成果，充分利用资源，使程序开发人员之间的工作经验可以共享，从而大大提高开发效率。

1. Visual Basic 字符集

字符是构成程序设计语言的最小语法单位，每一种语言都有各自的字符集，Visual Basic 字符集就是指用 Visual Basic 语言编写程序时所能用的所有符号集合。

（1）基本字符。

基本字符包括：大写英文字母 A～Z；小写英文字母 a～z；数字 0～9。

（2）专用字符。

专用字符包括：空格 ！"#$%&'()*+-/\^,.:;<>=?@[]_{}|～ 等。

2. Visual Basic 语言元素

Visual Basic 的语言基础是 BASIC 语言，Visual Basic 程序的语言元素主要有如下 4 种：

（1）关键字，如 Dim、Print、Cls。
（2）函数，如 Sin( )、Cos( )、Sqr( )。
（3）表达式，如 Abs(−23.5)+45*20/3。
（4）语句，如 X = X+5、If...Else...End If 等。

3. 命名规范

1) 工程命名

工程命名不能缩写，为了表达清楚用途，可以尽可能长，而且命名格式采用（名词）、（形容词+名词）或（名词+动作的名词形式）。如 GeSalaryOperation 或 GeSalary。

2) 变量命名

变量命名不推荐采用匈牙利命名法，除非命名会和关键字产生冲突时，才采用类型缩写+变量实名的匈牙利命名法。一般情况下，变量命名应该简单，尽量使用缩写。

如果是一般的数据类型，如 integer、string，则直接使用变量用途命名，尽量使用全名，例如：

```
Dim name As String
Dim count As Interger
```

对于一般的临时性变量定义,应该尽可能地简单,例如:

```
Dim i As Integer
```

如果是类对象或自定义类型对象,则在单一使用情况下使用类名称或自定义类型名称的简写来命名,例如:

```
Dim si As StudentInfo
```

如果非单一使用,则使用类型名称缩写为前缀,所有前缀都全部小写,后面的单词首字母大写,例如:

```
Dim siRead As StudentInfo
Dim siSave As StudentInfo
```

如遇到变量名需要缩写,缩写规则如下:

(1) 如果名称由多个单词组成,则取每个单词的首字母,如 StudentInfo 缩写为 si,ProcedureStudent 缩写为 ps。
(2) 如果名称由一个单词组成,则对单词进行分段取首字母,如 Student 缩写为 sd。
(3) 缩写应该控制在 3 个字母以内,尽量清晰。
(4) 除非首字母为元音,否则应该截取辅音作为缩写,如 TextBox 控件的缩写前缀为 txt。

变量名还应该根据作用范围加上范围标识:

(1) 全局变量加前缀如 g_。
(2) 模块级变量加前缀如 m_。
(3) 过程级变量不加前缀。
(4) 全局变量和模块级变量应该尽量使用全名称,不推荐使用缩写,如:g_StudentInfo。

3) 控件命名

控件命名一律使用"控件类型缩写+控件用途"的命名方式,类型缩写应控制在 3 个字母以内,缩写规则同变量命名,表 3-1 是常用控件的类型缩写,应该严格遵守,如果使用了新的控件,则首先应该同一致其类型名称缩写后再进行使用。

表 3-1 常用控件类型缩写

控件	缩写	控件	缩写
Combo box	cmb	Checkbox	chk
Command button	cmd	Common dialog control	dlg
Frame	fra	Form	frm
Graph	gra	EditGrid	grd
Label	lab	Line	ln
List box	lst	ListView	lv
Option button	opt	Picture Box	pic
Scroll bar	sbr	Shape	shp
StatusBar	st	ToolBar	tb
Timer	tmr	Textbox	txt

4) 函数命名

函数表示的是一个动作，所以它的结构应该是：动词+名词。动词必须小写，后面的名称首字母大写，例如：

```
getStudentInfo
updateStudentScore
readStudentOrder
```

函数命名尽量不要使用缩写，而且它的名称应该使人一目了然，能够从名称就知道这个函数的功能，不要使用无意义的函数名称，当函数名称不足以表达其功能时，使用在函数头部加上注释，让用户能够明白其含义。

5) 常量命名

常量的命名应该全部大写，使用下划线(_)作为单词间的分隔符，单词尽量使用全名称，例如：

```
Const MSG_EMPTY_SCORE    As String = "输入了成绩为空！"
```

4. 格式规范

1) 定义的格式

定义的代码块应该放在一起，不要在中间定义变量，变量的定义应该顶行对齐，不能缩进，同时要保证"As"关键字的对齐，例如：

```
Dim i          As Integer
Dim j          As Integer
Dim str        As String
```

2) 空行的使用

空行是区分代码块与块的间隔，在函数之间必须加上空行(两行左右)，而函数内部，变量声明块和实现块(实现块指除变量声明外的其他代码)要使用空行来间隔(一行)，实现块的内部，通过空行来标识一个功能段。

3) 缩进

缩进必须严格执行，变量声明块不缩进，实现块必须保证全部缩进(即不能有实现块是行首对齐的)。对于基本的控制结构，必须要有缩进，如 IF、DO、WITH、FOR、OPEN、SELECT 块，缩进示例如下：

```
If … Then
    …
End If
```

4) 续行

单行语句可以分多行书写，在本行后加换行符：空格和下划线。对于过长的语句，必须使用换行，换行位置要有明显意义，例如：

```
sql = "SELECT [code],[name] FROM [Person] " _
    & " WHERE [code] LIKE '001%'"
```

5. 注释规范

注释以尽可能少为宜，但必须要做到别人能够通过阅读你的代码明白你的意思，特别是对函数的注释，应让调用者明白函数功能，具体原则如下：

(1) 通过函数名称表达。
(2) 通过代码来表达。
(3) 通过注释来表达。

整行注释一般以 Rem 或单引号(')开头，用单引号引导的注释，既可以是整行的，也可以直接放在语句的后面，非常方便。例如：

```
'读取单据信息
'@param        StuID 学生编号
'@param        Score 成绩
Private Function ReadScore(StuID As String, Score As Integer) As Boolean
```

3.2 数 据 类 型

根据数据描述信息的含义，将数据分为不同的种类，对数据种类的区分规定，称为数据类型。不同的数据类型，在内存中的存储结构也不同，占用空间也不同。Visual Basic 的基本数据类型有：数值型数据、日期型、字节型、货币型、逻辑型、字符串型、对象型、变体型，以及用户自定义型。

1. 数值型数据

数值型数据分为整数型和实数型两大类。

1) 整数型

整数型是指不带小数点和指数符号的数。按表示范围整数型分为：整型、长整型。

(1) 整型(Integer，类型符%)。整型数在内存中占 2 字节(16 位)，十进制整型数的取值范围：−32768～+32767。例如，15、−345、654 都是整数型，而 45678 则会发生溢出错误。

(2) 长整型(Long，类型符&)。长整数型在内存中占 4 字节(32 位)，十进制长整型数的取值范围：−2147483648～+2147483647。例如，123456、45678 都是长整数型。

2) 实数型(浮点数)

实数型数据是指带有小数部分的数。数 21 和数 21.0 对计算机来说是不同的，前者是整数(占 2 字节)，后者是浮点数(占 4 字节)。浮点数由三部分组成：符号、指数和尾数。在 Visual Basic 中浮点数分为两种：单精度浮点数(Single)和双精度浮点数(Double)。

(1) 单精度数(Single，类型符！)。在内存中占 4 字节(32 位)，可以表示 7 位十进制数，取值范围：负数−3.402823E+38～−1.401298E−45。这里用 E 或者 e 是科学记数法，表示 10 的次方(E，e 大小写都可以)。例如，3.333e−45 表示 3.333 的 10 的负 45 次方。

(2) 双精度数(Double，类型符#)。Double 类型数据在内存中占用 8 字节(64 位)，Double 型可以精确到 15 或 16 位十进制数，即 15 或 16 位有效数字。其取值范围如下：

负数：−1.797693134862316E+308～−4.94065E−324
正数：4.94065E−324～1.797693134862316E+308

2. 货币型(Currency，类型符@)

主要用来表示货币值，在内存中占 8 字节(64 位)。整数部分为 15 位，可以精确到小数点后 4 位，第 5 位四舍五入。货币型数据的取值范围：–922337203685447.5808～922337203685447.5807。货币型跟浮点数的区别在于小数点后的位数是固定的 4 位。例如，7.56@存放在计算机中是 7.5600@。

3. 字节型(Byte，无类型符)

字节型数据在内存中占 1 字节(8 位)，一般用于存储二进制数。字节型数据对应的整数取值范围是 0～255。

4. 日期型(Date)

日期型数据在内存中占用 8 字节，以浮点数形式存储。日期型数据的日期表示范围为：100 年 1 月 1 日～9999 年 12 月 31 日。日期型数据的时间表示范围为：00:00:00～23:59:59。代码中用#包含起来放置日期和时间。日期可以用"/"、","、"–"分隔开，可以是年、月、日，也可以是月、日、年的顺序。时间必须用":"分隔，顺序是时、分、秒。

例如：

```
#08/10/2012#  或  #2012-08-19#
#09:30:00 PM#
#09/10/2012 10:30:00 AM#
```

注意：在 Visual Basic 中所有输入的日期格式都会自动转换成 mm/dd/yy(月/日/年)的形式存放。

5. 逻辑型(Boolean)

逻辑型数据在内存中占 2 字节，并且只有两个可能的值：True(真)和 False(假)。若将逻辑型数据转换成数值型，则 True 为–1，False 为 0。相反，当数值型数据转换为 Boolean 型数据时，非 0 的数据转换为 True，0 为 Fasle。

6. 字符串型(String，类型符$)

字符串是一个字符序列，必须用双引号括起来。在使用时，双引号为分界符，输入和输出时并不显示。字符串中包含字符的个数称为字符串长度。长度为零的字符串称为空字符串，如""，即引号里面没有任何内容表示空字符串。字符串中包含的字符区分大小写。

字符串可分为变长字符串和定长字符串两种。

(1) 变长字符串(长度根据字符串内容的长度来决定)。例如：

```
dim a as string
 a = "123"
 a = "456789"
```

(2) 定长字符串(长度提前指定)。

对于定长字符串，当字符长度低于规定长度，Visual Basic 自动用空格填满，当字符长度多于规定长度，则截去多余的字符。例如：

```
dim a as string * 10
```

7. 对象型（Object）

对象型数据在内存中占用 4 字节，用以引用应用程序中的对象。

8. 变体型（Variant）

变体型数据是一种特殊数据类型，具有很大的灵活性，可以表示多种数据类型，其最终的类型由赋予它的值来确定。

9. 用户自定义类型

如果用户需要同时记录一个职工的工号、姓名、性别、工资等信息，就可以使用自定义类型。这种类型的数据由若干个不同类型的基本数据组成。自定义类型由 Type 语句来实现：

格式：

Type 自定义类型名
  元素名 1 As 类型名
  元素名 2 As 类型名
   ⋮
  元素名 n As 类型名
End Type

Type 是语句定义符，告诉 Visual Basic 现在要定义一个数据类型，是 Visual Basic 的关键字。其后的自定义类型名是要定义的该数据类型的名称，由用户确定；End Type 表示类型定义结束；自定义类型名是组成该数据类型的变量的名称。例如：

```
Type Worker
    No      As Long                '工号
    Name    As String*10           '姓名，用长度为 10 的定长字符串来存储
    Sex     As String*5            '性别，用长度为 5 的定长字符串来存储
    Salary As Single               '工资，用单精度数来存储
End Type
```

一般在标准模块里面定义，如果只想在窗体里面定义，则前面必须加上 Private，表示该类型只对本窗体有效，其他窗体无法定义该类型的变量。

定义了 Worker 类型之后，就可以定义 Worker 类型的变量了，如 Dim wr As Worker。

用户可以像引用对象的属性那样引用类型的各个成员，如 wr.Num、wr.Name、wr.Sex 和 wr.Salary。

3.3 常 量

在用户程序中经常会发现代码中一些数值从不改变并且反复出现，在这种情况下，可用常量来表示这些数值。例如，将圆周率定义为常量 Pi，在程序中就可以使用 Pi 代替这个常数。另外，常量的处理比变量快。程序运行时，常量值不需要查找，编译器只要把常量名换成常数即可，这样保证了程序执行更快。

Visual Basic 常量分两类：系统内部常量和符号常量（自定义常量）。

1. 系统内部常量

系统内部常量是应用程序和控件提供的，常量可与应用程序的对象、方法和属性一起使用。可以在帮助文件中查找相应的常量。系统内部的常量名采用大小写混合的格式，其前缀表示定义常量的对象库名。来自 Visual Basic 和 Visual Basic forapplications 对象库的常量以"Vb"开头，如 VbBlack 表示黑色。来自访问对象库的常量以"db"开头，如 dbRelationUnique。

2. 符号常量（自定义常量）

自定义常量顾名思义是用户自己定义的常量。使用自定义的关键字是 Const，常量的语法定义格式：

[Public | Private] Const　变量名 [As 数据类型] = 表达式

说明：

（1）Public 表示公共声明，使用它声明的常量可在整个应用程序中使用，它必须在标准模块的声明区中使用。在窗体模块或类模块中不能声明该常量。

（2）Private 表示私有声明，它可以用在模块级声明常量。模块级声明是指放在窗体、类或标准模块内的声明。其关键字不能在过程声明变量时使用，在默认情况下常数是私有的。

（3）常量名的命名规则与标准变量的命名一样。

（4）常量的数据类型可以为：Byte、Boolean、Integer、long、Currency、Single、Double、Date、String 或 Variant。

例如：

```
Const Pi=3.14159265358979
Public Const MaxScore AS Integer=100
Const expDate=#1/1/2012#
Public Const Name="Tiger"
Const sName="Gjc"
```

说明：

（1）如果程序中有特别频繁使用的值，且这个值从不变化，并在整个模块和窗体中使用，可以用 Public Const 语句在标准模块中声明一个全局常量。

（2）用 Const 声明的常量在程序运行的过程中，不能被重新赋值。

（3）在常量声明的同时要对常量赋值。

（4）可以为声明的常量指定类型，如 Const Salary As Currency = 1137。

（5）在使用一个常量为另一个常量初始化时，循环引用会出错。

注意：定义常量时，可以指定常量的类型，也可以不指定。如果不指定常量的类型，则系统会根据表达式的数值指定该常量的类型。如果用逗号进行分隔，则在一行中可放置多个常量声明。

3.4 变　　量

变量是指在程序的运行过程中随时可以发生变化的量。变量是程序中数据的临时存放场所。在代码中可以只使用一个变量，也可以使用多个变量。变量中可以存放单词、数值、日期及属性。由于变量让用户能够把程序中准备使用的数据都赋予一个简短、易于记忆的名字，因此它们十分有用。变量可以保存程序运行时用户输入的数据(如使用 InputBox 函数在屏幕上显示一个对话框，然后把用户输入的内容保存到变量中)、特定运算的结果，以及要在窗体上显示的一段数据等。

变量有两种：属性变量和用户自己建立的变量。当在窗体中设计用户界面时，Visual Basic 会自动为产生的对象(包括窗体本身)创建一组变量，即属性变量，并为每个变量设置默认值。这类变量可供用户直接使用，如引用它或给它赋新值。用户也可以创建自己的变量，以便存放程序执行过程中的临时数据或结果数据等。在程序中，这样的变量是非常重要的。下面就介绍用户对变量的创建和使用方法。

1. 变量的命名规则

首先，用户必须给变量取一个合适的名字，就好像每个人都有自己的名字一样，否则就难以区分了。在 Visual Basic 中，变量的命名必须遵循以下规则：

(1) 变量名必须以字母打头，名字中间只能由字母、数字和下划线(_)组成，最后一个字符可以是类型说明符。

(2) 变量名的长度不得超过 255 个字符。

(3) 变量名在有效的范围内必须是唯一的。有效的范围就是指一个过程、一个窗体等。有关引用变量作用范围的内容，将在以后介绍。

(4) 变量名不能是 Visual Basic 中的保留字(关键字)，也不能是末尾带类型说明符的保留字，但可以把保留字嵌入变量名。关键字是指 Visual Basic 语言中的属性、事件、方法、过程、函数等系统内部的标识符，如已经定义的词(if、endif、while、loop 等)、函数名(len、format、msgbox 等)。像 Print、Print$ 是非法的，而 Myprint 是合法的。

例如，Name1、Max_Age、sLesson 等是合法的变量名，而 D&G、hello world、3M、_Number 等是非法的变量名。

注意：

(1) 变量名是不区分大小写的，如 ABC、aBc、abc 都是一样的。

(2) 定义和使用变量时，通常要把变量名定义为容易阅读和能够描述所含数据用处的名称，而不要使用一些难懂的缩写，如 i 或 j2 等。

例如，假定正在为某学校编写一个学生成绩管理软件。需要两个变量来存储学生的年龄和成绩。此时，可以定义两个名为 Stu_Age 和 Stu_Score 的变量。每次运行程序时，用户为这两个变量提供具体值，看起来就非常直观。

(3) 根据需要混合使用大小写字母和数字。一种方法是，变量中每个单词的第一个字母大写，如 DateOfBirth。

(4) 还有一种变量命名方法是，每个变量名以两个或三个字符缩写开始，这些字符缩写对应于变量要存储数据的数据类型。例如，使用 strName 来说明 Name 变量保存字符串型数据。

2. 声明一个变量

在使用变量之前，大多数语言通常首先要声明变量。就是说，必须事先告诉编译器在程序中使用了哪些变量，及这些变量的数据类型和变量的长度。这是因为在编译程序执行代码之前编译器需要知道要开辟多少存储空间，这样可以优化程序的执行。声明变量有两种方式：隐式声明、显式声明。

(1) 隐式声明：变量可直接赋值，如 i=3，此时 Visual Basic 根据值给该变量赋予相应的类型。这种方式比较简单方便，在程序代码中可以随时命名并使用变量，但不易检查。

(2) 显式声明：用声明语句创建变量。

为了避免写错变量名引起的麻烦，用户可以规定，只要遇到一个未经明确声明就使用的变量，Visual Basic 都发出错误警告。方法是——强制显式声明变量。要强制显式声明变量，只需在类模块、窗体模块或标准模块的声明段中加入 Option Explicit 语句。

这条语句是用来规定在本模块中所有变量必须先声明再使用，即不能通过隐式声明来创建变量。在添加 Option Explicit 语句后，Visual Basic 将自动检查程序中是否有未定义的变量，发现后将显示错误信息。如果要自动插入 Option Explicit 语句，用户只要执行"工具 | 选项"命令，然后单击"选项"对话框中的"编辑器"选项卡，再选中"要求变量声明"选项，这样 Visual Basic 就会在任何新模块中自动插入 Option Explicit 语句，但只会在新建立的模块中自动插入。所以对于已经建立的模块，只能用手工方法向现有模块添加 Option Explicit 语句。

变量声明语句有如下 4 种格式，这 4 种语句创建了不同特性的变量，下面进行详细介绍。

(1) Dim 语句，其格式为：

```
Dim<变量名>[As<数据类型>]
```

程序运行时，上述声明在内存中为变量分配空间，并让 Visual Basic 了解随后要处理的数据类型。Dim 语句用于在标准模块(Module)、窗体模块(Form)或过程(Procedure)中定义变量或数组。用 Dim 语句在窗体的过程中声明的变量称为局部变量，其作用域仅局限在本过程内部，过程一旦执行完毕，其值也就消失了。

例如：

```
Dim Number As Integer                              '声明 Number 为 Integer(整型)变量
Dim i As Integer,j As Integer,k As Integer         '同时声明 i,j,k 为整型变量
```

(2) Private 语句，其格式为：

```
Private<变量名>[As<数据类型>]
```

如果要在一个窗体模块的所有过程中共享同一个变量，则应在这个窗体模块的声明段用 Private 语句进行声明。这种变量称为模块级变量，其作用域为整个窗体模块。这就好比是家里的电话号码，它在您所在的城市是通用的，但出了这个范围如果不加说明(区号)就不能单独使用。

(3) Public 语句，其格式为：

```
Public<变量名>[As<数据类型>]
```

用来在标准模块中定义全局变量。如果在标准模块的声明段中用 Public 关键字来声明模块级变量，则这个变量的作用域是整个工程，即它会在整个工程的所有模块中有效，这种变量称为全局变量，也称公用变量。

(4) Static 语句，其格式为：

Static<变量名>[As<数据类型>]

局部变量在过程执行结束后其值不能被保留下来，在每一次过程重新执行时，变量会被重新初始化。如果希望在该过程结束之后，还能继续保持过程中局部变量的值，就应该用 Static 关键字将这个变量声明为静态变量。这样，即使过程结束，该静态变量的值也仍然保留着。

例如，为一个窗体编写下面的一段程序，可以对用户在窗体上单击的次数计数并显示出来。

```
Private Sub Form_click()
    Static I As Integer
    I = I+1
    Label1.Caption = I
End Sub
```

注意：在模块的声明段中不能使用 Static 关键字。

3. 变量的数据类型

每个变量都具有各自的数据类型，数据类型决定了变量能够存储哪种数据。对不同类型的数据，要使用同种数据类型的变量，如果两者匹配得不好，就会出现错误或者造成内存空间的浪费。在 Visual Basic 中，变量的数据类型较多，归纳如下：

1) 用于保存数字的 6 种数据类型

整型(Integer)、长整型(Long)、货币型(Currency)、单精度(Single)、双精度(Double)、字节型(Byte)。

2) 用来进行逻辑判断的布尔型 Boolean 数据类型

Boolean 类型的变量主要用来存放逻辑判断的结果，它只能取逻辑值，即 True(真)或 False(假)。

3) 用来保存日期的 Date 类型

Date 类型的变量用来保存日期和时间，它可接收多种表示形式的日期和时间，必须用"#"符号把日期和时间的值括起来。

例如：

```
Dim date1 As Date
Dim date2 As Date
Dim m1 As Byte
Dim m2 As Byte
date1 = #1/10/1999#
date2 = #10/1/2000 1:20:50 PM#
Print date1, date2
m1 = Month(date1)
m2 = Month(date2)
Print m1, m2
```

4) 用来保存字符串的 String 类型

String 类型变量的字符码范围是 0~255。字符集的前 128 个字符(0~127)对应于标准键盘上的字符与符号，而后 128 个字符(128~255)代表一些特殊字符，如国际字符、重音字符、货币符号及分数。使用 String 类型可以声明两种字符串：变长与定长的字符串。例如，下面一段程序将可变长字符串变量 MyString 的值，从一个短字符串重新赋值成一个长字符串。

```
Dim MyString As String                    '定义一个可变长字符串
MyString = "Im not long"
Debug.Print MyString
MyString = "Hey,Im a long string now. "   '赋新值后,MyString 的长度变长了
Debug.Print MyString
```

例如，下面一段程序实现了定长字符串 MyString 的操作。

```
Dim MyString As String * 10               '声明长度为 10 字节的定长字符串
MyString = "Mary is 5. "
Print MyString
MyString = "Mary is five years old. "    'MyString 的值为 Mary is fi,多余的
                                          部分被截断,舍弃
Print MyString
```

在 Visual Basic 中，数字和包含数字的字符串变量可以方便地互换类型。如果是数字形式的字符，则可将字符串赋予数值变量，同时也可将数值赋予字符串变量，Visual Basic 会自动强制变量为适当的数据类型。例如，在下面的程序中，就可以随意地将数字和字符串混合使用。

```
Dim intX As Integer
Dim strY As String
StrY=3716              '将数字赋值给字符串
intX=strY              '将字符串传递给数值变量
strY=Sin(strY)         '将字符串变量作为数字传递给正弦函数,然后再将正弦值传递给字符串变量
```

5) 用来保存对象引用的 Object 类型

Object 类型用来进行对象的引用。利用 Set 语句，声明为 Object 的变量可以被赋值为任何对象的引用。

定义对象变量时可以直接指定对象的类型，也可以使用通用对象类型进行定义。例如：

```
Dim obj1 As Commandbutton
Dim obj2 As TextBox                       '直接指定对象的类型
Dim obj3 As Object                        '使用通用对象类型
```

在程序中可以利用 Set 语句，声明给对象变量赋值为该对象的引用，如果声明为 Object 对象，则可以赋值为对任何对象的引用。例如：

```
Set obj1=Command1
Set obj2=TextBox1
Set obj3=Command1
```

这时就可以直接利用 obj1、obj2 变量来直接引用相应的控件，设置控件的属性。例如，要改变命令控件的标题，可以用下面的代码：

```
obj1. Caption="new caption"
```

如果要改变文本框的字体为粗体,可以用下面的语句:

```
obj2.FontBold=True
```

注意:不能直接把对象赋给 object 类型的变量,必须加上 Set。

6) 可以保存任何数据的 Variant 类型

Variant 类型是一种很特殊的数据类型,除了定长 String 类型的数据和用户自定义类型的数据外,它可以保存任何种类的数据。将一个数据赋予 Variant 类型的变量时,不必在数据类型之间进行转换,系统会自动完成任何必要的转换。

7) 其他特殊数据

在给变量赋值时,除了常用的数值、字符串、日期等类型外,还有两种比较特殊的数值,分别是 Empty 和 Null。

Empty 值用来标识尚未初始化的(给定初始值)的 Variant 变量。Empty 的 Variant 变量值为 0,如果是字符串,则为空字符串。Null 是表示 Variant 变量含有一个无效的数据。两者是不同的。

如果声明了语句 Variant 变量而没有赋值,则系统会设置其值为 Empty。用 IsEmpty 函数可以判断变量是否进行了初始化。例如:

```
If IsEmpty(i) Then
    MsgBox "变量还没有初始化"
End If
```

变量一经赋值,就不再是 Empty,用 IsEmpty 函数将会返回 False。用户可以用下面的代码将变量设置为 Empty。

```
i=Empty
```

Empty 值适用于数字、字符串和日期变量。

当对数据库进行操作时,在数据库中常用 Null 表示字段中没有数据或者对象变量没有赋值。Null 值不同于 Empty 值,一般的数据类型中不会有 Null 值,除非用户强制定义。

利用 IsNull 函数,可以检查数据库中的某个字段中是否是有效数值。例如:

```
If Not IsNull(i) Then
    MsgBox "变量 i 是空"
End If
```

8) 数据类型转换

Visual Basic 中有一些数据类型可以自动转换,但是许多数据类型不能自动转换,需要类型转换函数来实现。类型转换函数将在 3.5 节中介绍。

3.5 常用函数

Visual Basic 提供许多内建的函数和语句,帮助程序设计者完成特定的任务。这些函数和语句按功能可分为:交互式函数、类型转换函数、数学函数、日期和时间函数、字符串函数、目录和文件函数。下面分别进行介绍。

1. 交互式函数

用来和用户进行交互，接收用户输入内容的函数。经常使用的有 MsgBox 函数、InputBox 函数，将在 4.1.2 节和 4.1.3 节中有详细介绍。

2. 类型转换函数

当要对不同类型的变量进行赋值操作或表达式中的运算时，就要进行类型转换，常用的类型转换函数 CType(X) 对应一组转换函数，具体如下：

CBool(X)，将 X 转换为"布尔"(Boolean)类型。
CByte(X)，将 X 转换为"字节"(Byte)类型。
CCur(X)，将 X 转换为"金额"(Currency)类型。
CDate(X)，将 X 转换为"日期"(Date)类型。
CDbl(X)，将 X 转换为"双精度"(Double)类型。
CInt(X)，将 X 转换为"整型"(Integer)类型。
CLng(X)，将 X 转换为"长整型"(Long)类型。
CSng(X)，将 X 转换为"单精度"(Single)类型。
CStr(X)，将 X 转换为"字符串"(String)类型。
Cvar(X)，将 X 转换为"变体型"(Variant)类型。
CVErr(X)，将 X 转换为 Error 值。

例如：

（1）CStr(13)+CStr(23)：数值转换成字符串后，用"+"号连接，结果是 1323。

（2）CInt("12")+12：字符串转换成整型后与 12 相加，结果是 24。

（3）P = CInt(True)：输出结果为 –1，布尔值与数值的转换时要注意，布尔值只有 True 和 False，其中 True 在内存中为 –1，False 存为 0。

（4）CBool(–0.001)：输出结果为 True，将数值转换为布尔型时，等于 0 的数值将得到 False，不等于 0 的数值得到 True。

3. 数学函数

数学函数用来完成特定的数学计算。常见的数学函数如下：

（1）Int(X)，Fix(X)：取 X 的整数值。

P = Int(X)，取 <=X 的最大整数值。

P = Fix(X)，取 X 的整数部分，直接去掉小数。

例如：

```
Int(-54.6)          '结果为-55，取<=-54.6的最大整数
Fix(54.6)           '结果为54，取整数并直接去掉小数
```

（2）Abs(N) 取绝对值。

例如：Abs(–3.5) 结果为 3.5。

（3）Cos(N) 余弦函数。

例如：Cos(0) 结果为 1。

（4）Exp(N) e 为底的指数函数。

例如：Exp(3) 结果为 20.068。

(5) Log(N) 以 e 为底的自然对数。

例如：Log(10)结果为 2.3。

(6) Sin(N)正弦函数。

例如：Sin(0)结果为 0。

(7) Sgn(N)符号函数，取数 N 的正负号。

例如：Y = Sgn(X)时 X>0 则 Y = 1；X = 0 则 Y = 0；X<0 则 Y = –1。

(8) Sqr(N)平方根。

例如：Sqr(9)结果为 3。

(9) Tan(N)正切函数。

例如：Tan(0)结果为 0。

(10) Atn(N)反切函数。

例如：Atn(0)结果为 0。

4. 日期和时间函数

Visual Basic 提供了丰富的关于日期和时间的函数，这些函数和语句不仅可以用来返回和设置当前的时间和日期，还可以从日期和时间中提取年、月、日、时、分、秒，以及对时间和日期进行格式化等。

(1) Year(X)，Month(X)，Day(X)：取出年、月、日。

Year(X)：取出 X "年"部分的数值。

Month(X)：取出 X "月"部分的数值。

Day(X)：取出 X "日"部分的数值。

注意：Year 返回的是公元年，若 X 里只有时间，没有日期，则日期视为#1899/12/30#。

(2) Hour，Minute，Second：取出时、分、秒。

Hour(X)：取出 X "时"部分的数值。

Minute(X)：取出 X "分"部分的数值。

Second(X)：取出 X "秒"部分的数值。

注意：Hour 的返回值为 0～23。

例如：

```
X=#10:34:23#
P=Hour(X)
Q=Minute(X)
R=Second(X)
```

输出结果：P = 10，Q = 34，R = 23

(3) DateSerial 函数：合并年、月、日成为日期。

DateSerial(Y,M,D)，其中 Y 是年份，M 为月份，D 为日期。

注意：

① M 值若大于 12，则月份从 12 月起向后推算 M–12 个月；若小于 1，则月份从 1 月起向后推算 1–M 个月。

② 若日期 D 大于当月的日数，则日期从当月的日数起，向后推算 D–当月日数；若小于 1，则日期从 1 日起向前推算 1–D 日。

例如：

```
DateSerial(2000,02,02)
```

结果为 P = 2000-02-02

（4）TimeSerial 函数：合并时，分，秒成为时间。

TimeSerial(H, M, S)，其中 H 为小时数，M 为分钟数，S 为秒数，其推算原理同上面的 DateSerial。

例如：

```
P=TimeSerial(6,32,45)
```

结果为 P = 6:32:45

（5）Date,Time,Now 函数：读取系统的日期时间。

```
Date()
Time()
Now()
```

注意：这三个函数都无参数。

例如：

若当前时间为 2003 年 8 月 29 日晚上 19 点 26 分 45 秒，执行

```
Now()
```

结果为 2003-08-29 19:26:45

（6）MonthName：返回月份名称。

```
MonthName(X)
```

注意：X 参数可传入 1~12，则返回值为"一月"、"二月"……但是在英文 Windows 环境下，返回的是"January"，"February"……

例如：

```
P=MonthName(1)
```

结果为 P = "一月"

（7）WeekdayName：返回星期名称。

```
WeekdayName(X)
```

注意：X 参数可传入 1~7，则返回值为"星期日"、"星期一"……但是在英文 Windows 环境下，返回的是 Sunday，Monday……

例如：

```
P=WeekdayName(1)
```

结果为 P = "星期日"

5. 字符串函数

字符串函数用来完成对字符串的操作和处理，如截取字符串、查找和替换字符串、对字符串进行大小写处理等。

(1) ASC(X), Chr(X): 转换字符字符码。

Asc(X): 返回字符串 X 的第一个字符的字符码。

Chr(X): 返回字符码等于 X 的字符。

例如:

```
P=Chr(65)             '输出字符 A,因为 A 的 ASCII 码等于 65
P=Asc("A")            '输出 65
```

(2) Len(X): 计算字符串 X 的长度。

注意：空字符串长度为 0，空格符也算一个字符，一个中文字虽然占用 2 字节，但也算一个字符。

例如：

① 令 X = " " (空字符串), Len(X)结果为 0。

② 令 X = "abcd", Len(X)结果为 4。

③ 令 X = "VB 教程", Len(X)结果为 4。

(3) Mid(X)函数：读取字符串 X 中间的字符。

Mid(X, n)：由 X 的第 n 个字符读起，读取后面的所有字符。

Mid(X, n, m)：由 X 的第 n 个字符读起，读取后面的 m 个字符。

例如：

①
```
X = "abcdefg"
P = Mid(X, 5)
```

结果为 P = "efg"

②
```
X = "abcdefg"
P = Mid(X, 2, 4)
```

结果为 P = "bcde"

(4) Replace: 将字符串中的某些特定字符串替换为其他字符串。

```
Replace(X,S,R)
```

注意：将字符串 X 中的字符串 S 替换为字符串 R，然后返回。

例如：

```
X="VB is very good"
P=Replace(X,"good","nice")
```

结果为 P = "VB is very nice"

(5) StrReverse: 反转字符串，返回参数反转后的字符串。

例如：

```
X="abc"
P=StrReverse(X)
```

结果为 P = "cba"

(6) Lcase(X), Ucase(X)：转换英文字母的大小写。

Lcase(X)：将 X 字符串中的大写字母转换成小写

Ucase(X)：将 X 字符串中的小写字母转换成大写

注意：除了英文字母外，其他字符或中文字都不会受到影响。

例如：

令 X = "VB and VC"，则 Lcase(X)的结果为"vb and vc"，Ucase(X)的结果为"VB AND VC"。

（7）InStr 函数：寻找字符串。

InStr(X, Y)：从 X 第一个字符起找出 Y 出现的位置。

InStr(n, X, Y)：从 X 第 n 个字符起找出 Y 出现的位置。

注意：

① 若在 X 中找到 Y，则返回值是 Y 第一个字符出现在 X 中的位置。

② InStr(X,Y) 相当于 InStr(1,X,Y)。

③ 若字符串长度，或 X 为空字符串，或在 X 中找不到 Y，则都返回 0。

④ 若 Y 为空字符串，则返回 0。

6. 目录和文件函数

目录和文件函数属于文件系统函数。通过它们可以操作目录和文件，如创建目录、删除文件和读写文件等，常见的文件系统函数如表 3-2 所示。

表 3-2　常见的文件系统函数

函数名	功能	函数名	功能	函数名	功能
ChDir	改变当前目录	FileCopy	拷贝文件	Kill	删除文件
ChDrive	改变当前驱动器	MkDir	创建目录	FileLen	取得文件的长度（字节数）
CurDir	返回当前目录	RmDir	删除目录	Dir	查找指定的文件和目录

7. 随机函数

一般格式为 Rnd(x)，其中 x 可以是任意数值，一般取正数 1。随机函数也可以写成 Rnd。功能是：产生大于 0 而小于 1 的随机数。

要真正产生不同的随机数，必须在 Rnd(x)语句前，使用播种语句 Randomize[Timer]（括号及括号中的内容为可选项），否则产生的是同一序列的随机数，即反复出现这一序列的随机数。

3.6　运算符与表达式

Visual Basic 中运算符是指用来对运算对象进行各种运算的操作符号，而表达式则是由多个运算对象和运算符组合在一起的合法算式。其中运算对象包括常数、常量、变量和函数，而常数、常量、变量和函数可以看做没有运算符的表达式。

Visual Basic 中的运算符分五类：算术运算符、连接运算符、关系运算符、逻辑运算符和特殊运算符；表达式有三种：算术表达式、关系表达式和逻辑表达式。

1. 算术运算符

1）幂运算符(^)

幂运算符用来计算某个数或表达式的某次方的值。其中，幂运算符右边的数或表达式是次方数。例如：

```
Dim MyValue As Integer
MyValue = 2 ^ 2              '返回4
MyValue = 3 ^ 3 ^ 3          '返回19683
MyValue = (-5) ^ 3           '返回-125
```

2）乘法算符(*)

乘法运算符用来计算两个数或表达式的积。例如：

```
Dim MyValue
MyValue = 2 * 2                    '返回 4
MyValue = 459.35 * 334.90          '返回 153836.315
```

3）浮点数除法(/)与整数除法(\)

浮点数除法执行标准除法操作；整数除法执行整除运算，结果为整形值，且不进行四舍五入(如 3\2 = 1)，其操作数一般为整形数，如果是小数，首先被四舍五入为整形或长整形数，再进行整除运算。例如：

```
25.63\6.78=3
```

4）取模运算(Mod)

取模运算用来求余数，其结果为第一个操作数整除第二个操作数所得的余数。例如：

```
21 Mod 4=1
25.68 Mod 6.99=5
```

2. 连接运算符

连接运算符就是将两个表达式连接在一起。用来进行连接运算的运算符有两个："&"和"+"。"&"运算用来强制两个表达式作字符串连接，而"+"运算则有些不同，如果两个表达式都为字符串时，则将两个字符串连接(相接)；如果一个是字符串(数字形)而另一个是数字则进行相加操作。例如：

```
"hello" & " " & "world"            '结果是 hello world
"123" & "456"                      '结果是 123456
123+456                            '结果是 579
```

在使用"+"运算符时有可能无法确定是做加法还是做字符串连接。为避免混淆，都使用&运算符进行字符串连接，从而改进了程序代码的可读性。

3. 关系运算符

关系运算符(比较运算符)是用来比较两个数或表达式的运算符，它的主要作用是确定表达式之间的关系，运算的结果可分为 True 和 False 和 Null，只要运算的双方有任何一方是 Null，结果还是 Null。Visual Basic 中涉及的关系运算符如表 3-3 所示。

表 3-3 Visual Basic 中涉及的关系运算符

运算符(名称)	适用操作数类型	示例	结果
=(等于)	全部	1 = 1	True
>(大于)	全部	1>2	False
<(小于)	全部	3<5	True
<>(不等于)	全部	"He"<>"She"	True
>=(大于等于)	全部	4>=4	True
<=(小于等于)	全部	"ab"<="ac"	True

4. 逻辑运算符

逻辑运算符通常用来表示比较复杂的关系。例如，足球比赛就经常面对这样的一个条件：

A 足球队只要战平或者战胜 B 队就可以出线。这个条件如果用逻辑运算符表示是：A 足球队战平 B 队 Or A 球队战胜 B 队。在这个条件中的 Or 运算符就是逻辑运算符，它表示"或者"的意思，当两个条件中的任意一个为 True 时，整个条件就为 True。表 3-4 给出了逻辑运算符的功能。

表 3-4 逻辑运算符的功能

运算符	名称	用法	说明
Not	逻辑非	Not a	若 a 为 True，则结果为 False；否则结果为 True
And	逻辑与	a And b	当且仅当 a，b 同为 True 时，结果为 True；否则结果为 False
Or	逻辑或	a Or b	当且仅当 a，b 同为 False 时，结果为 False；否则结果为 True
Xor	异或	a Xor b	a，b 不同时，结果为 True；否则结果为 False
Eqv	逻辑相等	a Eqv b	a，b 相同时，结果为 True；否则结果为 False
Imp	蕴涵	a Imp b	当且仅当 a 为 True，同时 b 为 False 时，结果为 False；否则结果为 True

注意：运算符 Imp，它表示的逻辑关系是：当 A 为 False 或者 B 为 True 结果才为 True，否则为 False。

5. 特殊运算符

Visual Basic 提供了两种特殊运算符：Is 和 Like。它们应归于比较运算符。

1) Is 运算符

比较两个对象变量的引用变量，返回结果为 True 或 False。常按如下方式使用：

```
Result=Object1 Is Object2
```

如果变量 Object1 和 Object2 两者引用相同的对象，则 Result 为 True；否则，Result 为 False。例如：

```
Dim MyObject,YourObject,ThisObject,OtherObject,ThatObject,MyCheck    '定义变量
Set YourObject=MyObject                              '指定对象引用
Set ThisObject=MyObject
Set ThatObject=OtherObject                           '假设 MyObject<>OtherObject
MyCheck=YourObject Is ThisObject                     '返回 True
MyCheck=ThatObject Is ThisObject                     '返回 False
```

2) Like 运算符

把一个字符串表达式与一个给定模式(SQL 表达式中的模式)进行匹配，匹配成功返回结果 True，否则返回结果 False。主要用于数据库中的查询。

6. 运算符的优先级

在一个表式中进行若干操作时，每一部分都会按预先确定的顺序进行计算求解，称这个顺序为运算符的优先顺序。一般顺序如下：

函数运算→算术运算→连接运算→关系运算→逻辑运算

对于算术运算符、关系运算符和逻辑运算符，它们的优先级如表 3-5 所示，按照从左到右，从上到下的优先级依次减小。

表 3-5 运算符的优先级

算术	比较(关系)	逻辑	算术	比较(关系)	逻辑
指数运算(^)	相等(=)	Not	求模运算(Mod)	小于或等于(<=)	Eqv
负数(−)	不等(<>)	And	加法和减法(−)	大于或等于(>=)	Imp
乘法和除法(*/)	小于(<)	Or	字符串连接(&)	Like	
整数除法(\)	大于(>)	Xor		Is	

注意：

（1）当乘法和除法同时出现在表达式中时，每个运算也都按照它们从左到右出现的顺序进行计算。可以用括号改变优先顺序，强令表达式的某些部分优先运行。括号内的运算总是优先于括号外的运算。但是，在括号之内，运算符的优先顺序不变。

（2）字符串连接运算符(&)不是算术运算符，但是就其优先顺序而言，它在所有算术运算符之后，所有关系运算符之前。

（3）Like 和 Is 运算符的优先顺序与所有比较运算符都相同。

上述操作顺序有一个例外，就是当幂和负号相邻时，负号优先。如 4^−2 的结果是 4 的负 2 次方。

7. 表达式

1）表达式的组成

表达式由变量、常量、运算符、函数和圆括号按一定的规则组成，表达式的运算结果的类型由参与运算的数据类型和运算符共同决定。

2）表达式的种类

根据表达式中运算符的类别可以将表达式分为算术表达式、字符串表达式、日期表达式、关系表达式和逻辑表达式等。

3）表达式的书写规则

（1）每个符号占 1 格，所有符号都必须一个一个并排写在同一基准上，不能出现上标和下标。

（2）不能按常规习惯省略的乘号*，如 2x 要写成 2*x。

（3）只能使用小括号( )，且必须配对。

（4）不能出现非法的字符，如 π。

4）表达式中不同数据类型的转换

如果表达式中操作数具有不同的数据精度，则将较低精度转换为操作数中精度最高的数据精度，即按 Integer、Long、Single、Double、Currency 的顺序转换，且 Long 型数据和 Single 型数据进行运算时，结果总是 Double 型数据。

习 题 3

一、判断题（正确填 A，错误填 B）

1．True 是 Visual Basic 允许的常量。（　　）

2．MoD 运算符优先级比*低。（　　）

3．"21/2/2012"是日期型常量。（　　）

4. 不能用 Sub 做变量名。(   )
5. 表达式 5*7\3 与 7\3*5 的值相等。(   )
6. "A"大于"a"。(   )
7. " "是字符型常量。(   )
8. Visual Basic 认为变量 A1 与 a1 是同一变量。(   )
9. Visual Basic 认为常量"A1"与"a1"相同。(   )
10. 变量名的长度可以超过 255 字符。(   )
11. E-12 是符合规则的变量名。(   )
12. 表达式 Not(a+b = c−d)的结果是逻辑型。(   )
13. Visual Basic 中的变量必须先用 Dim 定义后才能使用。(   )
14. Visual Basic 中字符型变量只能存放 1 个字符。(   )
15. 用 Dim 定义变量时时可以不指定变量类型。(   )

二、选择题

1. 以下 4 种描述中，错误的是(   )。
    A．常量是在程序执行期间其值不会发生改变
    B．根据数据类型不同，常量可分为字符型常量、数值常量、日期/时间型常量和布尔型常量
    C．符号常量是用一个标识符来代表一个常数，好像是为常数取一个名字，但仍保持常数的性质
    D．符号常量的使用和变量的使用没有差别
2. 下面逻辑型常量的是(   )。
    A．1/2   B．"acd"   C．1.2*5   D．False
3. Visual Basic 中可以用类型说明符来标识变量的类型，其中表示货币型的是(   )。
    A．%   B．#   C．@   D．$
4. 下面(   )是不合法的整型常数。
    A．100   B．%0100   C．&H100   D．&o100
5. 以下关键字中，不能定义变量的是(   )。
    A．Declare   B．Dim   C．Public   D．Private
6. 表达式 16/4−5*8/4 mod 5\2 的值为(   )。
    A．14   B．4   C．20   D．2
7. Visual Basic 日期型常量的定界符是(   )。
    A．##   B．" "   C．{}   D．[ ]
8. 数学关系公式 3≤x<10 表示成正确的 Visual Basic 表达式为(   )。
    A．3<=x<10   B．3<=x And x<10 C．x>=3 Or x<10 D．3<=x And <10
9. 下面正确的赋值语句是(   )。
    A．x+y = 30   B．pi*r*r = y   C．Y = x+30   D．x = 3Y
10. \,/, MoD, *四个算术运算符中，优先级别最低的是(   )。
    A．\   B．/   C．Mod   D．*
11. 表达式 ASC("F")+"3"的类型是(   )。
    A．字符表达式   B．关系表达式   C．算术表达式   D．逻辑表达式
12. 下面语句中有非法调用的是(   )。

A．x = sgn(–1)　　　B．x = fix(–1)　　　C．x = sqr(–1)　　　D．x$ = chr$(65)
13．表达式 23/5.8、23\5.8、23 mod 5.8 的运算结果分别是（　　）。
A．3、3.9655、3　　B．3.9655、3、5　　C．4、4、5　　D．3.9655、4、3
14．如果变量 a = "2",b = "abc",c = "acd"则表达式 a<b and b = c 的值为（　　）。
A．True　　　　　B．False　　　　　C．Yes　　　　　D．No
15．下面不正确的赋值语句是（　　）。
A．x = 30–y　　　B．y = r.r　　　C．y = x+30　　　D．y = x\3
16．为了给 X，Y，Z 三个变量赋初值 1，下面正确的赋值语句是（　　）。
A．X = 1：Y = 1：Z = 1
B．X = 1, Y = 1, Z = 1
C．X = Y = Z = 1
D．XYZ = 1
17．以下 4 类运算符，优先级最低的是（　　）。
A．算术运算符　　B．字符运算符　　C．关系运算符　　D．逻辑运算符
18．如果在立即窗口中依次执行下列命令：
a = 8
b = 9
print a>b　　则输出的结果是（　　）。
A．1　　　　　B．0　　　　　C．False　　　　　D．True
19．已知 a = "12345678"，则表达式 left(a,4)+Mid(a,4,2)的值是（　　）。
A．123456　　B．"123445"　　C．123445　　D．1279
20．Y1+Z2 = a*sin(b*x+c)+k 表达式的类型是（　　）。
A．算术表达式　　B．关系表达式　　C．逻辑表达式　　D．字符表达式

三、填空题

1．声明单精度常量 PI 代表 3.14159 的语句为_____。
2．声明定长为 10 个字符变量 Strv 的语句为_____。
3．把条件为 1≤X≤5 写成 Visual Basic 表达式为_____。
4．数学表达式 5+(a+b)^2 对应的 Visual Basic 表达式是_____。
5．数学表达式 2a(7+b) 对应的 Visual Basic 表达式是_____。
6．写出 Visual Basic 表达式（Abs(a*b–c^3))^3 对应的数学表达式的形式_____。
7．设变量 x, y, a, b, 的值分别为 1, 2, 3, 4, 则表达式 x<0 Or Not y<0 And a>0 的值是_____。
8．设变量 x, y, a, b, 的值分别为 1, 2, 3, 4, 则表达式 x+y>a+b And Not y<b 的值是_____。
9．已知 A = 2.5，B = 1.3，C = 4.6，布尔表达式 A<B And C>A Or Not C>B 的值是_____。
10．表达式 93\7 Mod 2^3 的值是_____。
11．设 a = 7，b = 3，c = 4，则表达式 a Mod 3+b^3/c\5 的值是_____。
12．设 a = 1，b = 2，c = 3，则表达式 a+b>c And b = c 的值是_____。
13．判断变量 X 是不是能被 5 整除的偶数，其逻辑表达式是_____。
14．已知 a、b 都是整型变量，如果 a 不能被 b 整除，则相应的 Visual Basic 表达式是_____。
15．已知 a、b、c 都是整型变量，如果 a 和 b 都大于 c，则相应的 Visual Basic 表达式是_____。

第 4 章 Visual Basic 的控制结构

计算机的所有操作都是按照人们预先编制好的程序进行的。从计算机来看，程序是指挥计算机完成任务的指令集。从用户来看，程序是一系列编程语句或代码构成的。程序的结构根据程序的执行方向分为 3 种基本控制结构：顺序结构、选择结构和循环结构。无论多么复杂的程序，都可以由这 3 种基本结构来完成。

4.1 基本语句

一段计算机程序通常分为输入、处理和输出三部分。计算机通过输入操作接收数据，然后对数据进行处理，并将处理完的数据输出给用户。无论编写多么简单的程序，都会包含一些基本的功能，如输入、输出、赋值等基本功能，本节介绍实现这些基本功能的语句。

4.1.1 赋值语句

赋值语句是通过 Let 关键字，使用赋值运算符 "=" 将表达式的值赋给一个变量或某一个对象的属性。

格式：

  [Let] 变量名 = 表达式
  [Let] [对象名.]属性名 = 表达式

功能：把 "表达式" 的值赋给某个变量或某个对象的属性。Let 关键字是可选参数，通常省略。如语句 Let aa = 123 与 aa = 123 等效。"对象名" 省略时默认为当前窗体。

注意：

（1）赋值语句兼有计算和赋值的双重功能，一般是先计算赋值号右边表达式的值，然后再把结果赋值给左边的变量或对象的属性。赋值号 "=" 与数学中的等号意义不同。

如 cc = 123 = 456 表示先计算右边 123 = 456 即 123 是否等于 456 的值为假后再赋值给左边的变量，所以 cc 的值为 False。cc 后的 "=" 为赋值号，123 后的 "=" 为关系运算符，注意二者的区别。又如，语句 I = I+1 表示先计算右边 I 加 1 的值后再赋值给左边的变量 I，取代 I 原有的值。

（2）赋值号左边只能是变量或对象的属性。赋值号左边不能是常量、常数符号和表达式。赋值语句给同一个变量多次赋值，以最后一次为准。例如：

  Name = "众所周知，钓鱼岛自古以来就是中国的领土！"
  Name = "钓鱼岛是中国的！"

则变量 Name 最终的值为"钓鱼岛是中国的！"。

（3）变量名或对象属性名的类型应与表达式的类型相容。

① 赋值号右边表达式的类型应该与左边变量的类型一致。当赋值号左右的数据类型不匹配时，运算结果取赋值号左边的数据类型，但要注意数据类型相容性问题。所谓类型相容的

数据，是指将数据类型不匹配的表达式值，可以赋值给赋值号左边的变量，若不相容则会产生错误。具体规则如下。

- 数值型数据可以赋值给其他类型变量。例如：

```
Dim n As String
n = 123
Print n + "456"
```

其结果为字符型数据：123456。

- 数字字符串可以赋值给其他类型变量。例如：

```
Dim n As Integer
n = "123"
Print n + "456"
```

其结果为 579。

② 当数值型表达式与赋值号左边的变量精度不同时，右边的表达式需要强制转换为左边变量的精度。例如，语句 n% = 4.7 中，n 为整型变量，转换时四舍五入，显示 n 的值为 5。

（4）当表达式是数字字符串，左边变量是数值型，右边的值自动转换成数值型后再赋值。如果表达式中有非数字字符或空字符串，则会出错。例如，语句 n% = "4.7" 中，n 为整型变量，"4.7" 为字符型，转换数值型后再四舍五入，显示 n 的值为 5。再如，语句 n% = "k4.7"，系统则会出现类型不匹配的错误提示。为了保证程序的正常运行，一般利用类型转换函数将表达式的类型转换成语句左边变量匹配的类型。

（5）当逻辑性数据赋值给数值型变量时，True 转换为 -1，False 转换为 0。例如，语句 n% = True 中，显示 n 的值为 -1。

（6）当数值型数据赋值给逻辑性变量时，非 0 转换为 True，0 转换为 False。

（7）任何类型的表达式都可以赋值给变体数据类型的变量。

【**例 4-1**】 给变量赋值。

代码如下：

```
Private Sub Command1_Click()
    Dim A As Integer, B As Single, C As Double, D As String
    A = 10                          '类型相同
    D = "12.36"                     '类型相同
    Print A, D
    A = D                           '类型相容
    S = A                           '类型相容
    B = 12345.67
    Print A, S, B
    A = B                           '高精度变量赋给低精度变量，类型相容
    C = 123456.789
    B = C                           '高精度变量赋给低精度变量，类型相容
    D = "abc"
    Print A, C, B, D
    'A = D                          '错误，类型不匹配
End Sub
```

结果如图 4-1 所示。

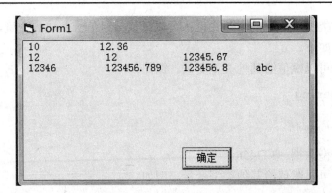

图 4-1 给变量赋值结果

(8) 在 Visual Basic 中，不允许在同一个赋值语句中，同时给多个变量赋值。例如，语句 a＝b＝c＝1 是错误的，正确的书写格式为 a＝1：b＝1：c＝1。

【例 4-2】 交换两个变量的值。设变量 A 中存放 10，变量 B 中存放 20，交换两个变量的值，使变量 A 中存放 20，变量 B 中存放 10。运行结果如图 4-2 所示。

方法 1：

```
Private Sub Command1_Click()
    a = 10
    b = 20
    Print a; b
    c = a
    a = b
    b = c
    Print a; b
End Sub
```

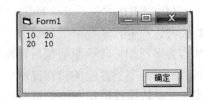

图 4-2 运行结果

或者

```
Private Sub Command1_Click()
    a = 10
    b = 20
    Print a; b
    c = b
    b = a
    a = c
    Print a; b
End Sub
```

方法 2：

```
Private Sub Command1_Click()
    a = 10
    b = 20
    Print a; b
    a = a + b
    b = a - b
    a = a - b
```

```
    Print a; b
End Sub
```

【例 4-3】 赋值中常出现的错误：溢出错误。代码如下：

```
Private Sub Command1_Click()
    Dim I As Byte
    Dim J As Byte
    Dim Num As Integer
    I = 600
    J = 30
    Num = I / J
    Print Num
End Sub
```

上述代码执行后，出现如图 4-3 所示的溢出错误提示对话框，单击"调试"按钮，光标停留在"I = 600"处，如图 4-4 所示，说明此语句或与此语句相关的语句错误。

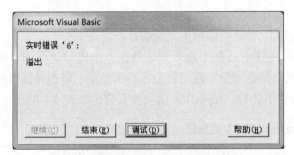
图 4-3 溢出错误提示对话框

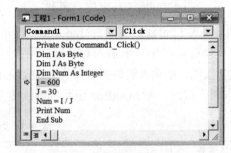
图 4-4 调试后的代码提示

在运行程序时出现的溢出错误通常是由于声明的变量空间范围与变量所赋值不一致引起的。此处就是因为变量 I 定义的是字节型，变量值的范围为 0～255。而 I 赋值为 600，不在 0～255 范围内错误。修改方法有两种：一种是扩大变量允许的范围，如将 Dim I As Byte 改为 Dim I As Integer；另一种是重新给变量 I 赋值，如将 I = 600 改为 I = 240（此值只要在 0～255 范围内即可）。

【例 4-4】 赋值中常出现的错误：变量未定义。

代码如下：

```
Option Explicit
Private Sub Command1_Click()
    I = 2 * 5
    Print I
End Sub
```

上述代码执行后，出现如图 4-5 所示的变量未定义的错误提示对话框，单击"确定"按钮，光标停留在"I = 2*5"处，如图 4-6 所示，说明此语句或与此语句相关的语句错误。

在运行程序时出现变量未定义的错误通常是由于使用了"Option Explicit"显示声明语句，所以用到的变量必须事先声明，否则会报错。修改方法有两种：一种是删除"Option Explicit"显示声明语句，也可以在句首输入'（英文单引号）或 Rem 将其变为注释语句；另一种是在变量使用前先定义，如在 I = 2 * 5 语句前添加 Dim I As Byte 语句。

图 4-5 变量未定义的错误提示对话框

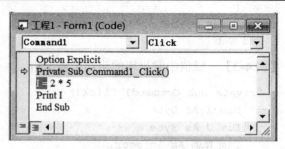

图 4-6 确定后的代码提示

4.1.2 数据输入

把要处理的数据从某种如键盘、磁盘文件等的外部设备读取到内存中,以便进行处理,这就叫数据输入。程序设计时通常使用 InputBox 函数或文本框(TextBox 控件)来输入数据。当然,也可以使用其他对象或函数来输入数据。

1. 用 InputBox 函数输入数据

格式 1(带返回值的):InputBox(提示信息[,对话框标题][,默认值])

功能:产生一个输入对话框,用户可以在该对话框中输入一个数据。单击对话框的"确定"按钮,则输入的数据将作为 InputBox 函数的返回值,返回值为字符串类型;单击对话框的"取消"按钮,则 InputBox 函数的返回值为空串(" ")。InputBox 函数参数描述如表 4-1 所示。

表 4-1 InputBox 函数参数描述

参数	描述
提示信息	提示信息是必选项,字符串表达式,作为消息显示在对话框中。提示信息的最大长度是 1024 个字符。如果提示信息中包含多行,则可在各行之间用换行常量 vbNewLine、Visual Basic 内部常数 vbCrlf、回车符(Chr(13))、换行符(Chr(10))或回车换行符的组合(Chr(13) & Chr(10))以分隔各行
对话框标题	显示在对话框标题栏中的字符串表达式。如果省略标题,则应用程序的名称将显示在标题栏中
默认值	显示在文本框中的字符串表达式,在没有其他输入时作为默认的响应值。如果省略默认值,则文本框为空

格式 2(不带返回值的):InputBox 提示信息[,对话框标题][,默认值]

带返回值的格式与不带返回值的格式的区别是格式 1 中有圆括号且不能省略,格式 2 中无括号。其他的格式和出现的界面都完全一样。格式 2 主要起提示作用,无返回值。

【例 4-5】 InputBox 的应用。

    SJNo = InputBox("请输入手机号码!")

语句执行结果如图 4-7 所示。

    InputBox "请输入手机号码!"

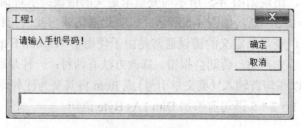

图 4-7 执行结果

上面两条语句出现的对话框都一样，不同的是在对话框中输入手机号码后，第一条语句要将手机号码返回给变量 SJNo，第二条语句不返回值。

【例 4-6】 InputBox 中换行的不同表示方法。

```
SJNo1 = InputBox("请输入手机号码！" & Chr(10) & "手机号码只能是 11 位数字",
    "注意", "00000000000")
SJNo2 = InputBox("请输入手机号码！" & Chr(13) & "手机号码只能是 11 位数字",
    "注意", "00000000000")
SJNo3 = InputBox("请输入手机号码！" & vbNewLine & "手机号码只能是 11 位数字",
    "注意", "00000000000")
SJNo4 = InputBox("请输入手机号码！" & vbCrLf & "手机号码只能是 11 位数字",
    "注意", "00000000000")
SJNo5 = InputBox("请输入手机号码！" & Chr(10) & Chr(13) & "手机号码只能是 11 位
    数字", "注意", "00000000000")
```

上面的变量 SJNo1、SJNo2、SJNo3、SJNo4、SJNo5 的作用相同，都出现如图 4-8 所示的对话框。

```
InputBox "请输入手机号码！" & vbCrLf & "手机号码只能是 11 位数字", "注意",
    "00000000000"
```

语句执行结果如图 4-9 所示。

图 4-8 执行结果　　　　　　图 4-9 执行结果

【例 4-7】 如果省略 InputBox 函数的第 2 个参数而保留第 3 个参数，则中间的逗号不能省略，如图 4-10 所示。

```
SJNo = InputBox("请输入手机号码！", , "00000000000")
InputBox "请输入手机号码！", , "00000000000"
```

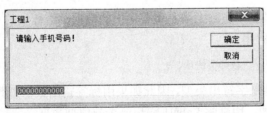

图 4-10 执行结果

2. 用 TextBox 控件输入数据

利用文本框控件的 Text 属性可以获得用户从键盘输入的数据。也就是将文本框的内容赋值给某个变量。文本框中的内容默认为字符型，若要转换为数值型进行计算，需要使用 VAL 函数。

【例 4-8】 在两个文本框中分别输入"单价"和"数量"的值,然后在 Label 控件显示金额。运行界面如图 4-11 所示。

代码如下:

```
Private Sub Command1_Click()
    Dim mysum As Single
    mysum = Val(Text1.Text) * Val(Text2.Text)
    Label3.Caption = "金额为: " & mysum
End Sub
```

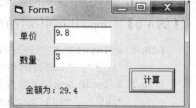

图 4-11 运行界面

4.1.3 数据输出

数据的输出可以使用:Print 方法、MsgBox(消息框)函数、文本框(TextBox 控件)、Label(标签)控件等。

1. 用 TextBox 控件输出数据

用文本框输出数据时,也就是将数据赋给文本框的 Text 属性。例如,用文本框 Text1 输出一个字符串:

```
Text1.Text = " SICNU! "
```

文本框的 Text 属性是字符串类型,因此如果用文本框输出数值型数据,需要首先将该数据转换成字符串类型。

假设变量 x 中存放计算结果,将结果保留 2 位小数并在文本框中输出:

```
Text1.Text = Format(x, "0.00")
```

文本框的 Text 属性是字符串类型,只能接收 1 个字符串,当需要在一个文本框中显示多个数据时,需要将这些数据以字符串形式连接起来,形成一个字符串,才能输出到一个文本框中。例如:

```
x = 3 ^ 2
y = 7 * 8
Text1.Text = "x = " & Str(x) & "    " & "y = " & Str(y)
```

2. 用 Label 控件输出数据

用 Label 控件输出数据,实际上就是将要输出的数据赋给标签的 Caption 属性。例如,用标签 Label1 输出一个字符串:

```
Label1.Caption = "教师节快乐!"
```

标签的 Caption 属性是字符串类型,因此如果用标签输出数值型数据,需要首先将该数据转换成字符串类型。例如,用标签 Label1 输出一个数值型数据:

```
x = 3 ^ 2 + 1
Label1.Caption = Str(x)
```

由于标签的 Caption 属性是字符串类型,只能接收一个字符串,因此当需要在一个标签中显示多个数据时,需要将这些数据以字符串形式连接起来,形成一个字符串,才能输出到一个标签中。

用标签 Label1 输出两个数。

```
x = 3 ^ 2
y = 7 * 8
Label1.Caption = "x = " & Str(x) & vbCrLf & "y = " & Str(y)
```

3. 用 MsgBox 函数输出数据

格式：MsgBox(提示信息[,按钮][,对话框标题])

功能：打开一个消息对话框(消息框)，通过参数可以指定对话框中显示的文字、图标、按钮类型和对话框的标题。MsgBox 的参数描述如表 4-2 所示。按钮描述如表 4-3 所示。

表 4-2　MsgBox 的参数描述

参数	描述
提示信息	作为消息显示在对话框中的字符串表达式。提示信息的最大长度是 1024 个字符。如果提示信息中包含多个行，则可在各行之间用换行常量 vbNewLine、Visual Basic 内部常数 vbCrlf、回车符(Chr(13))、换行符(Chr(10))或回车换行符的组合(Chr(13)&Chr(10))分隔各行
按钮	数值表达式，是表示指定显示按钮的数目和类型、使用的图标样式、默认按钮的标识以及消息框样式的数值的总和。有关数值，见表所示。如果省略，则按钮的默认值为 0
对话框标题	显示在对话框标题栏中的字符串表达式。如果省略标题，则将应用程序的名称显示在标题栏中

表 4-3　按钮描述

分组	值	内部常数	描述
按钮类型和数目	0	vbOKOnly	只显示确定按钮
	1	vbOKCancel	显示确定和取消按钮
	2	vbAbortRetryIgnore	显示放弃、重试和忽略按钮
	3	vbYesNoCancel	显示是、否和取消按钮
	4	vbYesNo	显示是和否按钮
	5	vbRetryCancel	显示重试和取消按钮
图标类型	16	vbCritical	显示临界信息图标
	32	vbQuestion	显示警告查询图标
	48	vbExclamation	显示警告消息图标
	64	vbInformation	显示信息消息图标
默认按钮	0	vbDefaultButton1	第一个按钮为默认按钮
	256	vbDefaultButton2	第二个按钮为默认按钮
	512	vbDefaultButton3	第三个按钮为默认按钮
	768	vbDefaultButton4	第四个按钮为默认按钮
消息框样式	0	vbApplicationModal	应用程序模式：用户必须响应消息框才能继续在当前应用程序中工作
	4096	vbSystemModal	系统模式：在用户响应消息框前，所有应用程序都被挂起

例如：

```
a = MsgBox("输入的数据超出范围" & vbCrLf & "数据应该在 0 到 150 之间")
```

按钮具体形式：按钮的类型+图标类型+默认按钮。例如：

```
a = MsgBox("输入的数据超出范围", vbCritical + vbAbortRetryIgnore + vbDefaultButton2)
```

对话框标题指定要在消息框的标题栏中显示的字符串。如果省略，则在标题栏中显示应用程序名。例如：

```
a = MsgBox("输入的数据超出范围", vbCritical + vbAbortRetryIgnore, "注意")
```

1) MsgBox 函数返回值

MsgBox 函数返回值由在对话框中按下哪种按钮决定，如表 4-4 所示。

表 4-4　MsgBox 函数返回值

返回值	系统符号常量	按下的按钮	返回值	系统符号常量	按下的按钮
1	vbOK	确定	5	vbIgnore	忽略
2	vbCancel	取消	6	vbYes	是
3	vbAbort	终止	7	vbNo	否
4	vbRetry	重试			

2) MsgBox 语句

如果不关心 MsgBox 函数的返回值，则可以使用 MsgBox 语句，其语法格式为：

　　MsgBox 提示信息[,按钮类型][,对话框标题]

注意：如果要省略 MsgBox 函数的第 2 个参数而保留第 3 个参数，则中间的逗号不能省略。

【**例 4-9**】　创建一个 100 以内的加法运算窗体。窗体运行界面如图 4-12 所示。在文本框 3 中填上结果，单击窗体上的 "=" 按钮，判断加法运算结果是否正确。如果运算结果正确，显示如图 4-13 所示的信息框；如果运算结果错误，显示如图 4-14 所示的信息框。

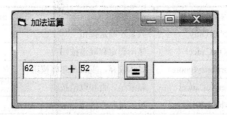

图 4-12　运行界面

图 4-13　结果正确信息框　　　　图 4-14　结果错误信息框

操作步骤如下。

（1）窗体中有 3 个文本框、1 个标签和 1 个命令按钮。

（2）代码如下：

```
Private Sub Command1_Click()
    If Val(Text3.Text) = Val(Text1.Text) + Val(Text2.Text) Then
        ss = MsgBox("计算准确！ ", vbOKOnly + vbExclamation + vbDefaultButton1,
            "运行结果")
    Else
        ss = MsgBox("计算错误！ ", vbRetryCancel + vbCritical + vbDefaultButton1,
            "运行结果")
```

```
        End If
        Text1.Text = Int(Rnd() * 100)
        Text2.Text = Int(Rnd() * 100)
        Text3.Text = ""
    End Sub
    Private Sub Form_Load()
        Randomize Timer
        Text1.Text = Int(Rnd() * 100)
        Text2.Text = Int(Rnd() * 100)
    End Sub
```

以上算法当计算错误时，单击"运行结果"对话框中的"重试"或"取消"按钮都会重新出题。如果单击"运行结果"对话框中的"重试"按钮时不重新出题，直到计算正确才重新出题；当单击"取消"按钮时重新出题。算法该如何改进？

(3) 改进算法代码如下：

```
Private Sub Command1_Click()
    If Val(Text3.Text) = Val(Text1.Text) + Val(Text2.Text) Then
        ss = MsgBox("计算准确！", vbOKOnly + vbExclamation + vbDefaultButton1,
            "运行结果")
            Text1.Text = Int(Rnd() * 100)
            Text2.Text = Int(Rnd() * 100)
            Text3.Text = ""
    Else
        ss = MsgBox("计算错误！", vbRetryCancel + vbCritical + vbDefaultButton1,
            "运行结果")
            If ss = 4 Then Text3.Text = ""
            If ss = 2 Then
                Text1.Text = Int(Rnd() * 100)
                Text2.Text = Int(Rnd() * 100)
                Text3.Text = ""
            End If
    End If
End Sub
Private Sub Form_Load()
    Randomize Timer
    Text1.Text = Int(Rnd() * 100)
    Text2.Text = Int(Rnd() * 100)
End Sub
```

4. 用 Print 方法输出数据

用 Print 方法可以在窗体、图片框、打印机和立即窗口等对象上输出数据。

1) Print 方法

格式：[对象名.]Print[表达式表][{;│,}]

功能：在"对象名"指定的对象上打印表达式表指定的各表达式的值。

(1) "对象名"可以是窗体、图片框或立即窗口。如果省略"对象名"，则在当前窗体上输出。例如：

```
Form1.Print "SICNU"
Picture1.Print "SICNU"
Debug.Print "SICNU"
```

(2) Print方法先计算各表达式的值,然后输出。输出时,数值型数据前面有一个符号位(正号不显示),后面留一个空格位;对于字符串则原样输出,前后无空格。

```
Private Sub Form_Activate()
    x = 2: y = 3
    Print "1234567890 1234567890"      '用于定位
    Print "z = "; x + y
    Print z = x + y
End Sub
```

运行结果如图4-15所示。
(3) 各表达式之间可以用逗号或分号分隔。
逗号:以14个字符为一个区段,每个区段输出一个表达式的值。
分号:按紧凑格式输出数据。

```
Private Sub Form_Activate()
    Print "12345678901234567890"       '用于定位
    Print "2+3 = "; 2 + 3              '显示结果中的6前面有一个符号位
    Print "2*3 = ", 2 * 3
End Sub
```

运行结果如图4-16所示。

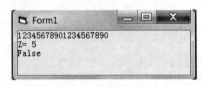
图4-15 运行结果

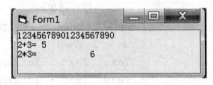
图4-16 运行结果

(4) 如果Print方法的末尾不加逗号或分号,则每执行一次Print方法都要自动换行;如果在Print方法的末尾加上分号或逗号,则执行随后的Print方法将在当前行继续输出。

```
Private Sub Form_Activate()
    Print "12345678901234567890"       '用于定位
    Print "2+3 = "; 2 + 3,
    Print "2*3 = ";
    Print 2 * 3
End Sub
```

运行结果如图4-17所示。
(5) 如果省略"表达式表",则输出一个空行或取消前面Print末尾的逗号或分号的作用。

```
Private Sub Form_Activate()
    Print "12345678901234567890"       '用于定位
    Print                              '产生空行
    Print "2+3 = "; 2 + 3,
    Print                              '取消上句末尾逗号的作用
```

```
        Print "2*3 = ";
        Print 2 * 3
    End Sub
```
运行结果如图 4-18 所示。

图 4-17 运行结果

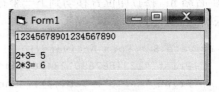

图 4-18 运行结果

(6) 通过设置窗体或图片框的 CurrentX 属性或 CurrentY 属性可以决定下一次打印的水平或垂直坐标。

```
    Private Sub Form_Activate()
        Print "12345678901234567890"     '用于定位
        Print "2+3 = "; 2 + 3,
        CurrentX = 1000
        CurrentY = 800
        Print "2*3 = ";
        Print 2 * 3
    End Sub
```
运行结果如图 4-19 所示。

(7) 如果要在 Form_Load 事件过程中对窗体对象、图片框对象使用 Print 方法显示数据，必须首先使用窗体的 Show 方法显示窗体，或者把窗体对象、图片框对象的 AutoRedraw 属性设置为 True，否则无法看到打印的内容。

```
    Private Sub Form_Activate()
        Form1.Show
        Print "12345678901234567890"
        Print "2+3 = "; 2 + 3,
        Print "2*3 = ";
        Print 2 * 3
    End Sub
```
运行结果如图 4-20 所示。

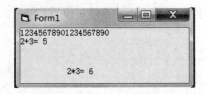

图 4-19 运行结果

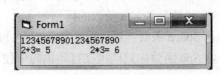

图 4-20 运行结果

2) 与 Print 方法有关的函数

在 Print 方法使用 Tab 函数、Spc 函数。

(1) Tab 函数。

格式：Tab[(N)]

功能：将打印位置移动到指定的第 n 列，随后的打印内容将从该列开始打印。
① N<当前显示位置：自动移到下一个输出行的第 n 列上。
② N<1：则打印位置在第 1 列。
③ 省略 n：将打印位置移动到下一个打印区的起点(14 列为一个打印区)。
示例：

```
Private Sub Form_Activate()
    Print "12345678901234567890"
    Print "Hello"; Tab(10); "ChengDu!"
    Print "Hello"; Tab; "ChengDu!"
    Print "Hello"; Tab(4); "ChengDu!"
    Print Tab(-5); "Hello"
End Sub
```

运行结果如图 4-21 所示。

(2) Spc 函数。

格式：Spc(n)

功能：在打印下一个表达式之前插入 n 个空白。

示例：

```
Private Sub Form_Activate()
    Print "12345678901234567890"
    Print "Hello"; Spc(4); "ChengDu!"
End Sub
```

运行结果如图 4-22 所示。

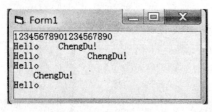

图 4-21　运行结果

图 4-22　运行结果

Spc 函数与 Tab 函数的区别如下。
① Spc 函数：表示两个输出项之间的间隔，指定两个打印项之间的相对距离；
② Tab 函数：指定从对象的左端起的第几列开始打印，指定打印的绝对位置。
Spc 函数与 Space 函数的区别如下。
① Space 函数：可以用在字符串允许出现的任何位置。
② Spc 函数：只能用在打印语句中使用。

4.1.4　打印机输出

Visual Basic 源程序代码可以用两种方法打印出来：直接打印和间接打印。

1) 直接打印

直接打印通过执行"文件｜打印"命令来实现。执行该命令后，显示如图 4-23 所示的打印对话框。根据需要进行选择，就可以完成打印。

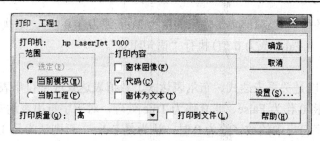

图 4-23 打印对话框

2) 间接打印

通常 Visual Basic 源程序代码以文本形式保存在扩展名为 .frm 和 .bas 的文件中，可以用任何一种文字处理软件(如记事本 Notepad、Word、WPS 等)打开文件后再打印源程序代码。

4.2 顺序结构程序设计

顺序结构就是按照代码书写顺序依次执行的基本结构。计算机在执行顺序结构的程序时，按语句出现的先后次序从上到下(或从左到右)依次执行，即 A→B→C…，用传统流程图表示的顺序结构如图 4-24 所示。

顺序结构是最简单、最基本的一种程序结构。顺序结构的语句主要包括赋值语句、输入/输出语句等。其中输入/输出一般可以通过文本框控件、标签控件、InputBox 函数、MsgBox 函数及 Print 方法来实现。

【例 4-10】 顺序结构示例。

若 A = 2，B = 3，求 A+B = ? 代码如下，这个程序就是一个典型的顺序结构程序。

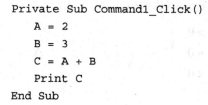

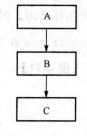

图 4-24 顺序结构

```
Private Sub Command1_Click()
    A = 2
    B = 3
    C = A + B
    Print C
End Sub
```

4.3 选择结构程序设计

计算机在处理实际问题时，往往需要根据条件是否成立，决定程序的执行方向，在不同的条件下，进行不同的处理。

(1) 单行结构条件语句：If...Then...Else...
(2) 块结构条件语句：If...Then...End If
(3) 多分支选择语句：Select Case...End Select

4.3.1 If 语句

1. 单行结构条件语句 If…Then…Else

格式：If <条件> Then <语句组 1> [Else 语句组 2]

功能：如果"条件"成立(即"条件"的值为 True 或为非 0 值)，则执行"语句组 1"，否则(即"条件"的值为 False 或为 0 值)执行"语句组 2"。

说明：

(1)"条件"可以是关系表达式、布尔表达式、数值表达式或字符串表达式。对于数值表达式，Visual Basic 将 0 作为 False、非 0 作为 True 处理。对于字符串表达式，VB 只允许包含数字的字符串，当字符串中的数字值为 0 时，认为是 False，否则认为是 True。

(2)"语句组 1"和"语句组 2"可以是简单语句，也可以包含多条语句，各语句之间用冒号隔开。例如：

```
If N>0 Then A = A+B:B = B+A Else A = A-B:B = B-A
```

(3) 可以没有 Else 部分，表示当条件不成立时不执行任何操作，这时必须有"语句组 1"。简化后的格式为：

If <条件> Then <语句组 1>

例如：

```
If X Mod 3 = 0 Then Print "X是3的倍数"
```

注意：

单行结构条件语句应作为一条语句书写。如果语句太长需要换行，必须在换行处使用续行符号。

无论条件是否成立，单行结构条件语句的出口都是本条件语句之后的语句。

单行结构条件语句可以嵌套，即在"语句组 1"或"语句组 2"中可以包含另外一个单行结构条件语句。例如：

```
If x > 0 Then If y > 0 Then z = x + y Else z = x -y Else Print -x
```

【例 4-11】 用单行结构条件语句编程求符号函数 sgn(x)的值。

$$sgn(x) = \begin{cases} 1 & x > 0 \\ 0 & x = 0 \\ -1 & x < 0 \end{cases}$$

程序代码如下：

```
Private Sub Command1_Click()
    x = Val(InputBox("输入x:"))
    If x > 0 Then Print 1 Else If x = 0 Then Print 0 Else Print -1
End Sub
```

2. 块结构条件语句 If…Then…End If

格式：

If <条件 1> Then
　　<语句组 1>
[ElseIf <条件 2> Then
　　<语句组 2>]
　　…

```
    [ElseIf <条件 n> Then
    …     <语句组 n>]
    …[Else
    …     <语句组 n+1>]
    …End If
```

功能：首先判断"条件 1"是否成立，如果成立，则执行"语句组 1"；如果不成立，则继续判断 ElseIf 子句中的"条件 2"是否成立，如果成立，则执行"语句组 2"；否则，继续判断以下的各个条件，依此类推。如果"条件 1"到"条件 n"都不成立，则执行 Else 子句后面的"语句组 n+1"。

当某个条件成立而执行了相应的语句组后，将不再继续往下判断其他条件，而直接退出块结构，执行 End If 之后的语句。

说明："条件"可以是关系表达式、布尔表达式、数值表达式或字符串表达式。对于数值表达式，Visual Basic 将 0 作为 False、非 0 作为 True 处理。对于字符串表达式，Visual Basic 只允许包含数字的字符串，当字符串中的数字值为 0 时，则认为是 False，否则认为是 True。

注意：
（1）块结构条件语句必须以 End If 语句结束。而单行结构的条件语句不需要 End If。
（2）块结构条件语句中的关键字 ElseIf 不能写成 Else If。注意 Else 与 If 之间无空格。
（3）除了第一行的 If 语句和最后一行的 End If 语句是必需的以外，ElseIf 子句和 Else 子句都是可选的。
（4）要严格按格式要求进行书写，不可以随意换行或将两行合并成一行。

块结构条件语句的两种常见简化形式：

形式 1：

```
If <条件> Then
    <语句组 1>
Else
    <语句组 2>
End If
```

形式 2：

```
If <条件> Then
    <语句组>
End If
```

【例 4-12】 用块结构条件语句编程求符号函数 sgn(x) 的值。

$$\text{sgn}(x) = \begin{cases} 1 & x > 0 \\ 0 & x = 0 \\ -1 & x < 0 \end{cases}$$

程序代码如下：

```
Private Sub Command1_Click()
```

```
        x = Val(InputBox("输入 x:"))
        If x > 0 Then
            Print 1
        ElseIf x = 0 Then
            Print 0
        Else
            Print -1
        End If
End Sub
```

【例 4-13】 用 If 语句实现打渔晒网问题。

如果一个渔夫从 2010 年 1 月 1 日开始打三天渔晒两天网，编程实现当输入 2010 年 1 月 1 日以后的任意一天，输出该渔夫是在打渔还是在晒网？运行结果如图 4-25 所示。

分析：首先求出间隔的天数，将天数除以 5 求余数，若余数为 1、2 或 3，该渔夫在打鱼，若余数为 4 或 0，则在晒网。

说明：rq1 表示起始日期，rq2 表示测试日期。ts 表示两个日期间的天数，ys 表示天数除以 5 的余数。代码如下：

```
Private Sub Command1_Click()
    rq1 = #1/1/2010#
    rq2 = InputBox("请输入要测试的日期！")
    ts = DateValue(rq2) - rq1 + 1
    ys = ts Mod 5
    If ys = 1 Or ys = 2 Or ys = 3 Then
        Print rq2 & "该渔夫在打渔"
    Else
        Print rq2 & "该渔夫在晒网"
    End If
End Sub
```

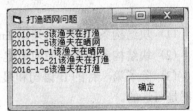

图 4-25　运行结果

4.3.2　多分支选择语句 Select Case … End Select

格式：

Select Case　测试表达式
　　Case　表达式表 1
　　　　<语句组 1>
　　[Case　表达式表 2
　　　　<语句组 2>]
　　　　…
　　[Case　表达式表 n
　　　　<语句组 n>]
　　[Case Else
　　　　<语句组 n+1>]
End Select

功能：根据"测试表达式"的值，按顺序匹配 Case 后的表达式。如果匹配成功，则执行该 Case 下的语句组，然后转到 End Select 语句之后继续执行。

如果"测试表达式"的值与各"表达式表"都不匹配，则执行 Case Else 之后的"语句组 n+1"，再转到 End Select 语句之后继续执行。

说明：

(1)"测试表达式"可以是任何数值表达式或字符表达式。

(2) Case 后的表达式表有如下几种形式：

形式 1：表达式 1[,表达式 2]...

当"测试表达式"的值与其中之一相同时，就执行该 Case 子句中的语句组。

例如：`Case 1, 3, 5`

表示"测试表达式"的值为 1 或 3 或 5 时将执行该 Case 语句之后的语句组。

形式 2：表达式 1 To 表达式 2

当"测试表达式"的值落在"表达式 1"和"表达式 2"之间时(含"表达式 1"和"表达式 2"的值)，则执行该 Case 子句中的语句组。书写时，必须把较小值写在前面。

例如：`Case 10 To 100`

表示"测试表达式"的值在 10 到 100 之间(包括 10 和 100)时将执行该 Case 语句之后的语句组。

例如：`Case "A" To "Z"`

表示"测试表达式"的值在"A"到"Z"之间(包括"A"和"Z")时将执行该 Case 语句之后的语句组。

形式 3：Is 关系运算符 表达式

例如：`Case Is < 0`

表示"测试表达式"的值小于 0 时将执行该 Case 语句之后的语句组。

`Case Is = 7`

还可以表示为 Case 7，表示"测试表达式"的值等于 7 时将执行该 Case 语句之后的语句组。

`Case Is >3`

表示"测试表达式"的值大于 3 时将执行该 Case 语句之后的语句组。

以上 3 种形式可以同时出现在同一个 Case 语句之后，各项之间用逗号隔开。

例如：`Case 1, 3, 5, 10 To 100, Is < 0`

注意：

(1)"测试表达式"的类型应与各 Case 后的表达式类型一致。

(2) 不可以在 Case 后的表达式中使用"测试表达式"中的变量。

(3) Select Case 后的"测试表达式"只能是一个变量或一个表达式，而不能是变量列表或表达式列表。

(4) 不要在 Case 后直接使用布尔运算符来表示条件。例如，表示条件为 0<X<100 是错的。

(5) 该语句以 Select Case 开头，以 End Select 结束。

【例 4-14】 用多分支选择语句实现打渔晒网问题，结果如图 4-25 所示。

说明：rq1 表示起始日期，rq2 表示测试日期。ts 表示两个日期间的天数，ys 表示天数除以 5 的余数。代码如下：

```
Private Sub Command1_Click()
    rq1 = #1/1/2010#
    rq2 = InputBox("请输入要测试的日期！")
```

```
    ts = DateValue(rq2) - rq1 + 1
    ys = ts Mod 5
    Select Case ys
    Case 1, 2, 3
         Print rq2 & "该渔夫在打渔"
    Case 4, 0
         Print rq2 & "该渔夫在晒网"
    End Select
End Sub
```

【例 4-15】 输入一个字符，判断该字符是数字、英文大写字母、英文小写字母还是其他字符？运行界面如图 4-26 所示。

代码如下：

```
x = InputBox("请输入一个字符：")
Select Case x
    Case 0 To 9
    Print x & "是一个数字"
    Case "A" To "Z"
    Print x & "是一个大写字母"
    Case "a" To "z"
    Print x & "是一个小写字母"
    Case Else
    Print x & "是一个其他字符"
End Select
```

图 4-26 运行界面

4.3.3 替代条件语句的函数

1. IIf( ) 函数

IIf( ) 函数可以替代 If 语句，适用于执行简单的判断及相应处理。IIf 是 Immediate If 的简写。

格式：IIf(条件, True 部分, False 部分)

功能：当"条件"为真时，返回 True 部分的值作为函数值；而当"条件"为假时，返回 False 部分的值作为函数值。

说明：

(1) "条件"是逻辑表达式或关系表达式。

(2) "True 部分"或"False 部分"是表达式。

(3) "True 部分"和"False 部分"的返回值类型必须与结果变量类型一致。

(4) IIf( ) 函数与 If…Then…Else 的执行机制类似，如表 4-5 所示。

表 4-5 示例

示例	If…Then…Else	IIf( ) 函数
1	If x = 0 Then y = 0 Else y = 1/x	IIf(x = 0,0,1/x)

2	d = b*b-4*a*c
	If d>= 0 Then
	Print "此方程有实数解"
	Else
	Print "此方程无实数解"
	End If
		d = b*b-4*a*c
		Print IIf(d>= 0, "此方程有实数解","此方程无实数解")

【例 4-16】 用 IIf 语句实现打渔晒网问题

说明：rq1 表示起始日期，rq2 表示测试日期，ts 表示两个日期间的天数，ys 表示天数除以 5 的余数，jg 表示 IIf 函数结果。代码如下：

```
Private Sub Command1_Click()
    rq1 = #1/1/2010#
    rq2 = InputBox("请输入要测试的日期！")
    ts = DateValue(rq2) - rq1 + 1
    ys = ts Mod 5
    jg = IIf(ys = 1 Or ys = 2 Or ys = 3, "该渔夫在打渔", "该渔夫在晒网")
    Print rq2 & jg
End Sub
```

2. Choose( )函数

Choose( )函数可以替代 Select Case 语句，适用于执行简单的多重判断的处理。

格式：Choose(变量，值为 1 的返回值，值为 2 的返回值，…值为 n 的返回值)

功能：当变量值为 1 时，函数值为"值为 1 的返回值"；当变量值为 2 时，函数值为"值为 2 的返回值"……当变量值为 n 时，函数值为"值为 n 的返回值"。

说明：

(1) "变量"的类型为数值型。

(2) 当"变量"的值是 1~n 的非整数时，系统自动取整。

(3) 若"变量"的值不是 1~n 的非整数，则 Choose 函数的值为 Null。

例如：

```
op = Choose(Nop,"+","-","*","/")
```

则当 Nop 的值为 1 时，op = "+"；则当 Nop 的值为 2 时，op = "-",依此类推。

4.3.4 条件语句的嵌套

一个控制结构内部包含另一个控制结构叫做嵌套。如果在条件成立或不成立的情况下要继续判断其他条件，则可以使用嵌套的条件语句来实现。对于块结构条件语句：每一个 If 语句必须有一个与之配对的 End If 语句，对于多分支选择语句：每个 Select Case 语句必须要有相应的 End Select 语句。整个条件结构必须完整地出现在语句组中。

【例 4-17】 编程实现，输入 x，当 x > 0 时，显示 1；当 x = 0 时，显示 0；当 x < 0 时，显示-1。

方法有很多，下面列出其中两种。

方法 1：

```
Private Sub Command1_Click( )
    x=Val(InputBox("请输入 x:"))
    If x>0 Then
        y=1
    ElseIf x=0 Then
        y=0
    Else
        y=-1
```

```
        End If
        Print y
    End Sub
```

方法 2：

```
Private Sub Command1_Click()
    x = InputBox("请输入x:")
    Select Case x
        Case Is >= 0
            If x = 0 Then
                Print "**0**"
            ElseIf x > 0 Then
                Print "**1**"
            End If
        Case Is < 0
            Print "**-1**"
    End Select
End Sub
```

4.4 循环结构程序设计

在程序设计中，如果需要重复执行某些操作，就要用到循环结构。循环结构是指重复执行循环语句中的一行或多行代码。

Visual Basic 支持的循环结构有：
- For...Next 循环
- Do...Loop 循环
- While...Wend 循环

循环结构特点：重复相同或相似的操作步骤。

循环结构：循环体——要重复执行的语句序列。循环控制部分——规定循环的重复条件或重复次数，确定循环范围的语句。

4.4.1 For...Next 循环

格式：

```
For 循环变量 = 初值 To 终值 [Step 步长]
    语句组 1
    [ Exit For ]
    语句组 2
Next [循环变量]
```

说明：

(1) "循环变量"、"初值"、"终值" 和 "步长" 为数值型。

(2) "步长" 可正可负，也可以省略。

步长>0 时，必须：初值<= 终值，循环结束条件：循环变量的值>终值。

步长<0 时，必须：初值>= 终值，循环结束条件：循环变量的值<终值。
（3）Exit For 语句用于强制退出循环体。
（4）Next 语句中的"循环变量"必须与 For 语句中的"循环变量"一致，也可以省略。
下面的循环体，它们内部的语句块都不能执行。

第一个循环体：

```
For i = 10 to 20 Step -1
    '语句块
Next i
```

此循环体的步长为负，初值必须大于等于终值，才能循环，修改后的正确代码如下：

```
For i = 20 to 10 Step -1
    '语句块
Next i
```

或

```
For i = 10 to 20 Step 1
    '语句块
Next i
```

第二个循环体：

```
For i = 20 to 10 Step 0
    '语句块
Next i
```

此循环体的步长为 0，若初值大于终值，循环体执行次数为 0。若初值小于等于终值，为死循环，按 Ctrl+Break 组合键退出死循环。修改步长不为 0（如步长为 2）即可，正确代码如下：

```
For i = 10 to 20 Step 2
    '语句块
Next i
```

【例 4-18】 字符分类统计：输入一串字符，统计其中数字字符、字母，以及其他字符的个数，并显示相应结果。运行结果如图 4-27 所示。

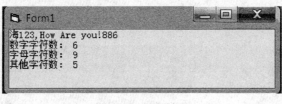

图 4-27 运行结果

代码如下：

```
x = InputBox("请输入一串字符：")
Print x
For i = 1 To Len(x)
```

```
        s1 = Mid(x, i, 1)
        Select Case s1
            Case "0" To "9"
                n1 = n1 + 1
            Case "A" To "Z", "a" To "z"
                n2 = n2 + 1
            Case Else
                n3 = n3 + 1
        End Select
    Next i
    Print "数字字符数："; n1
    Print "字母字符数："; n2
    Print "其他字符数："; n3
```

4.4.2 Do…Loop 循环

格式 1：

 Do While 条件
  [语句组 1]
  [Exit Do]
  [语句组 2]
 Loop

格式 2：

 Do Until 条件
  [语句组 1]
  [Exit Do]
  [语句组 2]
 Loop

格式 3：

 Do
  [语句组 1]
  [Exit Do]
  [语句组 2]
 Loop While 条件

格式 4：

 Do
  [语句组 1]
  [Exit Do]
  [语句组 2]
 Loop Until 条件

以上 4 种格式的区别如下。

(1) 条件可以写在 Do 语句之后，也可以写在 Loop 语句之后。

(2) "条件"之前的关键字可以是 While，也可以是 Until。

(3) 格式 1 和格式 2 在循环起始的 Do 语句之后书写条件；格式 3 和格式 4 在循环终止的 Loop 语句处书写条件。

(4) While 条件："条件"成立，执行循环体，"条件"不成立，退出循环。

(5) Until 条件："条件"不成立，执行循环体，"条件"成立，退出循环，执行 Loop 之后的语句。

(6) 格式 1 和格式 2 先判断条件，后决定是否执行循环体，因此循环可能一次都不执行。

(7) 格式 3 和格式 4 至少要先执行一次循环体，再判断循环条件，因此对于可能在循环开始时循环条件就不满足要求的情况，应该选择使用格式 1 或格式 2。多数情况下，这 4 种循环结构可以互相代替。

Do 循环常见错误如下。

第一种错误：

```
Do While False
    '语句块
Loop
```

分析：循环条件为假，循环体执行次数为 0。

修改方法：设置合理的循环条件。

第二种错误：

```
Do While True
    '语句块
Loop
```

分析：循环条件为真，永远满足，一直循环，为死循环，按 **Ctrl+Break** 组合键退出死循环。

修改方法：设置合理的循环条件或在循环体内部设置退出循环体的语句。例如，其中一种修改后的代码为：

```
Do While True
    '语句块
    If i>10 Then
        Exit Do
    End If
    '语句块
Loop
```

【例 4-19】 编程实现卖西瓜。

一位水果商在集市上卖西瓜，他总共有 4086 个西瓜，第一天卖掉一半多两个，第二天卖掉剩下的一半多两个，照此规律卖下去，问该水果商几天能将所有的西瓜卖完。运行结果如图 4-28 所示。

分析：设 x1 为西瓜的总数，每天西瓜的总数都按同一

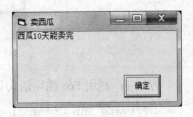

图 4-28 运行结果

规律变化即前一天的西瓜数的一半减2，可用Do While循环来实现每天的变化，当西瓜总数为0时，循环结束。程序如下：

```
Private Sub Command1_Click()
    Dim x1 As Integer, day As Integer
    x1 = 4086
    Do While x1 > 0
        X1 = x1 / 2 - 2
        day = day + 1
    Loop
    Print "西瓜" & day & "天能卖完"
End Sub
```

4.4.3 While…Wend循环

格式：

While　条件
　　[语句组]
Wend

功能：当指定的条件为True时，执行一系列的语句。如果条件为True，则语句组中所有Wend语句之前的语句都将被执行，然后返回到While语句，并且重新检查条件，如果条件仍为True，则重复执行上面的过程。如果不为True，则从Wend语句之后的语句继续执行程序。

说明：

(1) 条件是数值或字符串表达式，其计算结果为True或False。如果条件为Null，则条件被当做False。

(2) While…Wend为先判断后执行循环结构。在这种结构中，很可能循环体一次都不执行。

(3) While…Wend 循环可以是多层嵌套结构。每个 Wend 与最近的 While 语句对应。

【例4-20】 利用各种循环语句分别计算 $S = 2^0+2^1+2^2+…+2^N$，当 $S <= 1000$ 时最大的N值。运行结果如图4-29所示。

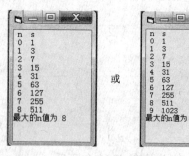

图 4-29　运行结果

方法1：利用For循环语句计算代码。

```
Private Sub Command1_Click()
    Dim s As Integer, n As Integer
    Print " n" & Space(2) & "s"
```

```
        For n = 0 To 100
            s = s + 2 ^ n
            If s > 1000 Then
                Exit For
            End If
            Print n; s
        Next
            Print "最大的n值为"; n - 1
    End Sub
```

方法2：利用 Do...Loop 循环语句计算代码。

```
    Private Sub Command1_Click()
        Dim s As Integer, n As Integer
        Print " n" & Space(2) & "s"
        Do
            s = s + 2 ^ n
            If s > 1000 Then
                Exit Do
            End If
            Print n; s
            n = n + 1
        Loop
            Print "最大的n值为"; n - 1
    End Sub
```

方法3：利用 Do While...Loop 循环语句计算代码。

```
    Private Sub Command1_Click()
        Dim s As Integer, n As Integer
        Print " n" & Space(2) & "s"
        Do While True
            s = s + 2 ^ n
            If s > 1000 Then
                Exit Do
            End If
            Print n; s
            n = n + 1
        Loop
            Print "最大的n值为"; n - 1
    End Sub
```

方法4：利用 Do...Loop While 循环语句计算代码。

```
    Private Sub Command1_Click()
        Dim s As Integer, n As Integer
        Print " n" & Space(2) & "s"
        Do
            s = s + 2 ^ n
            Print n; s
            n = n + 1
        Loop While s <= 1000
```

```
        Print "最大的n值为"; n - 2
    End Sub
```

方法 5：利用 Do Until…Loop 循环语句计算代码。

```
Private Sub Command1_Click()
    Dim s As Integer, n As Integer
    Print " n" & Space(2) & "s"
    Do Until s > 1000
        s = s + 2 ^ n
        Print n; s
        n = n + 1
    Loop
        Print "最大的n值为"; n - 2
End Sub
```

方法 6：利用 Do…Loop Until 循环语句计算代码。

```
Private Sub Command1_Click()
    Dim s As Integer, n As Integer
    Print " n" & Space(2) & "s"
    Do
        s = s + 2 ^ n
        Print n; s
        n = n + 1
    Loop Until s > 1000
        Print "最大的n值为"; n - 2
End Sub
```

方法 7：利用 While…Wend 循环语句计算代码。

```
Private Sub Command1_Click()
    Dim s As Integer, n As Integer
    Print " n" & Space(2) & "s"
    While s < 1000
        s = s + 2 ^ n
        Print n; s
        n = n + 1
    Wend
    Print "最大的n值为"; n - 2
End Sub
```

4.4.4 循环的嵌套

如果在一个循环体内又包含一个完整的循环结构，则称为循环的嵌套。

多层循环的执行过程是，外层循环每执行一次，内层循环就要从头开始执行一轮。

【例 4-21】 使用 For 循环和 Do While 循环的嵌套来实现如图 4-30 所示的九九乘法表。

方法 1：For 循环嵌套来实现九九乘法表。

```
Private Sub Command1_Click()
    For I = 1 To 9
```

```
        For J = 1 To i
            Print Tab((J - 1) * 13 + 1); I; "*"; J; " = "; I * J;
        Next J
    Next I
End Sub
```

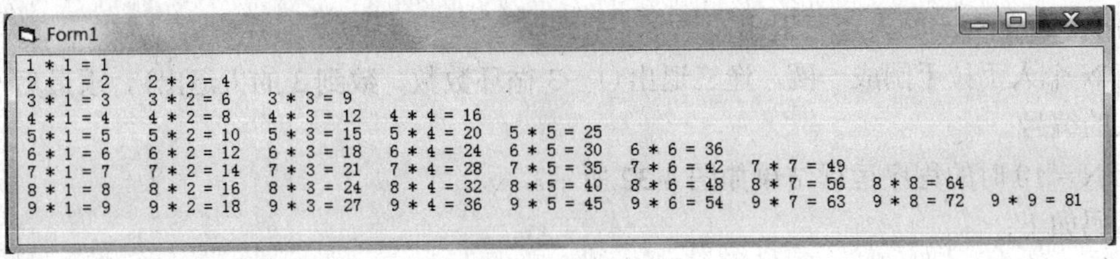
Form1
1 * 1 = 1
2 * 1 = 2　2 * 2 = 4
3 * 1 = 3　3 * 2 = 6　3 * 3 = 9
4 * 1 = 4　4 * 2 = 8　4 * 3 = 12　4 * 4 = 16
5 * 1 = 5　5 * 2 = 10　5 * 3 = 15　5 * 4 = 20　5 * 5 = 25
6 * 1 = 6　6 * 2 = 12　6 * 3 = 18　6 * 4 = 24　6 * 5 = 30　6 * 6 = 36
7 * 1 = 7　7 * 2 = 14　7 * 3 = 21　7 * 4 = 28　7 * 5 = 35　7 * 6 = 42　7 * 7 = 49
8 * 1 = 8　8 * 2 = 16　8 * 3 = 24　8 * 4 = 32　8 * 5 = 40　8 * 6 = 48　8 * 7 = 56　8 * 8 = 64
9 * 1 = 9　9 * 2 = 18　9 * 3 = 27　9 * 4 = 36　9 * 5 = 45　9 * 6 = 54　9 * 7 = 63　9 * 8 = 72　9 * 9 = 81

图 4-30　运行结果

方法 2：Do While 循环的嵌套来实现九九乘法表。

```
Private Sub Command1_Click()
    i = 1
    Do While i <= 9
        j = 1
        Do While j <= i
            Print Tab((j - 1) * 13 + 1); i; "*"; j; " = "; i * j;
            j = j + 1
        Loop
        i = i + 1
    Loop
End Sub
```

注意：

(1) 内循环必须完整地包含在外循环中，不能出现循环的交叉嵌套。

(2) 相同或不同类型循环结构都可以嵌套。嵌套时内层循环必须完全嵌套在外层循环之内。

(3) 当多重 For...Next 循环的 Next 语句连续出现时，Next 语句可以合并成一条，而在其后跟着各循环变量，内层循环变量写在前面，外层循环变量写在后面。

(4) 在多重循环中，如果用 Exit Do 或 Exit For 语句退出循环，则只能退出 Exit Do 或 Exit For 语句所对应的循环。

无效的 Next 控制变量引用：

```
For i = 1 to 4
    For j = 1 to 5
        …
    Next i
Next j
```

此种错误在编写二重或多重循环时，如果不慎将内外循环交叉时将会出现“无效的 Next 控制变量引用”的错误提示，如图 4-31 所示。

修改正确后的代码如下：

Microsoft Visual Basic
编译错误:
无效的 Next 控件变量引用
确定
帮助

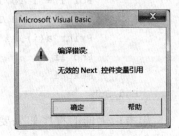

图 4-31　错误提示

```
For i = 1 to 4
    For j = 1 to 5
        …
    Next j
Next i
```

【例 4-22】 一圈人逢三退出。

有 N 个人手拉手围成一圈，逢三退出（1～3 循环数数，数到 3 的人退出），求最后一个剩下的人的编号。

当 N = 10 时的程序运行结果如图 4-32 所示。

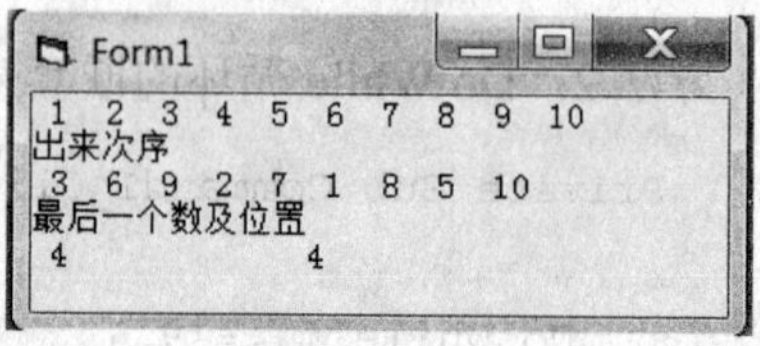

代码如下：

```
Private Sub Command1_Click()
    Dim a(10)
    For i = 1 To 10
        a(i) = i
        Print a(i);
    Next i
    Print
    Print "出来次序"
    k = 0                       '用于统计退出的人数
    m = 0                       '用于报数
    Do While k < 9
        For i = 1 To 10
        If a(i) <> 0 Then
            m = m + 1
            If m = 3 Then
                Print a(i);
                a(i) = 0
                m = 0
                k = k + 1
            End If
        End If
        Next i
    Loop
    Print
    Print "最后一个数及位置"
    For i = 1 To 10
        If a(i) <> 0 Then
            Print a(i), i       '剩下数和位置
        End If
    Next i
End Sub
```

图 4-32 当 N = 10 时程序运行结果

思考：上面的程序如果要实现可以求任意的 N 值（即程序具有通用性），程序该如何改进？

4.5 其他辅助控制语句

4.5.1 跳转语句 GoTo

格式：GoTo 行标签 | 行号

功能：无条件地转移到行标签或行号指定的行处开始执行。

行标签：一个以冒号结尾的标识符。

行号：一个整型数。

示例：

```
10:
    Mstring = "this is a panda!"
    GoTo LastLine
20  Mstring = "this is a bear!"
LastLine:
    Print Mstring
```

4.5.2 多分支选择转移语句 On...GoTo

格式：On 表达式 GoTo {行标签表 | 行号表}

功能：根据"表达式"的值，把控制权转移到"行标签表"或"行号表"指定的语句中的一个去执行。

说明："表达式"的值应为 0～255，当"表达式"的值小于 0 或大于 255 时会出错。

"表达式"的值应该在 1 到行标签或行号列表项目个数之间。当表达式的值为 0 或大于列表项目个数时，控制权会转移到 On...GoTo 之后的语句。

可以在同一个列表中混合使用行标签和行号。

4.5.3 退出语句 Exit

Exit 语句示例如表 4-6 所示。

表 4-6 Exit 语句示例

语句	描述
Exit Do	提供一种退出 Do...Loop 循环的方法，并且只能在 Do...Loop 循环中使用。Exit Do 会将控制权转移到 Loop 语句之后的语句。当 Exit Do 用在嵌套的 Do...Loop 循环中时，Exit Do 会将控制权转移到 Exit Do 所在位置的外层循环
Exit For	提供一种退出 For 循环的方法，并且只能在 For...Next 或 For Each...Next 循环中使用。Exit For 会将控制权转移到 Next 之后的语句。当 Exit For 用在嵌套的 For 循环中时，Exit For 将控制权转移到 Exit For 所在位置的外层循环
Exit Function	立即从包含该语句的 Function 过程中退出。程序会从调用 Function 的语句之后的语句继续执行
Exit Sub	立即从包含该语句的 Sub 过程中退出。程序会从调用 Sub 过程的语句之后的语句继续执行

说明：不要将 Exit 语句与 End 语句搞混了。Exit 并不说明一个结构的终止。

4.5.4 结束语句 End

格式：End

功能：用于结束程序的运行并关闭已打开的文件。

为了保持程序的完整性并使程序能够正常结束，在程序中应当含有 End 语句，并且通过 End 语句来结束程序的运行，而不仅仅是通过窗口的关闭按钮来结束程序的运行。

4.6 程序调试与错误处理

4.6.1 编程规范

规范代码格式主要是注重程序的物理结构和外观。使用统一的编程规范，使编写的程序更加美观、规范，便于阅读、理解和后期维护。

在 Visual Basic 中编程规范包括对象命名规范、代码格式规范和注释规范。这里着重说一下代码格式规范。代码格式规范的优点是代码的整体物理结构清晰明了、美观，还可以使代码易于阅读和理解。

代码格式规范如下：

1. 不要将多个长语句放在同一行

Visual Basic 允许将多个语句写在同一行上，各个语句之间用冒号分开。但是如果将多个长语句写在同一行上，这样给代码的可读性制造了困难，增加了代码的复杂性。最好将一个长语句写在一行。

2. 行与行之间最多只留一个空行

在两个过程或函数之间插入一个空行，使得整个程序块显得清晰明了。在一个过程或函数之中不要加入空行。

3. 对很长的代码使用续行符分成多行显示

对于一个很长的语句，放在一行会显得很长、不美观，也不便于阅读。这时需要使用续行符(空格+下划线)，续行符指明下一个代码是当前代码语句的组成部分。

4. 在代码中添加注释

代码段中的注释以英文单引号(')或 Rem 开头。注释符的内容是为了帮助开发者或以后可能检查源代码的其他程序员阅读程序。

注释可以和语句在同一行并写在语句的后面，也可占据一整行。但是注意不能在同一行上，将注释接在续行符之后。

注释符英文单引号(')示范：

```
'这是一个简单程序!
Text1.Text = "钓鱼岛是中国的!"      '给文本框赋值
```

Rem 关键字与注释内容之间要加一个空格。如果在其他语句之后使用 Rem 关键字，必须用冒号与前面语句分隔。

注释符 Rem 示范：

```
Rem 这是一个简单程序!
Text1.Text = "钓鱼岛是中国的!": Rem 给文本框赋值
```

5. 代码缩进约定

缩进代码行后，阅读代码的人就能够直观地了解到统一任务的各个语句的组织结构，代码的缩进一般设置为一个 Tab 制表位（需要缩进时直接按键盘上的 Tab 键就可以了）。

（1）使用 End If 时，在 If 语句和 End If 语句之间的语句需要缩进。如果有 Else 语句，则在 If 语句和 Else 语句之间，Else 语句与 End If 语句之间都需要缩进。例如：

```
If x > y Then
    Print x, "比", y, "大!"
End If
If x > y Then
    Print x, "比", y, "大!"
Else
    Print x, "比", y, "小!"
End If
```

（2）在 Case 语句后面的需要缩进。
（3）在 For 语句和 End For/Next 语句之间的需要缩进。
（4）在 Do 语句后的需要缩进。
（5）在 With 语句与 End With 语句之间的需要缩进。

4.6.2 程序错误

程序开发中难免遇到各种错误，这就需要调试。程序调试是指从程序中找到问题，然后一一解决。程序设计中常见的错误分成 3 类：编译错误、运行错误和逻辑错误。

1. 编译错误

编译错误是程序在编译过程中出现的错误。编译错误是由于不正确的编写代码而产生的，如不正确地键入了关键字，遗漏了某些必需的标点符号，括号不匹配或在设计时使用了一个 Next 语句而没有 For 语句与之对应等。

在用户输入代码时，Visual Basic 会及时对代码进行语法检查，当查到不合语法的语句时，就会及时通知用户，这样可以减少或避免编译错误。

【例 4-23】 输入如图 4-33 所示的代码时，会出现如图 4-34 所示的编译错误窗口。修改方法是将关键字 Fore 改为 For。

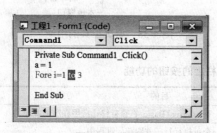

图 4-33 代码

图 4-34 错误窗口

2. 运行错误

运行错误是指应用程序在运行期间执行了一个不能执行的操作。例如，打开的文件未找到、除法中除数为 0 和数组下标越界等。

【例 4-24】 输入如图 4-35 所示的代码时，会出现如图 4-36 所示的除数为 0 的运行错误窗口。其中一种修改方法是将语句 For i = 0 To 3 改为 For i = 1 To 3 即可。

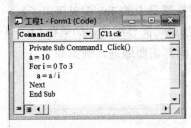

图 4-35　代码

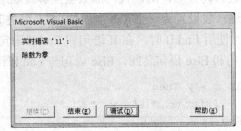

图 4-36　错误窗口

3. 逻辑错误

逻辑错误是指应用程序未按照预期方式运行时产生的错误。这种错误应用程序可以执行，在运行时也未执行无效操作，但是产生了不正确的结果。应用程序运行的正确与否，只有通过测试应用程序和分析产生的结果才能检验出来。

4.6.3　程序调试

程序调试是在程序中查找并修改错误的过程。Visual Basic 提供的调试工具可以用来分析代码的运行过程及变量和属性的改变。

调试工具包括断点、临时表达式、单步运行等。在使用调试工具时，可以通过如图 4-37 所示的调试菜单选择相应命令，也可以使用调试工具栏。

单击"视图｜工具栏｜调试"命令，屏幕上显示"调试"工具栏，如图 4-38 所示。"调试"工具栏上的按钮的功能如表 4-7 所示。

图 4-37　调试菜单

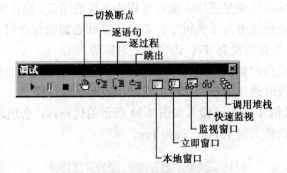

图 4-38　调试工具的用途

表 4-7　调试工具栏上的按钮的功能

调试工具	目的
断点	在"代码"窗口中确定一行，Visual Basic 在该行终止应用程序的执行
跟踪	执行应用程序代码的下一个可执行行，并跟踪到过程中
单步	执行应用程序代码的下一个可执行行，但不跟踪到过程中
单步出	执行当前过程的其他部分，并在调用过程的下一行处中断执行
本地窗口	显示局部变量的当前值
立即窗口	当应用程序处于中断模式时，允许执行代码或查询值

续表

调试工具	目的
监视窗口	显示选定表达式的值
快速监视	当应用程序处于中断模式时，列出表达式的当前值
调用堆栈	当处于中断模式时，呈现一个对话框来显示所有已被调用但尚未完成运行的过程

调试错误的几种方法：

1) 逐过程检查

主要是检查代码是否写对，位置有没有错误，确定一段代码是在哪个事件控制之下。

2) 逐语句检查

主要检查每一句代码的顺序是否输入正确，语义是否符合要求。通读全部代码，必要的时候可以在出现中插入 Print 语句显示查看，也可以将语句注释掉后进行调试。

3) 使用数据进行调试

对于数据量较大的程序，可以通过给出一组测试数据来进行调试，这些数据应覆盖程序中可能出现的所有情况。每组数据被输入后，程序的输出结果都应该正确，如果其中一组数据输入后出现错误，则说明程序中存在错误，再根据数据去调试错误。

4) 用单步跟踪方法调试

单击"调试"工具栏上的"逐语句"按钮，启动程序，屏幕上显示程序窗体，单击该程序窗体，屏幕上显示代码窗口，代码窗口中的黄色光标条指示下一条要执行的语句。不断单击"调试"工具上的"逐语句"按钮，程序就一条一条地执行语句。

5) 用监视表达式值的方法调试

这是通过判断关系表达式的真假，逐句检测程序的调试方法。操作步骤是：首先在代码窗口中选择关系表达式，然后单击"调试"工具栏上的"快速监视"按钮，把所选的关系表达式添加到监视窗口中，再单击"调试"工具栏上的"逐语句"按钮，启动程序单步运行，最后单击"调试"工具栏上的"监视窗口"按钮，打开监视窗口，从监视窗口中可以检查变量及表达式的对错。

6) 使用"立即"窗口调试

该方法适用于在循环语句中判断每次循环运行是否正确，首先在程序的适当位置使用 Debug.Print 语句将需要显示的内容显示在"立即"窗口，然后在程序的适当位置插入 Stop 语句，这样程序运行到 Stop 语句时会停止，在"立即"窗口中查看显示结果，按 F5 键程序继续执行，运行到 Stop 语句时停止，如此反复测试。

【例 4-25】 在"立即"窗口中显示程序结果，如图 4-39 和图 4-40 所示。

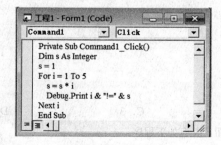

图 4-39 程序窗口

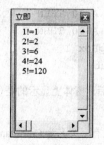

图 4-40 "立即"窗口

习 题 4

一、判断题（正确填写 A，错误填写 B）

1. 赋值语句 X = 4>6 是正确的。（　）
2. 由文本框输入数据时默认为字符型。（　）
3. 语句 If x>= 0 , x<= 10 then print "ok!"是正确的。（　）
4. 语句 If A > B Then S = A: A = B: B = S 是正确的。（　）
5. 要在 Form_Load 事件过程中使用 Print 方法在窗体上输出内容，应该调用 Show 方法。（　）
6. 有 If 语句必有 End If 语句与之匹配。（　）
7. 有 Select Case 语句必有 End Case 语句与之匹配。（　）
8. Print "钓鱼岛是中国的"; 中的;表示显示内容后不换行。（　）
9. 由 For 循环组成的多重循环中，最内层中的 For 语句与下面离它最近的 Next 语句匹配。（　）
10. Exit Do 语句是 For 循环的一个出口。（　）

二、选择题

1. 程序如下：

```
x = InputBox("输入", "数据", 100)
Print x
```

运行程序，执行上述语句，输入 5 并单击输入对话框上的"取消"按钮，则窗体上输出（　）。

  A. 0　　　　　　　　B. 5　　　　　　　　C. 100　　　　　　　　D. 空白

2. 在窗体上画一个命令按钮，然后编写如下事件过程：

```
Private Sub Command1_Click()
    MsgBox Str(123 + 321)
End Sub
```

程序运行后，单击命令按钮，则在信息框中显示的提示信息为（　）。

  A. 字符串"123+321"　　B. 字符串"444"　　C. 数值"444"　　D. 空白

3. 阅读程序：

```
Private Sub Command 1_ Click
    A = 75
    IF A>60 THEN I = 1
    IF A>70 THEN I = 2
    IF A>80 THEN I = 3
    IF A>90 THEN I = 4
    MsgBox I
End Sub
```

程序运行后，窗体上显示的是（　）。

  A. 1　　　　　　　　B. 2　　　　　　　　C. 3　　　　　　　　D. 4

4. 窗体上有一个名为 Command 1 的命令按钮，并有如下程序：

```
Private Sub Command 1_Click()
```

```
    A = 75
    IF A>60 THEN
       I = 1
    ElseIF A>70 THEN
       I = 2
    ElseIF A>80 THEN
       I = 3
    ElseIF A>90 THEN
       I = 4
    End If
    MsgBox I
End Sub
```

程序运行后，单击命令按钮，输出结果是（　　）。

  A. 1   B. 2   C. 3   D. 4

5. 设窗体上有一个名为 Text1 的文体框和一个名为 Command1 的命令按钮，并有以下事件过程：

```
Private Sub Command 1_Click()
    X! = Val(Text1.Text)
    Select Case x
        Case Is <-10,Is> 20
            Print "输入错误"
        Case Is<0
            Print 20-x
        Case Is <10
            Print 20
        Case Is<= 20
            Print x +10
    End Select
End Sub
```

程序运行时，如果在文本框中输入–5，则单击命令按钮后的输出结果是（　　）。

  A. 5   B. 20   C. 25   D. 输入错误

6. 设有分段函数：

$$y=\begin{cases}5 & x<0\\ x\times 2 & 0\leqslant x\leqslant 5\\ x\times x+1 & x>5\end{cases}$$

以下表示上述分段函数的语句序列中错误的是（　　）。

```
A.  Select Case x                     B.  If x < 0 Then
        Case Is < 0                           y = 5
            y = 5                         ElseIf x <= 5 Then
        Case Is <= 5, Is > 0                  y = 2 * x
            y = 2 * x                     Else
        Case Else                             y = x * x + 1
            y = x * x + 1                 End If
    End Select
```

C. If x < 0 Then y = 5
   If x <= 5 And x >= 0 Then y = 2 * x
   If x > 5 Then y = x * x + 1
D. y = IIf(x < 0, 5, IIf(x <= 5, 2 * x, x * x + 1))

7. 下面程序执行结果是（　　）。
```
Private Sub Command 1_Click()
    a = 10
    For k = 1 To 5 Step-1
        A = a-k
    Next k
    Print a; k
End Sub
```
  A. -5　6　　　　　B. -5　-5　　　　　C. 10　0　　　　　D. 10　1

8. 设有以下程序：
```
Private sub form_click()
    Dim s as long, f as long
    Dim n as integer, i as integer
    s = 1:n = 4
    For i = 1 to n
        f = s*i : s = s+f
    Next i
    Print s
End sub
```
程序运行后，单击窗体，输出结果是（　　）。
  A. 24　　　　　　B. 120　　　　　　C. 34　　　　　　D. 48

9. 在窗体上画一个名为 Command 1 的命令按钮，然后编写以下程序：
```
Private Sub Command 1_Click()
    Dim b,k
    For k = 1 TO 6
        b = 23+k
    Next k
    MsgBox b+k
End Sub
```
运行程序，单击命令按钮，消息框输出结果是（　　）。
  A. 36　　　　　　B. 29　　　　　　C. 41　　　　　　D. 34

10. 设有如下程序：
```
Private Sub Form_Click()
    Dim s As Long, f As Long
    Dim n As Integer, i As Integer
    f = 1
    n = 4
    For i = 1 To n
        f = f * i
```

```
        s = s + f
    Next i
    Print s
End Sub
```

程序运行后，单击窗体，输出结果是（   ）。

    A. 32   B. 33   C. 34   D. 35

11. 设有如下程序：

```
Private Sub Form_Click()
    Cls
    a$ = "123456"
    For i = 1 To 6
        Print Tab(12 -i);_____
    Next i
End Sub
```

程序运行后，单击窗体，要求结果如图 4-41 所示，则在_____处应填入的内容为（   ）。

    A. Left(a$, i)   B. Mid(a$, 8 -i, i)   C. Right(a$, i)   D. Mid(a$, 7, i)

12. 设有如下程序：

```
Private Sub Form_Click()
    Dim i As Integer, x As String, y As String
    x = "ABCDEFG"
    For i = 4 To 1 Step -1
        y = Mid(x, i, i) + y
    Next i
    Print y
End Sub
```

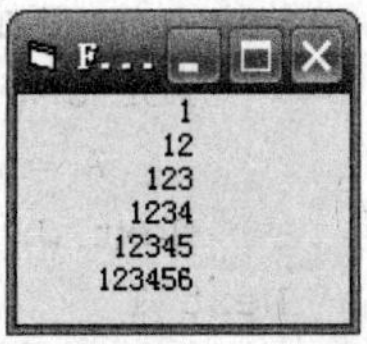

图 4-41

程序运行后，单击窗体，输出结果是（   ）。

    A. ABCCDEDEFG   B. AABBCDEFG
    C. ABCDEFG   D. AABBCCDDEEFFGG

13. 现有如下程序：

```
Private Sub Command1_Click()
    Dim sum As Double, x As Double
    sum = 0
    n = 0
    For i = 1 To 5
        x = n / i
        n = n + 1
        sum = sum + x
    Next i
    Print sum
End Sub
```

该程序通过 For 循环来计算一个表达式的值，这个表达式是（   ）。

    A. 1+1/2+2/3+3/4+4/5   B. 1+1/2+1/3+1/4+1/5
    C. 1/2+2/3+3/4+4/5   D. 1/2+1/3+1/4+1/5

14. 现有如下程序：

```
Private Sub Command1_Click()
    a = 1
    For i = 1 To 3
        Select Case i
            Case 1, 3
                a = a + 1
            Case 2, 4
                a = a + 2
        End Select
    Next i
    MsgBox a
End Sub
```

程序运行后，消息框输出的结果是（　　）。

A. 3　　　　　　B. 4　　　　　　C. 5　　　　　　D. 6

15. 阅读下面的程序段：

```
A = 0
For I = 1 TO 3
    For J = 1 TO I
        A = A+1
    Next J
Next I
```

执行上面的程序段后，A 的值为（　　）。

A. 3　　　　　　B. 5　　　　　　C. 6　　　　　　D. 9

16. 有以下程序：

```
Private Sub Form_Click()
    a = 1: b = a
    Do Until a >= 5
        x = a * b
        Print b; x
        a = a + b
        b = b + a
    Loop
End Sub
```

程序运行后，单击窗体，输出结果是（　　）。

A. 1　1　　　　B. 1　1　　　　C. 1　1　　　　D. 1　1
   2　3　　　　　　2　4　　　　　　3　8　　　　　　3　6

17. 有如下的程序：

```
Private Sub Form_Click()
    Dim s As Integer, x As Integer
    s = 0
    x = 0
    Do While s = 10000
```

```
        x = x + 1
        s = s + x ^ 2
    Loop
    Print s
End Sub
```

上述程序的功能是：计算 s = 1+2²+3²+…+n²+…，直到 s>10000 为止。程序运行后，发现得不到正确的结果，必须进行修改。下列修改中正确的是（　　）。

  A．把 x = 0 改为 x = 1

  B．把 Do While s = 10000 改为 Do While s <= 10000

  C．把 Do While s = 10000 改为 Do While s > 10000

  D．交换 x = x + 1 和 s = s + x ^ 2 的位置

18．设有如下程序：

```
Private Sub Command 1_Click()
X = 10:y = 0
For i = 1 To 5
    Do
        x = x-2
        y = y+2
    Loop Until y>5 Or x<-1
Next
End Sub
```

运行程序，其中 Do 循环执行的次数是（　　）。

  A．15   B．10   C．7   D．3

19．有一个数列，它的前 3 个数为 0，1，1，此后的每个数都是其前面 3 个数之和，即 0，1，1，2，4，7，13，24…

要求编写程序输出该数列中所有不超过 1000 的数。

某人编写程序如下：

```
Private Sub Form_Click()
    Dim i As Integer, a As Integer, b As Integer
    Dim c As Integer, d As Integer
    a = 0: b = 1: c = 1
    d = a + b + c
    i = 5
    While d <= 1000
        Print d;
        a = b: b = c: c = d
        d = a + b + c
        i = i + 1
    Wend
End Sub
```

运行上面的程序，发现输出的数列不完整，应进行修改。以下正确的修改是（　　）。

  A．把 While d <= 1000 改为 While d > 1000 B．把 i = 5 改为 i = 4

  C．把 i = i + 1 移到 While d <= 1000 的下面 D．在 i = 5 的上面增加一个语句：Print a; b; c;

20. 阅读下面的程序段:
```
a = 0
For i = 1 To 3
    For j = 1 To i
        For k = j To 3
            a = a + 1
        Next k
    Next j
Next i
```
执行上面的程序段后,a 的值为
    A. 3   B. 9   C. 14   D. 21

三、程序填空

1. 在窗体上画一个命令按钮,其名称为 Command1,然后编写如下事件过程:
```
Private Sub Command1_Click()
    Dim n As Integer
    n = Val(_____("请输入一个整数: "))
    If n Mod 3 = 0 And n Mod 2 = 0 And n Mod 5 = 0 Then
        Print n + 10
    _____
End Sub
```
程序运行后,单击命令按钮,在输入对话框中输入 60,则输出结果是____。

2. 程序填空:
```
S = 0
For I = 5 To 1 Step -1
    S = S+I
    _____ S > 10 Then
        Exit For
    End If
_____ I
Print S,I
```

3. 下面是求 1+3+5+…+N = ? 的程序,并显示结果 S 的值。
```
N = Val(in putbox("请输入N:"))
S = _____
For I = 1 To N  Step _____
    S = _____
Next I
Print S
```

4. 命令按钮的单击事件过程用来计算 10 的阶乘。
```
Private Sub Command1_Click()
    x = 1
    Result = 1
    While x <= 10
```

```
        Result = _____
        x = x + 1
    Wend
    Print Result
End Sub
```

5. 程序的功能：单击命令按钮，则计算并输出以下表达式的值：1+(1+3)+(1+3+5)+ …+(1+3+5+…+39)，请填空完善程序。

```
Private Sub Command1_Click()
    t = 0: m = 1: Sum = 0
    Do
        t = t + _____
        Sum = Sum + _____
        m = m + 2
    Loop While _____
    Print Sum
End Sub
```

6. 程序的功能：当在键盘输入任意的 1 个正整数时，将输出不小于该整数的最小素数。请填空完善程序。

```
Private Sub Command1_Click()
    Dim n As Integer, a As Integer
    Dim flag As Boolean
    flag = False
    n = Val(Intputbox("请输入任意1个正整数"))
    Do While Not flag
        a = 2
        flag = _____
        Do While flag And a <= Int(Sqr(n))
            If n / a = n \ a Then
                flag = False
            Else
                _____
            End If
        Loop
        If Not flag Then n = n + 1
    Loop
    Print _____
End Sub
```

第 5 章 常 用 控 件

控件是构成 Visual Basic 应用程序最基本的组成部分,它在程序设计中具有非常重要的作用,使用控件可以提高人机交互能力。常用控件是系统预先定义好,在窗体中可直接使用的对象,控件用来获取用户的输入信息和显示输出信息,每个控件都有一组属性、方法和事件。前面我们学过的控件有标签、文本框、命令按钮,本章将深入学习 Visual Basic 中重要的标准控件和部分 ActiveX 控件。

5.1 控 件 分 类

在 Visual Basic 中,控件主要分为常用控件和 ActiveX 控件两类,下面进行详细介绍。

1. 常用控件

常用控件也称为标准内部控件,其在 Visual Basic 开发环境中默认显示在工具箱中,如图 5-1(a)所示,这些控件是基础控件,使用的频率很高,几乎所有应用程序都会用到。

2. ActiveX 控件

ActiveX 是扩展名为.ocx 的独立文件,通常放在 Windows 系统盘的 System 或 System32 目录下,在 Visual Basic 初始状态下的工具箱中不包括 ActiveX 控件。ActiveX 控件拓展了 Visual Basic 的能力。如要使用 ActiveX 控件,应先将其添加到工具箱中,添加方法如下:在 Visual Basic 开发环境的菜单中选择"工程|部件"命令,或右击工具箱空白处出现快捷菜单图 5-1(b)所示,选择"部件"命令,出现"部件"对话框,在对话框的列表框中选择相应的 ActiveX 控件,如图 5-1(c)所示,单击"确定"按钮,该 ActiveX 控件被添加到工具箱中,如图 5-1(d)所示。

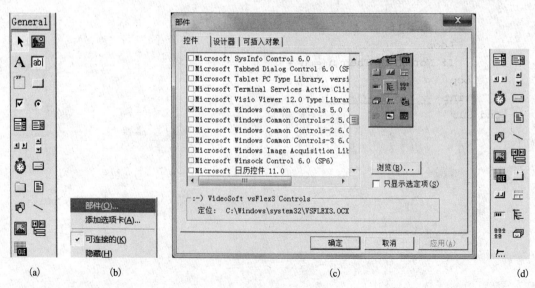

图 5-1 工具箱及部件

5.2 图 片 框

图片框(PictureBox)控件的主要作用是显示图片,它在工具箱中的图标为▦,显示的图片由 Picture 属性决定。Picture 属性包括被显示图片的文件名(及可选的路径名),通过 Picture 属性可以加载如 JPEG 文件(*.jpg)、GIF 文件(*.gif)、位图文件(*.bmp)、图标文件(*.ico)等类型文件。如果控件不足以显示整幅图片,则裁剪图片以适应控件的大小,它还可作为其他控件的容器。功能:主要用来显示图片,也可在其中画图,还可以用来输出文字。

(1) Picture 属性,通过在属性窗体设置,在图片框中显示一幅图片。若在程序中动态加载一幅图片,则使用 LoadPicture 函数来实现,函数格式为:

对象名.Picture = LoadPicture("图片文件名")

在程序中动态删除一图片的函数格式为:

对象名.Picture = LoadPicture(" ") 或对象名.Picture = LoadPicture()

【例 5-1】 窗体中,设计一个图片框,单击"加载"按钮时,图片加载到图片框中,如图 5-2 所示,单击"删除"按钮时,清空图片,如图 5-3 所示。

 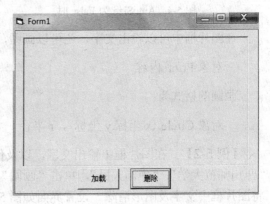

图 5-2　加载图片　　　　　　　　　　图 5-3　删除图片

图片框等控件及属性设置如表 5-1 所示。

表 5-1　控件及属性设置

控件	属性	值
图片框	Name	Picture1
命令按钮	Name	Command1
	Caption	加载
命令按钮	Name	Command2
	Caption	删除

"加载"按钮的代码:

```
Private Sub Command1_Click()
    Picture1.Picture = LoadPicture("A1.JPG")
End Sub
```

"删除"按钮的代码：

```
Private Sub Command2_Click()
    Picture1.Picture = LoadPicture("")      '注意 picture1.cls 无法清除图片
End Sub
```

(2) AutoSize 属性，当其值为 False 时，图像比图片框大时，图像只显示部分图像，以适应控件的大小，如图 5-4 所示。当其值为 True 时，图片框自动调整大小以适应图像的大小，如图 5-5 所示。

图 5-4　AutoSize 为 False 时　　　　　　图 5-5　AutoSize 为 True 时

在图片框中可以输出文字，还可以画图，输出文字的命令为：

对象.Print 内容

画圆的格式为：

对象.Circle (x 坐标,y 坐标)，r 半径

【例 5-2】　在图片框中输出文字，以及作图，单击"输出文字"按钮，在图片框中输出"四川师范大学"，"中国人民"，单击"画圆"，则在图片框中画出圆，单击"清除"按钮时，将图片框中文字及图形清除。设置界面如图 5-6 所示，运行效果如图 5-7 所示。

 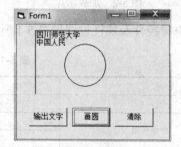

图 5-6　设置界面　　　　　　图 5-7　运行效果

"输出文字"的按钮代码：

```
Private Sub Command1_Click()
    Picture1.Print "四川师范大学"
    Picture1.Print "中国人民"
End Sub
```

"画圆"的按钮代码：

```
Private Sub Command2_Click()
    Picture1.Circle (1200, 800), 500
End Sub
```

"清除"的按钮代码：

```
Private Sub Command3_Click()
    Picture1.Cls
End Sub
```

清除代码中也可以使用：Picture1.Picture = LoadPicture( )来清除文字及图形。

5.3 图像框

图像框(ImageBox)控件与图片框(PictureBox)控件相似，但它只用于显示图片，通过 Picture 属性可以加载如 JPEG 文件(*.jpg)、GIF 文件(*.gif)、位图文件(*.bmp)、图标文件(*.ico)等类型文件。它不能作为其他控件的容器，也不支持 PictureBox 的高级方法，它只支持 PictureBox 控件的一部分属性、事件和方法。图像框控件在工具箱的图标为 ，它使用较少的系统资源，所以重画起来比 PictureBox 控件要快。

(1) Picture 属性。通过属性窗体设置，可在图像框中显示图片。图片加载于 Image 控件的方法和它们加载于 PictureBox 中的方法一样。设计时，将 Picture 属性设置为文件名；运行时，利用 Loadpicture 函数加载和删除。其函数格式为：

对象名.Picture = LoadPicture("图片文件名")

在程序中动态删除图片的函数格式为：

对象名.Picture = LoadPicture(" ") 或对象名.Picture = LoadPicture( )

【例 5-3】 制作一个窗体，上面制作一个图像框，两个命令按钮加载与删除，单击"加载"按钮时，加载图片；单击"删除"按钮时，则删除图片。其设计状态与运行分别如图 5-8、图 5-9 所示。

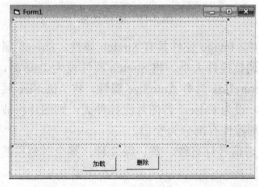

图 5-8　设计状态

图 5-9　运行状态

图像框等控件及属性设置如表 5-2 所示。

表 5-2　控件及属性设置

控件	属性	值
图像框	Name	Image1
命令按钮	Name	Command1
	Caption	加载
命令按钮	Name	Command2
	Caption	删除

"加载"按钮代码：

```
Private Sub Command1_Click()
    Image1.Picture = LoadPicture("D:\VB\A2.JPG")
End Sub
```

"删除"按钮代码：

```
Private Sub Command2_Click()
    Image1.Picture = LoadPicture("")
End Sub
```

(2) Stretch 属性。Stretch 属性确定图片是否缩放来适应控件大小；其值为 True 时，图片会自动缩放以适应图像框的大小；其值为 False 时，则不会自动缩放。注意 Image 控件不能作为容器，这一点与图片框 Picture 控件有区别。

【例 5-4】　新建一个窗体，制作一个图像框，设置属性 Stretch 属性为 True，则加载图像时，图像的大小会自动调整以适应图像框的大小。设计状态如图 5-10 所示，运行状态如图 5-11 所示。

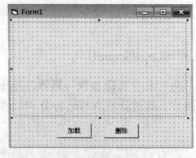 

图 5-10　设计状态　　　　　　　　图 5-11　运行状态

Image 控件调整大小的行为与 PictureBox 不同。Image 控件具有 Stretch 属性，Stretch 属性设为 False（默认值）时，Image 控件可根据图片调整控件大小。将 Stretch 属性设为 True 时，将根据 Image 控件的大小来调整图片大小。而 PictureBox 具有 AutoSize 属性，将 AutoSize 属性设为 True，根据图片大小来调整图片框的大小，设为 False，若图片比控件大，则图片将被剪切（只有一部分图片可见）；若控件比图片大，则控件有部分为空白。

【例 5-5】　设计一个模拟信号灯的切换效果，信号灯有红、黄、绿 3 种，某个时刻只能亮一盏灯，窗体中使用的控件情况如表 5-3 所示。

设计后，将 3 个图像框的属性 Left 设为相同，属性 Top 设为相同，这样 3 个图像框就是重叠在一起，切换时感觉灯在变化，本质上是 3 张图片在变化。设计状态如图 5-12 所示，运行状态如图 5-13 所示。图像框等控件及属性设置如表 5-3 所示。

表 5-3 控件及属性设置

控件	属性	值
图像框	Name	Image1
	Picture	Trffic10a.ico
	Visible	True
图像框	Name	Image2
	Picture	Trffic10b.ico
	Visible	False
图像框	Name	Image3
	Picture	Trffic10c.ico
	Visible	False
命令按钮	Name	Command1
	Caption	切换
命令按钮	Name	Command2
	Caption	退出

图 5-12 设计状态

图 5-13 运行状态

切换代码:

```
Private Sub Command1_Click()
    If Image1.Visible = True Then
        Image1.Visible = False
        Image2.Visible = True
    ElseIf Image2.Visible = True Then
        Image2.Visible = False
        Image3.Visible = True
    Else
        Image3.Visible = False
        Image1.Visible = True
    End If
End Sub
```

退出代码:

```
Private Sub Command2_Click()
    End
End Sub
```

5.4 复 选 框

使用复选框(CheckBox)控件时,这个控件将显示选定标记,它在工具箱中图标为 ☑ 。通常用此控件提供是/否选项,选中表示是,没有选中表示否。可用分组的 CheckBox 控件显示多个选项,用户可从中选择一个或多个选项。

1. 属性

(1) Value：复选框没有选中状态▢，其值为 0，选中状态☑，值为 1，禁用复选框灰色▨其值为 2，如图 5-14 所示，"党员"没有选中状态，"应届"选中状态，"完成"为灰色状态。分别设置其 Value 属性为 0、1、2 的效果，如图 5-15 所示。

(2) Caption：其右边的文字为 Caption，如"党员"、"完成"。

(3) Alignment：对齐方式，如图 5-15 所示，"党员"为左对齐，"应届"与"完成"是右对齐。

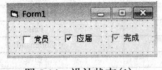

图 5-14 设计状态(1)

图 5-15 设计状态(2)

(4) Style：用于控件复选框的外观，当值为 0 时，复选框是一小方块而且右边有标题，如▢黑体 ▢加粗 ▢斜体。当值为 1 时，复选框的外观与命令按钮相同，运行时则有按下与抬起两种状态间切换，此时可为其设置图片外观，如 黑体 B I 。设计状态如图 5-16 所示。

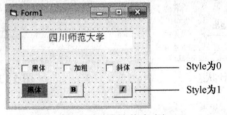

图 5-16 设计状态(3)

2. Click 事件

单击复选框时将触发其 Click 事件，是否有必要响应此事件，这将取决于应用程序的功能。

3. 访问键

可用 Caption 属性为复选框创建访问键快捷方式，这只要在作为访问键的字母前添加一个连字符(&)。例如，要为选项按钮标题 Man 创建访问键，应在字母 M 前添加连字符：&Man，此时字母 M 下面有下划线，效果为 M̲an。运行时，同时按 Alt+M 组合键就可选定此命令按钮。

注意：要使标题包含连字符但不创建访问键，就应使标题包含两个连字符（&&）。这样，标题中将显示一个连字符，而且没字符带下划线。

【例 5-6】 设置一个窗体，文本框中显示"四川师范大学"，若选中复选框，则文本框文字显示为黑体；若没有选中，则显示为宋体，加粗与斜体类似。其设计状态与运行状态如图 5-17 和图 5-18 所示。

图 5-17 设计状态

图 5-18 运行状态

复选框等控件及属性设置如表 5-4 所示。

表 5-4 控件及属性设置

控件	属性	值
文本框	Name	Text1
	Text	四川师范大学
	Alignment	2
复选框	Name	Check1
	Caption	黑体
复选框	Name	Check2
	Caption	加粗
复选框	Name	Check3
	Caption	斜体
复选框	Name	Check4
	Caption	黑体
	Style	1
复选框	Name	Check5
	Caption	空
	Picture	B
	Style	1
复选框	Name	Check6
	Caption	空
	Picture	I
	Style	1

复选框"黑体"的 Click 代码：

```
Private Sub Check1_Click()
    If Check1.Value = 1 Then
        Text1.FontName = "黑体"
    Else
        Text1.FontName = "宋体"
    End If
End Sub
```

复选框"加粗"的 Click 代码：

```
Private Sub Check2_Click()
    If Check2.Value = 1 Then
        Text1.FontBold = True
    Else
        Text1.FontBold = False
    End If
End Sub
```

复选框"斜体"的 Click 代码：

```
Private Sub Check3_Click()
    If Check3.Value = 1 Then
        Text1.FontItalic = True
```

```
        Else
            Text1.FontItalic = False
        End If
    End Sub
```

下一排 Style 为 1 时复选框的效果如图 5-19 所示。

```
    Private Sub Check4_Click()
        If Check4.Value = 1 Then
            Text1.FontName = "黑体"
        Else
            Text1.FontName = "宋体"
        End If
    End Sub

    Private Sub Check5_Click()
        If Check5.Value = 1 Then
            Text1.FontBold = True
        Else
            Text1.FontBold = False
        End If
    End Sub

    Private Sub Check6_Click()
        If Check6.Value = 1 Then
            Text1.FontItalic = True
        Else
            Text1.FontItalic = False
        End If
    End Sub
```

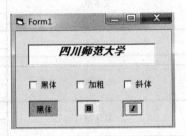

图 5-19 下一排 Style 为 1 时复选框

5.5 框　　架

框架(Frame)控件可以用来对其他控件进行分组，以便于用户识别，使用框架控件可以将一个窗体中的各种功能进行进一步分类，如将各种选项按钮控件分隔开。

1. 框架功能

框架用于修饰 Visual Basic 界面，主要作用是容器，在工具箱中的图标为。在大多数的情况下，用它对控件进行分组，它之内的控件将随着框架的移动全部跟着移动，删除时全部一起删除。

使用框架控件时，首先绘出框架控件，然后再绘制它内部的其他控件。这样在移动框架时，可以同时移动它包含的控件。

如果将控件绘制在框架之外，或者在向窗体添加控件时使用了双击方法，然后将它移动到框架控件内部，那么控件将仅仅"位于"框架的顶部，控件根本没有进入到框架之内，移动框架时，它上面的控件将不会随之移动。如果一定要将已经存在的控件放在某个框架中，可以先选择控件，将它们剪切到剪贴板上，然后选定框架控件并把它们粘贴到框架上即可。

要选择框架中的多个控件,按下 Ctrl 或 Shift 键,再单击控件,这时框架中的多个控件将被选定。

2. 框架属性

(1) Name:框架的名称,默认为 FrameX,其中 X 为数字 1、2、3……。

(2) Caption:框架的标题,如图 5-20 和图 5-21 中,"性别"、"政治面貌"分别是框架 Frame1 与 Frame2 的标题——Caption 属性。

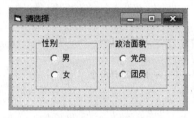 

图 5-20　设计状态　　　　　　　　图 5-21　运行状态

框架等控件及属性设置如表 5-5 所示。

表 5-5　控件及属性设置

控件	属性	值
框架	Name	Frame1
	Caption	性别
框架	Name	Frame2
	Caption	政治面貌
选项按钮	Name	Option1
	Caption	男
选项按钮	Name	Option2
	Caption	女
选项按钮	Name	Option3
	Caption	党员
选项按钮	Name	Option4
	Caption	团员

(3) Enabled:当 Enabled 属性设置为 False 时,在设计状态下与设置为 True 时没有区别,但在运行状态时,两者是有区别的。左边的框架的 Enabled 属性设置为 False 的运行状态,它的标题文字"性别"是灰色的,表明该框架无效。其中所有的对象不响应鼠标,如图 5-22 所示。

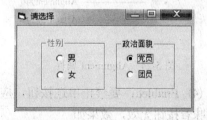

图 5-22　左边 Enabled 属性为 False 的运行状态

(4) Font:它可以设计框架标题的字体、字形、字号,但此属性对框架之内的控件的 Font 无效,框架之内的控件必须重新单独设计。

5.6　单　选　按　钮

单选按钮(OptionButton)用来显示选项,也称选项按钮,它在工具箱中的图标为 ⊙,通常以按钮组的形式出现,用户可从一个选项组提供的多项中选择一项,而且只能选一项。

要将单选按钮分组，可将它们绘制在不同的容器控件中，如 Frame 控件、PictureBox 控件或窗体中。首先绘制框架或图片框，然后在内部绘制单选按钮控件。分组后的单选按钮，可将它们作为一个整体来移动。运行时，用户只能在每个选项组中选定一个单选按钮。

单选按钮和复选框的区别，当用户选定一个单选按钮时，同组中的其他单选按钮会自动失效。对于复选框，用户可选定任意数目的复选框，如图 5-23 所示。

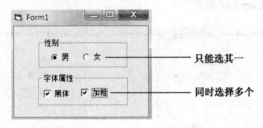

图 5-23　单选按钮与复选按钮区别

1. 属性

（1）Value：Value 属性指出是否选定了此按钮。单击选定时，它的值为 True，没有选定时，它的值为 False。也可在代码中设置单选按钮的 Value 属性来选定按钮。

要在单选按钮组中设置默认单选按钮，可在设计时通过"属性"窗口设置 Value 属性，也可在运行时在代码中用语句来设置 Value 属性。

（2）Alignment：Alignment 属性决定选择按钮中的文本对齐方式，左对齐为 0，右对齐为 1，如图 5-24 所示。

（3）Style：Style 属性用于控制选择按钮的外观，其值为 0 默认旁边带有文本的圆形按钮，值为 1，表示外观与命令按钮相同，而且还可以为其设置图形外观，如图 5-25 所示。

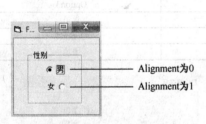
图 5-24　Alignment 属性

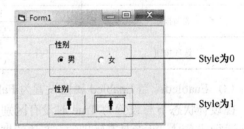
图 5-25　Style 属性

（4）Enabled：要禁止单选按钮，应将其设置成 False。运行时将显示灰色的单选按钮，这意味着按钮无效，效果如 ○ 女 。

2. Click 事件

选定单选按钮时将触发其 Click 事件，是否有必要响应此事件，这将取决于应用程序的功能。

3. 访问键

可用 Caption 属性为单选按钮创建访问键快捷方式，这只要在作为访问键的字母前添加一个连字符（&）。例如，要为单选按钮标题 Man 创建访问键，应在字母 M 前添加连字符：&Man，此时字母 M 下面有下划线，效果为 Man。运行时，同时按 Alt+M 组合键就可选定此命令按钮。

【例 5-7】 设计工具左对齐、居中、右对齐工具栏，如图 5-26 和图 5-27 所示。

图 5-26 设计状态

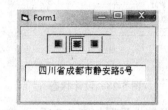

图 5-27 运行状态-居中对齐

在图片框中设计 3 个单选按钮，其外观为图片，设计一个文本框，输入"四川省成都市静安路 5 号"，分别单击 3 个单选按钮，可实现左对齐、居中、右对齐功能。其控件及属性设置如表 5-6 所示。

表 5-6 控件及属性设置

控件	属性	值
图片框	Name	Picture1
单选按钮	Name	Option1
	Picture	对齐-左对齐.bmp
单选按钮	Name	Option2
	Picture	对齐-居中.bmp
单选按钮	Name	Option3
	Picture	对齐-右对齐.bmp
文本框	Name	Text1
	Text	四川省成都市静安路 5 号

其代码如下。
"左对齐"代码：

```
Private Sub Option1_Click()
    Text1.Alignment = 0
End Sub
```

"居中"代码：

```
Private Sub Option2_Click()
    Text1.Alignment = 2
End Sub
```

"右对齐"代码：

```
Private Sub Option3_Click()
    Text1.Alignment = 1
End Sub
```

【例 5-8】 设计如图 5-28 所示的窗体，选择"性别"、"爱好"，单击"确定"按钮，在文本框中显示选择的结果。其运行状态如图 5-29 所示。

图 5-28 设计状态

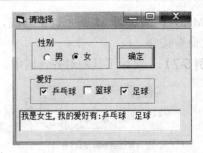
图 5-29 运行状态

其控件及属性设置如表 5-7 所示。

表 5-7 控件及属性设置

控件	属性	值
框架	Name	Frame1
	Caption	性别
框架	Name	Frame2
	Caption	爱好
单选按钮	Name	Option1
	Caption	男
单选按钮	Name	Option2
	Caption	女
复选框	Name	Check1
	Caption	乒乓球
复选框	Name	Check2
	Caption	篮球
复选框	Name	Check3
	Caption	足球
文本框	Name	Text1
	Text	空

"确定"按钮的代码：

```
Private Sub Command1_Click()
    Dim s1 As String
    Dim s2 As String
    Dim s3 As String
    Dim s4 As String
    If Option1.Value = True Then
        s1 = "男生"
    Else
        s1 = "女生"
    End If
    If Check1.Value = 1 Then
        s2 = "乒乓球"
    End If
    If Check2.Value = 1 Then
        s3 = "篮球"
    End If
    If Check3.Value = 1 Then
        s4 = "足球"
    End If
```

```
        Text1.Text = "我是" & s1 & ",我的爱好有:" & s2 & " " & s3 & " " & s4
End Sub
```

【例 5-9】 选择出发地，选择目的地，单击"确定"按钮后显示结果。其设计状态和运行状态如图 5-30 和图 5-31 所示。

图 5-30　设计状态

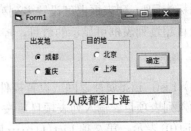

图 5-31　运行状态

其控件及属性设置如表 5-8 所示。

表 5-8　控件及属性设置

控件	属性	值
框架	Name	Frame1
	Caption	出发地
框架	Name	Frame2
	Caption	目的地
单选按钮	Name	Option1
	Caption	成都
单选按钮	Name	Option2
	Caption	重庆
单选按钮	Name	Option3
	Caption	北京
单选按钮	Name	Option4
	Caption	上海
命令按钮	Name	Command1
	Caption	确定
文本框	Name	Text1
	Text	空

"确定"按钮的代码：

```
Private Sub Command1_Click()
    If Option1.Value = True Then
        c1 = "成都"
    ElseIf Option2.Value = True Then
        c1 = "重庆"
    End If
    If Option3.Value = True Then
        m1 = "北京"
    ElseIf Option4.Value = True Then
        m1 = "上海"
    End If
    Text1.Text = "从" & c1 & "到" & m1
End Sub
```

5.7 列 表 框

列表框(ListBox)为用户提供了选项的列表,用户可从中选择一个或多个项目,它在工具箱中图标为▤。列表框也可设置多列列表,但在默认时将在单列列表中垂直显示选项。如果项目数目超过列表框可显示的数目,控件上将自动出现滚动条。

1. 属性

(1) List:List 属性返回或设置控件的列表部分的项目。在设计状态时,可直接在属性窗口中输入列表项目。输入列表项目后按 Ctrl+Enter 键换行。在编写程序状态下,组合框的第 1 项用 List(0) 表示,第 2 项 List(1)……其语法格式为:

对象.List(Index) [= String]

例如,第一行:数学学院可用 List1.List(0) 来表示,命令 Print List1.List(0) 则输出为"数学学院";命令 Print List1.List(4) 则输出为"外语学院",若执行 List1.List(3) = "地理学院",则"计算机院"修改为"地理学院"。

可用 List 属性访问列表的全部项目。此属性包含一个数组(数组后面学习),列表的每个项目都是数组的元素。设计窗体及属性窗口如图 5-32 和图 5-33 所示。

图 5-32　设计窗体　　　　　　　图 5-33　设计时属性窗口

List 属性通常与 ListCount、ListIndex 属性结合起来使用。当列表索引值超出列表框的实际条数的范围时,则返回一个零长度字符串("")。例如,ListBox 控件 List1.List(−1) 返回一个零长度字符串。

(2) Columns:Columns 代表列数,其默认值为 0,其含义如表 5-9 所示,其运行效果如图 5-34 所示。

表 5-9　Columns 值的含义

值	描述
0	垂直滚动的单列列表框
1	水平滚动的单列列表框
>1	水平滚动的多列列表框

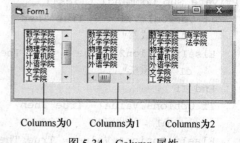

图 5-34　Column 属性

(3) Style:Style 属性代表列表框的样式,其值为 0(默认值),表示列表框按正常方式显示,其值为 1,则左边会出现一个复选框,此时列表框中可以同时选择多项。其设计状态及运行状态如图 5-35 和图 5-36 所示。

图 5-35 Style 属性

图 5-36 运行状态

（4）Text：Text 属性返回列表框中被选中的项目文本数据，假设列表框名为 List1，则 List1.Text 的值总是与 List1.List(List1.ListIndex)的值相同。

例如，上题中，选中"数学学院"后，执行：

```
Print List1.Text
Print List1.List(List1.ListIndex)
```

结果显示的数据是相同的。

（5）ListIndex：ListIndex 属性返回或设置列表框中当前选择项目的索引。此属性只在运行时可用，在设计时不可用，列表框的索引从 0 开始，即第 1 项的 ListIndex 为 0，第 2 项的 ListIndex 为 1……用 ListIndex 属性判断位置，如果要了解列表中已选定项目的位置，则用 ListIndex 属性。如果选定第一个(顶端)项目，则属性的值为 0，如果选定下一个项目，则属性的值为 1，依此类推。若未选定项目，则 ListIndex 值为–1。如果进行了多项选择，则它 ListIndex 为最后一项的索引值。如果选择第 1 项，则 Print List1.ListIndex 值为 0。

（6）ListCount：ListCount 属性返回列表框中项目的总个数，它的值总比最大的 ListIndex 的值大 1，编写程序中经常使用。

（7）Sorted：Sorted 属性表示项目是否自动按字母表顺序排序，其默认值为 False，表示其项目不排序；若值为 True，则代表项目要进行排序。如图 5-37、图 5-38 所示。

图 5-37 设计状态输入相同

图 5-38 将右边的 Sorted 设置为 True

（8）Selected：Selected 属性返回或设置在列表框中的某项的选择状态，该属性在设计时不可用(图 5-39)。在程序中要将第 3 项数据选中，则采用语句：List1.Selected(2) = True，单击后效果如图 5-40 所示。

图 5-39 设计状态

图 5-40 运行状态

（9）MultiSelect：MultiSelect 属性返回或设置一个值，该值指示是否能够同时选择列表框中的多个项。其值含义如表 5-10 所示。

表 5-10 MultiSelect 属性值的含义

值	选项类型	描述
0	无	标准列表框
1	简单多项选择	单击或按 Spacebar 键选定列表中的附加项目，或撤销对附加项目所作的选定
2	扩充的多项选择	可用 Shift+单击 或 Shift+箭头键选定从上一个选定项到当前的选项之间的所有选项。Ctrl+单击将选定（或撤销选定）列表中的项目

其 MultiSelect 属性分别为 0、1、2 效果，如图 5-41 所示。

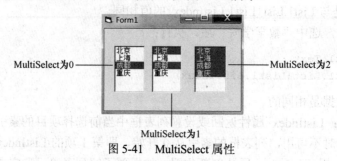

图 5-41 MultiSelect 属性

2. 方法

（1）AddItem：AddItem 方法是向列表框中添加新的项目，格式为：

　　对象名.AddItem 数据[, 索引]

索引表示要添加的列表项的位置。若省"索引"时，如果 Sorted 属性为 False，则数据添加到列表尾；如果 Sorted 属性为 True，则数据项添加到应该排序的位置。

【例 5-10】　添加项目。其设计状态及运行状态如图 5-42 和图 5-43 所示。

图 5-42 设计状态　　　　　　图 5-43 单击两命令按钮后

"北京前加"按钮的代码：

```
Private Sub Command1_Click()
    List1.AddItem "云南", 0
End Sub
```

"添加"按钮的代码：

```
Private Sub Command2_Click()
    List1.AddItem "广州"
End Sub
```

（2）RemoveItem：RemoveItem 方法是从列表中删除项目，命令格式为：

　　对象.RemoveItem 索引

索引就是要删除的项目位置。

【例 5-11】 删除项目。其设计状态和运行状态如图 5-44～图 5-47 所示。

图 5-44　设计状态

图 5-45　运行状态 1

图 5-46　运行状态 2

图 5-47　运行状态 3

"删除前面"按钮的代码：

```
Private Sub Command1_Click()
    List1.RemoveItem 0
End Sub
```

"删选中的"按钮的代码：

```
Private Sub Command2_Click()
    List1.RemoveItem List1.ListIndex
End Sub
```

（3）Clear：Clear 方法是清除列表框中的所有项目，其格式为：

对象.Clear

【例 5-12】 清除所有项目。其设计状态及运行状态如图 5-48 和图 5-49 所示。

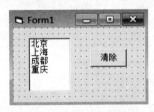

图 5-48　设计状态

图 5-49　运行状态

"清除"按钮的代码：

```
Private Sub Command1_Click()
    List1.Clear
End Sub
```

3．事件

列表框主要的事件有双击事件 DblClick，单击事件 Click，获得焦点 Gotfocus，失去焦点 Lostfocus 等。

【例5-13】 选中左边列表框中的某一项目,单击 > 则移动该项到右边,单击 >> 则移动全部到右边,单击 < 从右边移动一项到左边,单击 << 将右边项目全部移动到左边;双击某一项,此项移动到另外一边。其设计状态及运行状态如图 5-50 和图 5-51 所示。

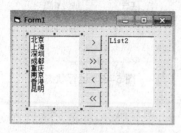
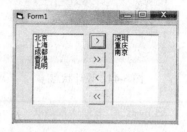

图 5-50 设计状态　　　　　　图 5-51 运行状态

命令按钮 > 的代码:

```
Private Sub Command1_Click()
    If List1.ListIndex = -1 Then
        MsgBox "请选择左边项目"
    Else
        List2.AddItem List1.Text
        List1.RemoveItem List1.ListIndex
    End If
End Sub
```

命令按钮 >> 的代码:

```
Private Sub Command2_Click()
    m = List1.ListCount
    For i = 0 To m -1
        List2.AddItem List1.List(i)
    Next
        List1.Clear            '一次可清除List1的所有数据项
End Sub
```

命令按钮 < 的代码:

```
Private Sub Command3_Click()
    If List2.ListIndex = -1 Then
        MsgBox "请选择右边项目"
    Else
        List1.AddItem List2.Text
        List2.RemoveItem List2.ListIndex
    End If
End Sub
```

命令按钮 << 的代码:

```
Private Sub Command4_Click()
    m = List2.ListCount
    For i = 0 To m -1
        List1.AddItem List2.List(i)
    Next
```

```
        List2.Clear                    '清除 List2 的所有数据项
    End Sub
```

List1 的 DblClick 代码：

```
Private Sub List1_DblClick()
    List2.AddItem List1.List(List1.ListIndex)
    List1.RemoveItem List1.ListIndex
End Sub
```

List2 的 DblClick 代码：

```
Private Sub List2_DblClick()
    List1.AddItem List2.List(List2.ListIndex)
    List2.RemoveItem List2.ListIndex
End Sub
```

5.8 组 合 框

组合框（ComboBox）控件将 TextBox 控件和 ListBox 控件的特性结合在一起，既可以在控件的文本框部分输入信息，也可以在控件的列表框部分选择一项，组合框的作用与列表框相似，它使用时通过下拉列表进行选择，组合框比列表框节省窗体空间。它在工具箱中显示图标为 ▦。

1. 属性

（1）List：List 属性返回或设置控件的列表部分的项目。在设计时，可以直接设置组合框控件"属性"窗口的 List 属性，从而在列表中添加项目。选定 List 属性选项并单击向下箭头后就可输入列表项目，然后按 **Ctrl+Enter** 键换到下一行。在编写程序状态下，组合框的第 1 项用 List(0)表示，第 2 项 List(1)……可用 List 属性访问列表的全部项目，这与列表框相同。

（2）Style：Style 属性的含义如表 5-11 所示，组合框的样式如图 5-52 所示。

表 5-11 Style 属性含义

值	类型	描述
0	下拉组合框	默认值，组合框显示为下拉组合框，包括一个文本框和一个下拉列表。可以从下拉列表框中选择，也可在文本框输入。该类型的选项列表是折叠起来的
1	简单组合框	该形式包括一个文本框和一个列表框。与下拉列表框不同的是，该样式的列表不能折叠起来。注意设计后要拖动才能看到效果
2	下拉列表框	组合框显示形式为下拉列表框，它仅提供从下拉列表中选择，不能在文本框中输入

图 5-52 组合框的样式

(3) Text：Text 属性在 Style 为 0 或 1 时，设置或返回文本框的文本。在 Style 为 2 时，返回的是选中的项目文本，Combo1.Text 与 Combo1.List（Combo1.ListIndex）的值总是相同。设计状态与运行状态如图 5-53 和图 5-54 所示。

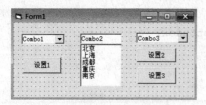

图 5-53　设计状态

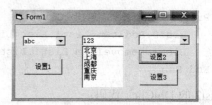

图 5-54　运行状态

其控件及属性设置如表 5-12 表示。

表 5-12　控件及属性设置

控件	属性	值
下拉组合框	Name	Combo1
	Style	0
简单组合框	Name	Combo2
	Style	1
下拉列表框	Name	Combo3
	Style	2
命令按钮	Caption	设置 1
	Name	Command1
命令按钮	Caption	设置 2
	Name	Command2
命令按钮	Caption	设置 3
	Name	Command3

"设置 1" 按钮的代码：

```
Private Sub Command1_Click()
    Combo1.Text = "abc"             '给 Combo1.Text 赋值
End Sub
```

"设置 2" 按钮的代码：

```
Private Sub Command2_Click()
    Combo2.Text = "123"             '给 Combo2.Text 赋值
End Sub
```

"设置 3" 按钮的代码：

```
Private Sub Command3_Click()
    Combo3.Text = "999"             '给 Combo3.Text 赋值，出错
End Sub
```

注意：出现错误提示，因为下拉列表框的 Text 属性是只读，不能修改，如图 5-55 所示。

(4) ListIndex：ListIndex 属性是返回或设置在组合框下拉列表框中当前选择项目的索引（位置），若没有选择，则 ListIndex 为 -1，最上面的 ListIndex 为 0，第 2 项为 1……

(5) ListCount：ListCount 属性返回组合框的列表部分项目的总个数。

第 5 章 常用控件 · 137 ·

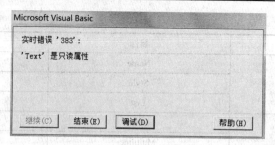

图 5-55 给 combo 赋值出错

（6）Sorted：Sorted 属性是指组合框的列表项目是否自动按字母表顺序排序。

2. 方法

（1）AddItem：在组合框中添加新的项目，格式为：

　　对象.AddItem 项目[,索引]

"索引"表示要添加的列表项的位置。省略"索引"时，如果 Sorted 属性为 False，则数据添加到列表尾；如果 Sorted 属性为 True，则数据项添加到应该排序的位置。

（2）RemoveItem：删除组合框中的项目，格式为：

　　对象.RemoveItem　索引

（3）Clear：清除组合框中的所有项目，格式为：

　　对象.Clear

【例 5-14】 设计窗体，选择字体、选择字号，文本框中文字的字体、字号立即变化。其设计状态和运行状态如图 5-56 和图 5-57 所示。

图 5-56 设计状态

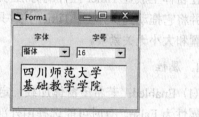

图 5-57 运行状态

其控件及属性设置如表 5-13 所示。

表 5-13 控件及属性设置

控件	属性	值
标签	Name	Label1
	Caption	字体
标签	Name	Label2
	Caption	字号
组合框	Name	Combo1
	Style	0
	List	黑体、宋体、楷体、隶书

控件	属性	值
组合框	Name	Combo2
	Style	0
	List	12、14、16、18
文本框	Name	Text1
	Multiline	True
	Text	四川师范大学基础教学学院

"Combo1 的 Click" 代码：

```
Private Sub Combo1_Click()
    Text1.FontName = Combo1.Text
End Sub
```

"Combo2 的 Click" 代码：

```
Private Sub Combo2_Click()
    Text1.FontSize = Val(Combo2.Text)
End Sub
```

5.9 定时器

定时器(Timer)用于实现每隔一定时间间隔自动执行指定的操作，它在工具箱中的图标为 ⏱。编程后可用来在一定的时间间隔执行操作。此控件主要应用是检查系统时钟，判断是否该执行某项任务。对于其他后台处理，Timer 控件也非常有用。

在窗体上放置 Timer 控件的方法与绘制其他控件的方法相同：单击工具箱中的"定时器"按钮并将它拖动到窗体上。Timer 控件只在设计时出现在窗体上，运行时定时器不可见，所以其位置和大小无关紧要。

1. 属性

(1) Enabled：若希望窗体加载，定时器就开始工作，应将此属性设置为 True。否则，设置此属性为 False。有时可能选择由外部事件(如单击命令按钮)启动定时器操作。注意，定时器的 Enabled 属性不同于其他对象的 Enabled 属性。对于大多数对象，Enabled 属性决定对象是否响应用户触发的事件。对于 Timer 控件，将 Enabled 设置为 False 时就会暂停定时器操作。

(2) Interval：Interval 属性表示定时器事件之间时间间隔，以毫秒(ms)为单位，注意 1s 为 1000ms。它的取值范围为 0～65535ms。注意，定时器事件生成越频繁，响应事件所使用的处理器事件就越多。这将降低系统综合性能。除非有必要，否则不要设置过小的间隔。

2. 事件

定时器只有一个 Timer 事件。在为 Timer 控件编程时应考虑对 Interval 属性的几条限制：

(1) 间隔的取值为 0～65535(包括这两个数值)，这意味着即使是最长的间隔也不比一分钟长多少(大约 64.8s)。

(2) 系统每秒生成 18 个时钟信号，所以即使用毫秒衡量 Interval 属性，间隔实际的精确度不会超过 1/18s。

【例 5-15】 设计一个窗体,显示系统当前时间。其设计状态和运行状态如图 5-58 和图 5-59 所示。

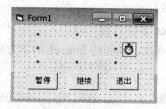
图 5-58 设计状态

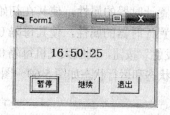
图 5-59 运行状态

定时器的控件及属性设置如表 5-14 所示。

表 5-14 控件及属性设置

控件	属性	值
标签	Name	Label1
	Caption	空
计时器	Name	Timer1
	Enabled	True
	Interval	1000
命令按钮	Name	Command1
	Caption	暂停
命令按钮	Name	Command2
	Caption	继续
命令按钮	Name	Command3
	Caption	退出

Timer1 的 Timer 事件代码:

```
Private Sub Timer1_Timer()
    Label1.Caption = Time
End Sub
```

"暂停"按钮的代码:

```
Private Sub Command1_Click()
    Timer1.Enabled = False
End Sub
```

"继续"按钮的代码:

```
Private Sub Command2_Click()
    Timer1.Enabled = True
End Sub
```

"退出"按钮的代码:

```
Private Sub Command3_Click()
    End
End Sub
```

【例 5-16】 窗体中有两个图像框,名称分别为 Image1、Image2,其中的图片分别是云彩和航天飞机，还有一个计时器，名称为 Timer1，一个命令按钮，名称为 Command1，标题为"发射"。

(1) 设置计时器的属性，使其在初始状态下不计时；
(2) 设置计时器的属性，使其每隔 0.1s 调用 Timer 事件过程一次。
(3) "发射"按钮，则航天飞机每隔 0.1s 向上移动一次，当到达 Image1 的下方时停止移动。

其设计状态和运行状态如图 5-60～图 5-62 所示。

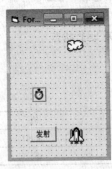 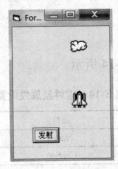 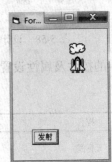

图 5-60　设计状态　　　图 5-61　运行状态 1　　　图 5-62　运行状态 2

其控件及属性设置如表 5-15 所示。

表 5-15　控件及属性设置

控件	属性	值
图像框	Name	Image1
	Picture	Cloud.ico
图像框	Name	Image2
	Picture	Rocket.ico
计时器	Name	Timer1
	Enabled	False
	Interval	100
命令按钮	Caption	发射
	Name	Command1

Timer1 的 Timer 事件代码：

```
Private Sub Timer1_Timer()
    If Image2.Top > Image1.Top + Image1.Height Then
        Image2.Top = Image2.Top -20
    Else
        Timer1.Enabled = False
    End If
End Sub
```

"发射"按钮的代码：

```
Private Sub Command1_Click()
    Timer1.Enabled = True
End Sub
```

【例 5-17】　设计红绿灯，要求绿灯亮 10s，绿灯的最后 3s 时要求闪烁，接着黄灯亮 3s，同时黄灯要求闪烁,最后红灯亮 10s,红灯的最后 3s 也要求闪烁。然后按绿、黄、红的顺序依次进行。其设计状态和运行状态如图 5-63 和图 5-64 所示。

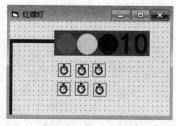

图 5-63 设计状态

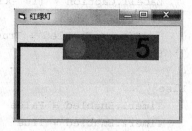

图 5-64 运行状态

其控件及属性设置如表 5-16 所示。

表 5-16 控件及属性设置

控件	属性	值
图片框	Name	Image1
	Backcolor	灰色
形状 1/2/3(放入图片框中)	Name	Shape1/2/3
	Shape	3
	Bordercolor	分别为绿色、黄色、红色
	Fillcolor	分别为绿色、黄色、红色
标签	Name	Label1
	Caption	10
	Font	小一号,加粗,楷体
	Backcolor	灰色
	Forecolor	红色
形状 4/5(柱子与横梁)	Name	Shape2, Shape3
	Shape	0
	Bordercolor	棕色
	Fillcolor	棕色
计时器 1/2/3	Name	Timer1/2/3
	Eanbled	Timer1:True, Timer2/3:False
	Interval	1000
计时器 4/5/6(闪烁)	Name	Timer4/5/6
	Eanbled	False
	Interval	200

程序如下:

```
Dim k1
Dim k2
Dim k3
```

Time1 的代码(绿灯):

```
Private Sub Timer1_Timer()
```

```
        k1 = k1 + 1
        If k1 <= 10 Then
            Label1.Caption = (10 -k1)
            If k1 >= 8 Then
                Timer4.Enabled = True
            End If

        Else
            Timer1.Enabled = False
            Timer2.Enabled = True
            Timer4.Enabled = False
            Timer5.Enabled = True
            Shape1.Visible = False
            Shape2.Visible = True
            Label1.Caption = 3
            k1 = 0
        End If
    End Sub
```

Timer2 的代码(黄灯):

```
    Private Sub Timer2_Timer()
        k2 = k2 + 1
        If k2 <= 3 Then
            Label1.Caption = (3 -k2)
        Else
            Timer2.Enabled = False
            Timer5.Enabled = False
            Timer3.Enabled = True
            Shape2.Visible = False
            Shape3.Visible = True
            k2 = 0
            Label1.Caption = 10
        End If
    End Sub
```

Timer3 的代码(红灯):

```
    Private Sub Timer3_Timer()
        k3 = k3 + 1
        If k3 <= 10 Then
            Label1.Caption = (10-k3)
            If k3 >= 8 Then
                Timer6.Enabled = True
            End If
        Else
            Timer3.Enabled = False
            Timer1.Enabled = True
            Timer6.Enabled = False
            Shape3.Visible = False
```

```
            Shape1.Visible = True
            Label1.Caption = 10
            k3 = 0
        End If
    End Sub
```

Timer4 的代码(绿灯闪烁)：

```
    Private Sub Timer4_Timer()
        If Shape1.Visible = True Then
            Shape1.Visible = False
        Else
            Shape1.Visible = True
        End If
    End Sub
```

Timer5 的代码(黄灯闪烁)：

```
    Private Sub Timer5_Timer()
        If Shape2.Visible = True Then
            Shape2.Visible = False
        Else
            Shape2.Visible = True
        End If
    End Sub
```

Timer6 的代码(红灯闪烁)：

```
    Private Sub Timer6_Timer()
        If Shape3.Visible = True Then
            Shape3.Visible = False
        Else
            Shape3.Visible = True
        End If
    End Sub
```

5.10 滚 动 条

滚动条通常用于在窗体上帮助观察数据或确定位置，也可用来作为数据输入的工具，被广泛用于 Windows 应用程序中。

滚动条分为水平滚动条与垂直滚动条，除方向不同之外，其结构与操作相同。在工具箱中，水平滚动条的图标为 ，其默认名称为 Hscrollx(x 为 1、2、3…之一)，其运行状态样式为 。垂直滚动条的图标为 ，其默认名称为 Vscrollx。

1. 属性

(1) Max：Max 属性表示滚动条所能表示的最大值，其范围为–32768～32767。当滚动块位于最右端或最下端时，Value 被设置为 Max 值。

(2) Min：Min 属性表示滚动条所能表示的最小值，其范围为–32768～32767。当滚动块位于最左端或最上端时，Value 被设置为 Min 值。

(3) LargeChange：单击滚动条中滚动块前面或后面的部位时，或按 PageUp 键或 PageDown 键，Value 增加或减小的增量值。

(4) SmallChange：单击滚动条两端的箭头时，或按方向键(←、↑、→、↓)时，Value 增加或减小的增量值。

(5) Value：Value 属性表示滚动块在滚动条上的当前位置。如果在程序设计该值，则把滚动框移动到相应的位置。注意，它的值不能超过 Max 与 Min 的值范围。

2. 事件

(1) Change：当滚动块移动后或在代码中改变 Value 属性值后触发该事件。

(2) Scroll：当在滚动条内拖动滚动块时触发该事件。

【例 5-18】 在名称为 Form1 的窗体上画一个图片框(名称为 Picture1)、一个垂直滚动条(名称为 VScroll1)，通过属性窗口在图片框中装入一个图片，文件名为 Picture1.jpg，图片框的宽度与图片 Picture 的宽度相同，图片框的高度任意。设置垂直滚动条的如下属性：Min 设置为 100，Max 设置为 2400，LargeChange 设置为 200，SmallChange 设置为 20，可以通过移动滚动条上的滚动块或单击来放大或缩小图片框的高度。其设计状态和运行状态如图 5-65 和图 5-66 所示。

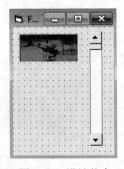
图 5-65 设计状态

图 5-66 运行状态

其控件及属性设置如表 5-17 所示。

表 5-17 控件及属性设置

控件	属性	值
图片框	Name	Picture1
	Picture	Picture1.jpg
垂直滚动条	Name	VScroll1
	Max	2400
	Min	100
	LargeChange	200
	SmallChange	20

```
Private Sub VScroll1_Change()         '单击或拖动后才变化
    Picture1.Height = VScroll1.Value
End Sub

Private Sub VScroll1_Scroll()         '拖动过程中有变化
    Picture1.Height = VScroll1.Value
End Sub
```

5.11 游标控件

游标(Slider)控件由刻度和滑块共同构成。游标控件位于"部件"对话框的 Microsoft Windows common Control 6.0(SP6)选项中,其添加到工具箱的图标为 . 。

其中标尺由 Min 和 Max 属性定义。滑块可由最终用户通过鼠标或箭头键控制。在运行时,可动态设置 Min 和 Max 属性以反映新的取值范围。Value 属性返回滑块的当前位置。通过使用 MouseDown 和 MouseUp 等事件,Slider 控件可被用于以图形方式从一定的取值范围内选取一个值。在选择离散数值或某个范围内的一组连续数值时,Slider 控件十分有用。例如,无需键入数字,通过将滑块移动到刻度标记处,可以用 Slider 对被显示的图像设置大小。

属性说明如下。

(1) Value:返回或设置滑块当前值。
(2) Max:最大值。
(3) Min:最小值。
(4) SmallChange:SmallChange 属性指定单击左、右箭头或按下左、右光标键时滑块移动多少个刻度。
(5) LargeChange:LargeChange 属性指定单击滑块到箭头之间的部分或按 PageuUp 键或 PageDown 键时移动多少个刻度。

【例 5-19】 设计窗体,其控件及属性如表 5-18 所示,拖动或单击标签的字体大小都要发生变化。其设计状态和运行状态如图 5-67 和图 5-68 所示。

表 5-18 控件及属性设置

控件	属性	值
标签	Name	Label1
	Caption	大学
Slider	Name	Slider1
	Max	80
	Min	15

图 5-67 设计状态　　图 5-68 运行状态

单击后变化,要编写 Click 代码:

```
Private Sub Slider1_Click()
    Label1.FontSize = Slider1.Value
End Sub
```

拖动过程中变化,要编写 Scroll 代码:

```
Private Sub Slider1_Scroll()
    Label1.FontSize = Slider1.Value
End Sub
```

5.12 进 度 条

当操作耗时较长的操作时,为用户提供可视的反馈信息,表明该操作还要进行多长时间才能完成,进度条(ProgressBar)控件可用图形显示事务的进程,该控件的方框在事务进行过程中逐渐被充满,表明这个操作完成的进度。进度条控件位于"部件"对话框的 Microsoft Windows common Control 6.0(SP6)选项中,其添加到工具箱的图标为 ▬ 。它的主要用途:

(1) 通告用户通过网络进行文件传输的进展情况。
(2) 反映要持续几秒钟以上的过程的进展情况。
(3) 通告用户正在运行的复杂算法的进展情况。

属性说明如下。
(1) Value:决定该控件被填充多少。
(2) Max:最大值。
(3) Min:最小值。
(4) Align:对齐方式,Align 属性把它自动定位在窗体的顶部或底部。

【例 5-20】 设计一个窗体,两个进度条,一个计时器,四个命令按钮,一个标签。单击"测试"按钮时,进度条开始进行;同时在标签中显示进度的百分比;单击"暂停"按钮时,进度条静止;单击"清除"按钮时,进度条清 0,单击"退出"按钮,退出窗体。设计状态与运行状态如图 5-69 和图 5-70 所示。

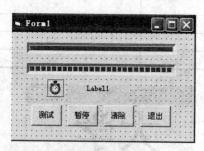

图 5-69 设计状态

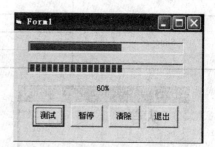

图 5-70 运行状态

进度条等控件及属性设置如表 5-19 所示。

表 5-19 控件及属性设置

控件	属性	值
进度条	Name	ProgressBar1
	Max	100
	Min	0
	Scrolling	1

控件	属性	值
进度条	Name	ProgressBar2
	Max	100
	Min	10
	Scrolling	0
计时器	Name	Timer1
	Enabled	false
	Interval	100
标签	Name	Label1
命令按钮	Name	Command1
	Caption	测试
命令按钮	Name	Command2
	Caption	暂停
命令按钮	Name	Command3
	Caption	清除
命令按钮	Name	Command4
	Caption	退出

```
Dim x As Integer
```

"测试"按钮的代码：

```
Private Sub Command1_Click()
    Timer1.Enabled = True
End Sub
```

"暂停"按钮的代码：

```
Private Sub Command2_Click()
    Timer1.Enabled = False
End Sub

Private Sub Command3_Click()
    End
End Sub

Private Sub Command4_Click()
    ProgressBar1.Value = 0
    ProgressBar2.Value = 0
    Label1.Caption = 0 & "%"
    Timer1.Enabled = False
    x = 0
End Sub

Private Sub Timer1_Timer()
    x = x + 1
    If x <= 100 Then
        ProgressBar1.Value = x
        ProgressBar2.Value = x
```

```
        Label1.Caption = x & "%"
    Else
        Timer1.Enabled = False
    End If
End Sub
```

5.13 日期/时间控件

在设计程序过程中,经常要对日期/时间进行显示、操纵、计算和读取时,需要使用日期/时间(DateTimePicker)控件,此控件提供格式化的日期,使得进行日期选择很容易。另外,用户还可以从类似于 MonthView 控件的下拉式日历界面中选择日期。它位于"部件"对话框的 Microsoft Windows common Control-2 6.0(SP4)选项中,使用时必须添加到工具箱中,添加到工具箱后的图标为。Date TimePicker 控件用于显示日期或时间信息,并且可用以修改日期和时间信息的界面。在网络中应用特别多,如图 5-71 所示。例如,在订机票、火车票时选择日期的操作界面上。

属性说明如下。

(1) Value:返回或设置当前显示的日期,通过函数可以取出年、月、日来进行进一步计算。

(2) Format:返回或设置一个值,决定在控件中显示日期所使用的格式,其含义如表 5-20 所示。

图 5-71 右运行状态下单击下拉按钮后

表 5-20 Format 值及含义

值	描述
0	长型日期格式(如 2012 年 8 月 29 日)
1	短日期格式(如 2012-8-29)
2	时间格式(如 8:18:28 上午)
3	用户自定义格式

(3) CustomFormat:用户自己定义格式及其含义如表 5-21 所示。

表 5-21 CustomFormat 属性值及含义

字符	描述
d	一位或两位数字的日期数值
dd	两位数字的日期数值。一位数字的日期数值要前置零
ddd	三个字母的星期日期缩写
dddd	星期日期全名
h	12 小时格式的一位或两位数字的小时数值
hh	12 小时格式的两位数字的小时数值,一位数字的小时数值要前置零
H	24 小时格式的一位或两位数字的小时数值
HH	24 小时格式的两位数字的小时数值。一位数字的小时数值要前置零
m	一位或两位数字的分钟数值
mm	两位数字的分钟数值。一位数的分钟数值要前置零
M	一位或两位数字的月份数值

字符	描述
MM	两位数字的月份数值。一位数字的月份数值要前置零
MMM	三个字母的月份缩写
MMMM	月份全名
s	一位或两位数字的秒数值
ss	两位数字的秒数值。一位数字的秒数值要前置零
t	一位字母缩写 AM/PM（如 AM 由 A 来代表）
tt	两位字母缩写 AM/PM（如 AM 由 AM 来代表）
X	一个回调字段。控件仍然使用其他的有效格式字符，并要求所有者填写 X 部分。所有者必须准备好去响应那些要求提供怎样填写这些字段信息的事件。可以使用连续的多个 X 字符来表示唯一的回调字段
y	一位数字的年份（即 1997 将显示为 7）
yy	年份的后两位数字来代表年份（即 1997 将显示为 97）
yyyy	完整的年份表示（即 1997 将显示为 1997）

要显示一个自定义格式，必须把 Format 格式设置为 3，可以在格式字符串中加入说明文字。例如，希望控件以 "Today is:Friday July 25, 1997 Time: 8:34 AM" 的格式来显示当前日期，则 CustomFormat 字符串应为 "'Today is:' ddddMMMMdd, yyy ' Time: 'h:mtt"。说明文字必须以单引号括起。

例如，自定义格式将控件的 Format 属性设置为 3，将 CustomFormat 设置为 "h':'mm':'ss tt"，则显示的时间为 "8:53:58" 上午。

【例 5-21】 入住日期与退房日期的计算。其设计状态和运行状态如图 5-72 和图 5-73 所示。

图 5-72　设计状态

图 5-73　运行状态

"确定"按钮的代码：

```
Private Sub Command1_Click()
    If Option1.Value = True Then
        s1 = "北京"
    ElseIf Option2.Value = True Then
        s1 = "上海"
    Else
        s1 = "成都"
    End If
    Label3.Caption = "我将在" & s1 & "住" & (DTPicker2.Value -DTPicker1.Value)
        & "天"
End Sub
```

5.14 鼠标与键盘

Visual Basic 应用程序能够响应多种鼠标事件和键盘事件。例如，窗体、图片框与图像控件都能检测鼠标指针的位置，并可判定其左、右键是否已按下，还能响应鼠标按钮与 Shift、Ctrl 或 Alt 键的各种组合。利用键盘事件可以编程响应多种键盘操作，也可以解释、处理 ASCII 字符。

1. MousePointer 属性

在属性窗口中可以直接设置 MousePointer 属性，单击下拉列表框中进行选择，其属性值与光标形状如表 5-22 所示。

表 5-22 控件及属性设置

值	形状	值	形状
0	默认值，形状由对象决定	9	水平双箭头
1	箭头	10	向上箭头
2	十字指针	11	沙漏（表示等待状态）
3	I 形	12	没有入口：一个圆形记号，表示控件移动受限
4	图标	13	箭头和沙漏
5	4 向箭头	14	箭头和问号
6	右上左下双箭头	15	四向箭头
7	垂直双箭头	99	用户指定的自定义图标
8	左上右下双箭头		

在程序中设置光标形状：

对象.MousePointer = 值

2. 鼠标事件

控件的单击 Click 与双击 DblClick 事件与鼠标的单击、双击有关，在 Visual Basic 中，还可以识别按下或放开某个鼠标键而触发的事件，它提供了 3 个过程模板。

1) 按下鼠标键事件过程

```
Private Sub Form_MouseDown(Button As Integer, Shift As Integer, X As Single,
            Y As Single)
    ⋮
End Sub
```

2) 释放鼠标键事件过程

```
Private Sub Form_MouseUp(Button As Integer, Shift As Integer, X As Single,
            Y As Single)
    ⋮
End Sub
```

3) 移动鼠标光标事件过程

```
Private Sub Form_MouseMove(Button As Integer, Shift As Integer, X As Single,
            Y As Single)
    ⋮
End Sub
```

鼠标事件描述如表 5-23 所示。

第5章 常用控件

表 5-23 鼠标事件

事件	描述
MouseDown	按下任意鼠标按键时发生
MouseUp	释放任意鼠标按键时发生
MouseMove	每当鼠标指针移动到屏幕新位置时发生

当鼠标指针位于无控件的窗体上方时,窗体将识别鼠标事件。当鼠标指针在控件上方时,控件将识别鼠标事件。

如果按下鼠标按键不放,则对象将继续识别所有鼠标事件,直到用户释放按键。即使此时指针已移离对象,情况也是如此。

3 种鼠标事件使用表 5-24 的参数。

表 5-24 鼠标事件参数

参数	描述
Button	值为 1 表示按下鼠标左键、值为 2 表示按下鼠标右键、值为 3 表示按下鼠标中间键
Shift	值为 1 表示按下 Shift、值为 2 表示按下 Ctrl,值为 4 表示按下 Alt 键的状态
x, y	鼠标指针的位置

【例 5-22】 在窗体上移动鼠标,在文本框 1 中显示"伟大",同时在标签中显示坐标值 x,y,在窗体空白处按下鼠标左键或右键或中间键,则在文本框 2 显示"中国",释放鼠标键时,在文本框 3 中显示"人民";单击"清除"按钮,删除 3 个文本框中的信息。其设计状态和运行状态如图 5-74 和图 5-75 所示。

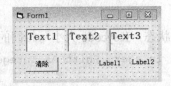
图 5-74 设计状态

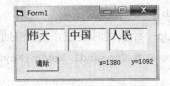
图 5-75 运行状态

"鼠标移动"的代码:

```
Private Sub Form_MouseMove(Button As Integer, Shift As Integer, X As Single,
                Y As Single)
    Text1.Text = "伟大"
    Label1.Caption = "x = " & X
    Label2.Caption = "y = " & Y
End Sub
```

"按下鼠标"的代码:

```
Private Sub Form_MouseDown(Button As Integer, Shift As Integer, X As Single,
                Y As Single)
    Text2.Text = "中国"
End Sub
```

"释放鼠标"的代码:

```
Private Sub Form_MouseUp(Button As Integer, Shift As Integer, X As Single,
                Y As Single)
```

```
        Text3.Text = "人民"
    End Sub
```
"清除"的代码：
```
Private Sub Command1_Click()
    Text1.Text = ""
    Text2.Text = ""
    Text3.Text = ""
End Sub
```

3. 键盘事件

键盘的 KeyDown 和 KeyUp 事件报告键盘本身准确的物理状态，按下键(KeyDown)及释放或松开键(KeyUp)。与此成对照的是，KeyPress 事件并不直接报告键盘状态，它只提供键所代表的字符而不识别键的按下或释放状态。

(1) KeyPress：当按下键盘上的某个键时发生，返回 ASCII 码，大小写时不一样。
```
Private Sub Command1_KeyPress(KeyASCII As Integer)
    ⋮
End Sub
```

(2) KeyDown：按下键盘上的某个键时发生，返回的是键盘的状态，Keycode 大小写相同的码。
```
Private Sub Command1_KeyDown(KeyCode As Integer, Shift As Integer)
    ⋮
End Sub
```

(3) KeyUp：释放键时发生，返回的是键盘的状态，Keycode 大小写相同的码。
```
Private Sub Command1_KeyUp(KeyCode As Integer, Shift As Integer)
    ⋮
End Sub
```

KeyCode 与 KeyASCII 码的比较如表 5-25 所示。

表 5-25 KeyCode 与 KeyASCII 码的比较

字符	KeyCode	KeyASCII
A	65	65
A	65	97
B	66	66
b	66	98

【例 5-23】 设计窗体，当光标在"测试"按钮上时，再按键盘上的键，此时在文本框 1 和文本框 2 中将分别显示 999 和 666，释放键时，在文本框 3 中显示 333。其设计状态和运行状态如图 5-76 和图 5-77 所示。

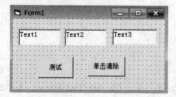

图 5-76 设计状态

图 5-77 运行状态

"测试"按钮的 Key Down 代码：

```
Private Sub Command1_KeyDown(KeyCode As Integer, Shift As Integer)
    Text2.Text = 666
End Sub
```

"测试"按钮的 Key Press 代码：

```
Private Sub Command1_KeyPress(KeyAscii As Integer)
    Text1.Text = 999
End Sub
```

"测试"按钮的 Key Up 代码：

```
Private Sub Command1_KeyUp(KeyCode As Integer, Shift As Integer)
    Text3.Text = 333
End Sub
```

"单击清除"按钮的 Click 代码：

```
Private Sub Command2_Click()
    Text1.Text = ""
    Text2.Text = ""
    Text3.Text = ""
End Sub
```

5.15 焦点与 Tab 顺序

焦点是接收用户鼠标或键盘输入的能力。当对象具有焦点时，可接收用户的输入。在 Microsoft Windows 界面中，任一时刻可运行几个应用程序，但只有具有焦点的应用程序才有活动标题栏，才能接收用户输入。在有几个 TextBox 的 Visual Basic 窗体中，只有具有焦点的 TextBox 才显示由键盘输入的文本。

当对象得到或失去焦点时，会产生 GotFocus 或 LostFocus 事件（表 5-26）。窗体和多数控件支持这些事件。

表 5-26 GotFocus 和 LostFocus 事件

事件	描述
GotFocus	对象得到焦点时发生
LostFocus	对象失去焦点时发生。LostFocus 事件过程主要用来对更新进行证实和有效性检查，或用于修正或改变在对象的 GotFocus 过程中建立的条件

下列方法可以将焦点赋给对象。
- 运行时选择对象。
- 运行时用快捷键选择对象。
- 在代码中用 SetFocus 方法。

有些对象，它是否具有焦点是可以看出来的。例如，当命令按钮具有焦点时，标题周围的边框将突出显示。

只有当对象的 Enabled 和 Visible 属性为 True 时，它才能接收焦点。Enabled 属性允许对象响应由用户产生的事件,如键盘和鼠标事件。Visible 属性决定了对象在屏幕上是否可见。

设置焦点顺序的属性:TabIndex 属性,它的值 0,1,2…,按 Tab 键时,焦点会在 TabIndex 属性为 0,1,2…这些控件上依次移动。

例如,在窗体中依次制作好文本框 1、文本框 2、文本框 3。刚启动窗体后焦点在第 1 个文本框中,按 Tab 键后,焦点在第 2 个文本框中,再按 Tab 键,焦点在第 3 个文本框中,如图 5-78 所示。若要实现启动窗体后焦点在第 3 个文本框,按 Tab 键焦点移动到第 2 个上,再按 Tab 键焦点移动到第 1 个上,继续按 Tab 键回到第 3 个上,只需要将文本框 3 的 TabIndex 属性设置为 0,第 2 个文本框的 TabIndex 属性设置为 1。

图 5-78 设置焦点

【**例 5-24**】 在窗体中设置三个文本框,一个标签,一个命令按钮,按 Tab 键时,光标会在第 1、第 2、第 3 个文本框上移动,同时在标签中显示焦点在第几个上。单击"设置焦点"按钮,则焦点在第 2 个上。其设计状态及运行状态如图 5-79 和图 5-80 所示。

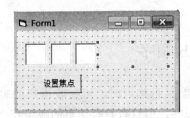 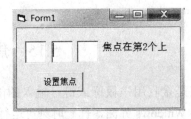

图 5-79 设计状态　　　　　　　　　图 5-80 运行状态

Text1 的 GotFocus 事件代码:

```
Private Sub Text1_GotFocus()
    Label1.Caption = "焦点在第 1 个上"
End Sub
```

Text2 的 GotFocus 事件代码:

```
Private Sub Text2_GotFocus()
    Label1.Caption = "焦点在第 2 个上"
End Sub
```

Text3 的 GotFocus 事件代码:

```
Private Sub Text3_GotFocus()
    Label1.Caption = "焦点在第 3 个上"
End Sub
```

"设置焦点"按钮的 Click 事件代码:

```
Private Sub Command1_Click()
    Text2.SetFocus
End Sub
```

习 题 5

一、判断题（正确填写 A，错误填写 B）

1. 框架的属性 Enabled 为 False 时，放入其中的复选框还可以被选中。（　）
2. 图片框的 Picture 属性，可以加载如 JPEG(*.jpg)、GIF 文件(*.gif)，但不能加载位图文件(*.bmp)。（　）
3. 图像框的 Stretch 属性为 True 时，图片会自动缩放以适应图像框的大小，其值为 False 时，则不会自动缩放。（　）
4. 复选框选中状态☑ 其值为 0；禁用复选框灰色☑，其值为 1。（　）
5. 在一个选项按钮组中，可以同时选中两个以上的单选按钮。（　）
6. 列表框的属性 MultiSelect 设置为 0，可以选中 3 项数据。（　）
7. 组合框的最上面一项数据用 List(1) 表示。（　）
8. 定时器控件的属性 Interval 设置为 100，表示 100ms 执行一次。（　）
9. 滚动条的 LargeChange 属性设置为 10，表示单击滚动条两端的箭头时变化为 10。（　）
10. 在窗体上按下鼠标键事件过程为 Form_MouseUp(…)。（　）

二、选择题

1. 如图 5-81 所示，框架的（　）属性应设置为性别。
   A. Name　　　　　　B. Caption
   C. Enabled　　　　　D. Visible

   图 5-81　框架

2. 图片框在工具箱中的图标为（　）。
   A. 　　B. 　　C. 　　D.

3. 复选框在工具箱中的图标为（　）。
   A. 　　B. ☑　　C. 　　D. A

4. 水平滚动条在工具箱中的图标为（　）。
   A. 　　B. 　　C. 　　D.

5. 单选按钮被选中时，其 Value 属性值为（　）。
   A. True　　　B. False　　　C. 1　　　D. 0

6. 当单击单选按钮后，下面说法正确的是（　）。
   A. 只执行 Click 事件　　　　　　　　B. 只执行 GotFocus 事件
   C. 既执行 Click 事件，也执行 GotFocus 事件　　D. 具体执行哪个事件要在程序或属性中设定

7. 复选框被选中时，其 Value 属性值为（　）。
   A. True　　　B. False　　　C. 1　　　D. 0

8. 拖动滚动条上的滑块时，将触发滚动条的（　）事件。
   A. Move　　　B. Change　　　C. Scroll　　　D. Gotfocus

9. 为使计时器控件每隔 1s 产生一个计时器事件，则应将其 InterVal 属性值设置为（　）。
   A. 1　　　B. 10　　　C. 100　　　D. 1000

10. 下面不能作为存放对象的窗口是（　）。
    A. 框架　　　B. 图像框　　　C. 图片框　　　D. 窗体

11. 计时器的 InterVal 属性为 0 时，表示（　　）。
    A．相隔 0s　　　　B．相隔 0ms　　　　C．计时器失效　　　　D．计时器的 Enabled 为 False
12. 语句 List1.RemoveItem 1 将删除 List1.ListIndex 为（　　）的项目。
    A．0　　　　　　　B．1　　　　　　　　C．2　　　　　　　　D．3
13. 组合框 Combo1 有 5 个项目，下面能删除最后一项的语句是（　　）。
    A．Combo1.RemoveItem Text　　　　　B．Combo1.RemoveItem 5
    C．Combo1.RemoveItem 4　　　　　　D．Combo1.RemoveItem Combo1.ListCount

在习题 14～习题 20 中，要用到图 5-82。启动时显示当前时间，单击"暂停"按钮标签上的时间不变化，单击"继续"按钮时钟继续走，单击"退出"按钮退出窗体。

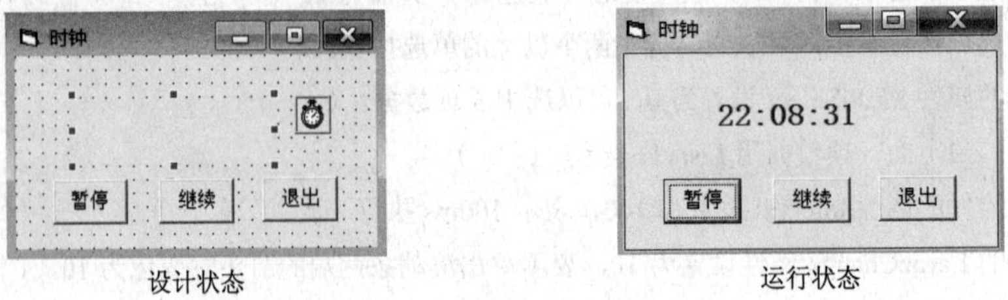

设计状态　　　　　　　　　　　　　　运行状态

图 5-82

14. 从图 5-82 中可以看到文字"时钟"，是在窗体的（　　）属性中设置的。
    A．Name　　　　　B．Caption　　　　C．Value　　　　　　D．top
15. 要在标签 Label1 中显示当前变化时间，要在计时器 Timer1 的 Timer 事件中，语句为（　　）。
    A．Label1.Name = Time　　　　　　B．Label1.Time = Time
    C．Label1.Caption = Time　　　　　D．Timer1.Timer = Time
16. 要使标签中启动时就显示当前时间，且每秒变化一次，需要设置 Timer1 的 InterVal 值为（　　）。
    A．1　　　　　　　B．10　　　　　　　C．100　　　　　　　D．1000
17. 要使标签中启动时就显示当前时间，且每秒变化，需要设置 Timer1 的 Enabled 值为（　　）。
    A．True　　　　　 B．False　　　　　 C．1　　　　　　　　D．0
18. 图 5-82 中"暂停"按钮的代码为（　　）。
    A．Timer1.Enabled = True　　　　　B．Timer1.Enabled = False
    C．Timer1.Enabled = 1　　　　　　 D．Timer1.Enabled = 0
19. 图 5-82 中"继续"按钮的代码为（　　）。
    A．Timer1.Enabled = True　　　　　B．Timer1.Enabled = False
    C．Timer1.Enabled = 1　　　　　　 D．Timer1.Enabled = 0
20. 图 5-82 中"退出"按钮的代码为（　　）。
    A．Close all　　　 B．Close End　　　 C．End　　　　　　　D．结束

三、填空题

1. 图片框、图像框中的图形通过对象的_____属性设置。
2. 为了能够自动放大或缩小图像框中的图形来适应图像框的大小，必须把图像框的_____属性设置为_____。
3. 组合框有 3 种不同的类型，这 3 种类型是_____、_____、_____。需要将_____属性的值分别设置为_____、_____、_____。

4. 复选框对齐方式的属性是_____。
5. 要将表列框 List1 中的所有数据删除，最简单的命令是_____。
6. 在图 5-83 中，单击"最前加"按钮，则将输入到 Text1 中的数据添加到列表框的最前面，单击"加在第 3"按钮，则将输入到 Text1 中的数据添加到列表框的第 3 个位置，单击"最后加"按钮，则将输入到 Text1 中的数据添加到列表框的最后，请填空。

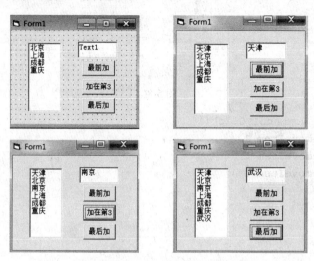

图 5-83

(1)"最前加"按钮的代码为_____。
(2)"加在第 3"按钮的代码为_____。
(3)"最后加"按钮的代码为_____。

7. 在窗体运行过程中，如图 5-84 所示，图片框 Picture1 中加载 D:\VB\P7.JPG，其代码为_____。
8. 要实现如图 5-85 所示，复选框的初始状态如图 5-85 所示，它们分别为 Check1、Check2、Check3，其 Value 值分别为_____、_____、_____。

图 5-84

图 5-85

9. 在窗体上有两个文本框 Text1 和 Text2 和一个命令按钮 Command1，编写的两个事件过程如下：

```
Private Sub_Command1_Click()
    X = Text1.Text+Text2.Text
    Print X
End Sub
Private Sub Form_Load()
    Text1.Text = " "
    Text2.Text = " "
End Sub
```

运行程序后，在两个文本框 Text1 和 Text2 中分别输入 123 和 321，然后单击命令按钮，则输出结果为_____。

10. 列表框 List1 的 List 属性设置如图 5-86 所示，单击"删除"按钮后，列表框中还有的城市_____。

图 5-86

```
Private Sub Command1_Click()
    List1.RemoveItem 1
    List1.RemoveItem 2
    List1.RemoveItem 3
End Sub
```

第6章 数 组

前面章节中介绍的变量都属于简单数据变量，即单一的数据变量。如果所处理的数据不大，而且数据之间没有内在的联系，这种简单数据变量可以满足对数据的处理。但是，在使用计算机处理实际问题时，经常会遇到对一组存在一定联系的数据进行处理运算的情况。例如，输出表格、数据排序、矩阵运算等。对于这类问题，如果采用简单变量来设计程序，那么对于整组数中的每个数据项都要设置相应的变量名，并且变量名还不能相同，然后逐个运算、逐个输出，整个程序将因此而变得冗长烦琐。在这种情况下，应采用专门处理这类群体性数据的方法——数组。

6.1 数组的基本概念

6.1.1 数组与数组元素

数组是一组具有相同类型的数据按一定顺序组成的序列，数组中的每一个数据都可以通过数组名及唯一的索引号(下标)来存取。所以，数组用于存储和表示既与取值有关，又与位置(顺序)有关的数据。

数组是用一个统一的名称表示的、顺序排列的一组变量。数组中的变量称为数组元素，用下标(数字)来标识它们，因此数组元素又称为下标变量。例如：

　　　　a(1),a(2),a(3),a(4),a(4),…,a(10)

其中，a 是数组名，括号内的数字是数组元素的下标。可以用数组名及下标唯一地标识一个数组元素，如 a(8)表示数组名为 a 的数组中顺序号(下标)为 8 的那个数组元素(变量)。

说明：

(1) 数组的命名与简单变量的命名规则相同。

(2) 下标必须用括号括起来，不能把数组元素 a(8)写成 a8，后者是简单变量。

(3) 下标可以是常量、变量或表达式。下标还可以是下标变量(数组元素)，如 b(a(3))，如果 a(3)=10，则 b(a(3))就是 b(10)。

(4) 下标必须是整数，否则将被自动四舍五入为整数，如 a(3.6)将被视为 a(4)。

(5) 下标的最大和最小值分别称为数组的上界和下界。数组的元素在上下界内是连续的。由于对每一个下标值都分配空间，所以声明数组的大小要适当。

6.1.2 数组的类型

Visual Basic 中的数据有多种类型，相应的数组也有多种类型。可以声明任何基本数据类型的数组，包括用户自己定义类型和对象变量，但是一个数组中的所有元素应该具有相同的数据类型。当然，数据类型为 Variant 时，各个元素能够包含不同类型的数据(对象、字符串、数组等)。

6.1.3 数组的形式

在 Visual Basic 中有两种形式的数组：静态数组和动态数组。静态数组是指数组元素的个数固定不变，而动态数组的大小(其元素的个数)在运行时可以改变。

6.1.4 数组的维数

数组元素中下标的个数称为数组的维数。如果这个数组只有一个下标,则称这个数组为一维数组。例如,数组 s 有 40 个元素,s(1),s(2),s(3),…,s(40),依次保存 40 个学生的一门课程成绩,则 s 为一维数组。一维数组中的各个元素又称为单下标变量。一维数组中下标又称为索引(Index)。

如果有 40 个学生,每个学生有 5 门课程的成绩,如表 6-1 所示。

表 6-1 学生成绩表

学号	大学英语	计算机基础	心理学	体育	大学语文
S200101001	90	90	76	65	67
S200101002	88	74	80	76	87
S200101003	70	80	73	87	75
⋮	⋮	⋮	⋮	⋮	⋮
S2001010040	94	87	80	80	92

对于学生成绩表,这些成绩可以用两个下标的数组来表示,如第 i 个学生第 j 门课的成绩可以用 s(i, j) 表示。其中 i 表示学生,称为行下标(i = 1,2,3,…,40);j 表示课程,称为列下标(j = 1,2,3,4,5)。有两个下标的数组称为二维数组,其中的数组称为双下标变量。

相同问题的需要,还可以选择三维数组、四维数组等,Visual Basic 最多允许 60 维,但是数组维数的增加,数组元素的个数几何级数增长,这将受到内存容量的限制。

6.2 数组的定义与应用

数组在使用前必须先定义,定义数组也叫声明数组。定义数组的主要目的是为数组分配存储空间,数组名即为这个存储空间的名称,而数组元素既为存储空间的每一个元素。每个单元的大小和数组的类型有关。例如,定义数组 A(5) 为整型(Integer),则每个元素占 2 字节,数组 A 共占 10 字节的存储空间。

按数组占用存储空间的方式不同,Visual Basic 有两种数组:静态数组和动态数组。两种数组的定义方式不同,使用方法也略有不同。

6.2.1 静态数组的定义

静态数组是指数组元素的个数在程序执行期间不能改变的数组。有 3 种方法定义静态数组,用哪一种方法取决于数组应用的有效范围。

(1) 建立全局级(公用)数组,在模块的通用声明段中使用 Public 语句定义数组。

格式:Public 数组名(<维数定义>)   [As <类型>]

(2) 建立模块级数组,在模块通用声明段中使用 Private 或 Dim 语句定义数组。

格式:Private | Dim 数组名(<维数定义>)   [As <类型>]

(3) 建立过程级(局部)数组,在过程中用 Dim 或 Static 语句定义数组。

格式:Dim | Static 数组名(<维数定义>)   [As <类型>]

说明：

(1) 数组名遵循标准的变量名约定。

(2) <维数定义>指数组的维数以及各维的范围：

[<下界1> To]<上界1> ， [<下界2> To]<上界2>,……

如果不指定下标的下界，则数组的下界由 Option Base 语句控制：如果使用 Option Base 语句 Option Base 1，则默认下标的下界为 1；如果没有使用 Option Base 语句，则默认的下标的下界为 0。例如：

```
Dim a(5) As Integer        '6个元素，下标从 0 到 5
Dim b(3) As Double         '4个元素，下标从 0 到 3
```

可以用关键字 To 显示提供下标的下界：

```
Dim a(1 to 5) As Integer   '5个元素，下标从 1 到 5
Dim b(2 to 5) As Double    '4个元素，下标从 2 到 5
```

注意：

Option Base 语句用来声明数组下标的默认下界，必须写在模块的所有过程和带维数的数组定义语句之前，且一个模块只能出现一次 Option Base 语句，它只影响位于包含该语句的模块中数组的下界。

(1) 下标一般用整数表示，允许是负数。例如，Dim A(-3 To 0)，则数组包含的元素有 a(-3)，a(-2)，a(-1)，a(0)。

(2) "As <类型>"可以是系统定义的数据类型、用户自定义类型或对象类型。与声明变量类似，一个"As <类型>"只能定义一个数组类型。

(3) 二维数组的定义：

```
Static a(9, 9) As Double
```

声明了一个过程内的 10×10 的二维数组 a，或用显示的下界来声明两个维数或者两个维数中的任何一个：

```
Static a(1 to 10,1 to 10) As Double
```

可以将这些推广到二维以上的数组。例如：

```
Dim d(3,1 To 5, 2 To 3) As Long  数组
```

这个声明建立了三维数组 d，大小 4×5×2，元素总数为 3 个维数的乘积，即 40。可以看出，数组元素的个数等于每一维的大小之积，即 n 维数组元素个数为：

(上界1-下界1+1)×(上界2-下界2+1)×…×(上界n-下界n+1)

注意： 在增加数组的维数时，数组所占的存储空间会大幅度增加，所以要慎用多维数组。

6.2.2 数组的基本操作

在定义一个数组之后，就可以使用数组。使用数组就是对数组元素进行各种操作，如赋值、表达式运算、输入输出等。

对数组元素的操作如同对简单变量的操作，但在引用数组元素时要注意以下几点。

(1) 数组声明语句不仅定义数组、为数组分配存储空间，而且还能对数组进行初始化，使得数值型数组的元素值初始化为 0，字符型数组的元素初始化为空等。

(2) 引用数组元素的方法是在数组名后的括号中指定下标，例如：

```
    t=a(5):s=a(3,4)
```

其中，a(5)表示数组 a 中下标值为 5 的元素，a(3,4)表示二维数组 a 中 3 行 4 列的元素。注意与数组声明语句中下标的上界相区别。

(3) 引用数组元素时，数组名、数组类型和维数必须与数组声明时一致。
(4) 引用数组元素时，下标值应在数组声明时所指定的范围之内。
(5) 在同一过程中，数组与简单变量不能同名。

1. 数组元素的输入

数组元素可以在设计时通过赋值语句输入，或是在运行时通过 InputBox 函数输入，元素较多的情况下一般要使用 For 循环语句。

【例 6-1】 随机产生 10 个两位整数，放入数组 a 中。考虑到要在不同的过程中使用数组，所以首先在模块的通用段声明数组：

```
    Dim a(1 To 10) As Integer
```

随机整数的生成由窗体的 Load 事件代码完成：

```
    Private Sub Form_Load()
        Randomize
        For i = 1 To 9
            a(i) = Int(Rnd * 90) + 10
        Next
    End Sub
```

多维数组元素的输入通过多重循环来实现。由于 Visual Basic 中的数组是按行存储的，因此一般把控制数组第 1 维的循环变量放在最外层的循环中。

【例 6-2】 设有一个 5×5 的方阵，其中的元素是由计算机随机生成的小于 100 的整数。考虑到要在不同的过程中使用数组，所以首先在模块的通用段声明数组：

```
    Dim a(5,5) As Integer
```

方阵的生成由窗体的 Load 事件代码完成：

```
    Private Sub Form_Load()
        Randomize
        For i = 1 To 5
            For j = 1 To 5
                a(i,j) = Int(Rnd * 99) + 1
            Next
        Next
    End Sub
```

2. 数组元素的输出

数组元素可以在窗体或图片框中使用 Print 方法输出，也可以在多行文本、列表框或组合框中输出。

【例 6-3】 将例 6-1 中的数组在窗体按 3 行 3 列输出。

```
    Private Sub Form_Activate()
        Cls
        Print
        For i = 1 To 9
```

```
        If i Mod 3 = 0 Then
            Print a(i)
        Else
            Print a(i); " ";
        End If
    Next
End Sub
```

【例 6-4】 将例 6-2 中的数组在窗体中按 5 行 5 列输出。

```
Private Sub Form_Activate()
    Cls
    For i = 1 To 5
        For j = 1 To 5
            Print a(i, j);
        Next
        Print
    Next
End Sub
```

3. 数组的删除

如果不再需要使用数组中的数据，或者需要释放数组所占用的存储空间，则可以删除数组。数组的删除可以用 Erase 语句来实现，Erase 语句的格式为：

　　Erase 数组名

对静态数组使用 Erase 语句将对其中的所以元素进行初始化。例如，将数值型数组元素值置为 0，将可变长度字符串类型数组元素值置为零长度字符串。注意，Erase 语句不能释放静态数组所占的存储空间。

对动态数组使用 Erase 语句将释放动态数组所占的存储空间，在下次引用动态数组之前，必须使用 ReDim 语句来重新定义数组。

4. 数组的初始化

给数组中的各个元素赋值，称为数组的初始化。除了前面介绍的数组元素的输入方法之外，Visual Basic 还提供 Array 函数，用于在程序中利用代码对数组初始化。Array 函数的语法格式为：

　　数组变量名=Array(数值表)

说明：

(1) 数值表中的值就是数组元素的值，两个数值之间用逗号分隔。如果不提供参数，则创建一个长度为 0 的数组。

(2) 使用创建的数组的下界默认为 0（一般受 Option Base 语句指定的下界决定），上界由数值表中的数值个数次定。

(3) "数组变量名"是已声明变量的名称——作数组使用，该变量必须是 Variant 类型。数组元素类型由 Array 函数数值表中的数值类型确定。例如：

```
Dim A
A=Array("abc",2,3)
```

A 数组是一个具有 3 个元素的一维数组，其中第一个元素类型是字符串类型(String)，第二个元素类型是整型(Integer)。

(4) Array 函数只能给一维数组赋值，不能给二维或多维数组赋值。

通过使用 Array 函数给数组赋值后，就可以像使用一般数组一样来引用该数组。

【例 6-5】 编写代码实现运行时单击命令按钮 Command1，Array 函数实现学生成绩输入，标签 Label1 实现成绩输出。

```
Private Sub Command1_Click()
    Dim Score                       '定义 Score 为可变类型的变量
    Score = Array(80, 78, 90, 85, 73, 89, 97)
    For i = LBound(Score) To UBound(Score)
        Label1.Caption = Label1.Caption & Str(Score(i))
    Next i
End Sub
```

说明：

(1) Array 函数产生的数组只能给可变类型的变量赋值，如例 6-5 中的 Score，赋值后 Score 成为一维数组，Score(0),Score(1),…,Score(6)的值依次为 Array 函数参数列表中各元素的值。

(2) 本例使用系统内部函数 LBound 和 UBound 来获取数组下标的下界和上界。

(3) 使用标签输出数组元素，当要显示的数据较多时，应注意设置标签的 AutoSize 属性和 WordWrap 属性，使标签的大小能够随显示数据的多少自动调整。

5. 使用 For Each...Next 语句循环处理数组

For Each...Next 语句与前面介绍的循环语句 For...Next 语句类似，都可以用来执行已知次数的循环。但 For Each...Next 语句专门用于数组或对象集合中的每一成员(变量)，包括查询、显示后读取。

格式：

For Each　成员(变量)　In　数组名
　　[语句组 1]
　　[Exit For]
　　[语句组 2]
Next　成员(变量)

说明：

(1) "成员"是一个变体类型(Variant)变量，它为循环提供，并在 For Each...Next 语句中重复使用，它实际上代表数组中的每一个元素。

(2) "数组名"是数组的名称，没有括号和上下界。

【例 6-6】 用 For Each...Next 语句，求 1！+2！+…+10！的值。本例采用 Print 语句直接在窗体上输出结果。

```
Private Sub Form_Load()
    Dim a(1 To 10) As Long, sum As Long, t As Long, n As Integer
    Show
    t = 1
    For n = 1 To 10
        t = t * n
        a(n) = t
    Next n
```

```
    sum = 0
    For Each x In a
        sum = sum + x
    Next x
    Print "1! +2! +…+10! ="; sum
End Sub
```

For Each...Next 语句能根据数组 a 的元素个数来确定循环次数,语句中的 x 代表数组元素。开始执行时,x 是数组 a 中的第 1 个元素的值;第 2 次循环时,x 是数组 a 中的第 2 个元素的值,依次类推。

在数组操作中,For Each...Next 语句比 For...Next 语句更方便,因为它不需要指明循环的条件。

【例 6-7】 求例 6-1,例 6-3 随机整数中的最大值、最小值和平均值。编写命令按钮 Command1 的 Click 事件代码。

```
Private Sub Command1_Click()
    Dim n As Integer, m As Integer, s As Single
    m = 100: n = 0: s = 0
    For Each x In a
        If x > n Then n = x
        If x < m Then m = x
        s = s + x
    Next
    MsgBox "最大值为: " & n & Chr(13) & "最小值为: " & m & Chr(13) & "平均值为: " & s / 10
End Sub
```

说明:不能使用 For Each...Next 语句对普通的数组元素进行赋值操作,因为语句中的"成员"表示数组元素的值,而不表示数组元素本身,但是可以对控件数组中的每个控件的属性进行赋值操作。可以看出,使用 For Each...Next 语句循环处理数组时,难以对数组中的个别元素进行处理,也难以控制对数组元素处理的次序。因此,对不关心数组元素处理次序的问题,采用这种结构比较方便。

6.2.3 用户自定义类型的数组

用户自定义类型的数组就是数组中每个元素的类型都是用户自定义的。例如,在表 6-2 所示的学生成绩表中,用户可以自己定义新的数据类型,从而将整个表定义成一个一维数组。

表 6-2 学生成绩表

学号	大学英语	计算机基础	心理学	体育	大学语文
S200101001	90	90	76	65	67
S200101002	88	74	80	76	87
……	……	……	……	……	……

(1) 定义一个数据类型 Score 如下:

```
Type Score
    numb As String * 10
    engl As Integer
```

```
        comp As Integer
        psyc As Integer
        spor As Integer
        lang As Integer
    End Type
```

(2) 定义一个具有 Score 类型的数组,例如:

```
    Dim s(1 To 40) As Score
```

这样,就可以用 Score(i) 来存储 i 个学的信息。在程序中要引用第 i 个学生的学号,可以表示成:

```
    Score(i).numb
```

给 Score 数组中的第 1 个元素赋值,则可以写成:

```
Score(1).numb="S200101001"
Score(1).engl=90
Score(1).comp=90
Score(1).psyc=76
Score(1).spor=65
Score(1).lang=67
```

也可以用 With 语句来简化书写,以上赋值语句等价于:

```
With Score(1)
    .numb="S200101001"
    .engl=90
    .comp=90
    .psyc=76
    .spor=65
    .lang=67
End With
```

6.3 数组的基本操作示例

1. 一维数组的使用

编写程序时,一维数组通常与 For 循环结合使用,For 语句中的循环变量作为数组元素的下标,通过循环变量的不断改变,达到对每个数组元素依次进行处理的目的。

【例 6-8】 编写程序,把输入的 10 个整数按逆序输出,结果如图 6-1 所示。

方法 1:利用输出实现逆序,代码如下:

```
Option Base 1              '放置在通用声明处
Private Sub Command1_Click()
    Dim a(10) As Integer, i As Integer
    Print "输入的数据为: "
    For i = 1 To 10
        a(i) = InputBox("请输入一个整型数")
        Print a(i);
    Next i
    Print
```

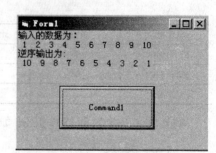

图 6-1 逆序输出数组元素

```
        Print "逆序输出为:"
        For i = 10 To 1 Step -1
            Print a(i);
        Next i
    End Sub
```

方法 2：通过移动数组内容，实现数组逆序输出。

假定数组 a 有 8 个元素，a(1) 和 a(8) 的元素对换，a(2) 和 a(7) 的元素对换，a(3) 和 a(6) 的元素对换，a(4) 和 a(5) 的元素对换。若用 i 和 j 分别代表对换元素的下标，n 为数组元素的个数，那么 j 与 i 的关系为 j=n-i+1。i 移动的起始位置为 1，终止位置为 p(p=n\2)，如果 n 是偶数，如 p=4，最后是 a(4) 和 a(5) 对换；如果 n 是奇数，如 n=9，最后是 a(4) 和 a(6) 对换，a(5) 在中间不动，因此程序代码用 n\2 来确定 i 移动的终止位置。代码如下：

```
Private Sub Command1_Click()
    Const n = 8
    Dim i As Integer, j As Integer, t As Integer, p As Integer
    Static a(1 To n) As Integer
    For i = 1 To n
        a(i) = i
        Print a(i);
    Next i
    Print
    Print
    p = n \ 2
    For i = 1 To p
        j = n - i + 1
        t = a(i)
        a(i) = a(j)
        a(j) = t
    Next i
    For i = 1 To n
        Print a(i);
    Next i
End Sub
```

【例 6-9】 随机生成 10 个互不相同的数，然后将这些数按由小到大的顺序显示出来，如图 6-2 所示。

 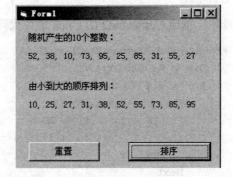

图 6-2 数组的排序

分析：这是一个排序问题，排序的方法很多，下面介绍的是比较排序法。

设有 10 数放在数组 a 中，分别表示为：

　　a(1),a(2),a(3),a(4),a(5),a(6),a(7),a(8),a(9),a(10)

先将 a(1) 与 a(2) 比较，若 a(2)<a(1)，则将 a(1),a(2) 互换—a(1) 存放较小者。再将 a(1) 与 a(3),…,a(10) 进行比较，并依此进行同样的处理—10 个，数中的较小者放入 a(1) 中。

第二轮：将 a(2) 与 a(3),…,a(10) 进行比较，并依此进行同样的处理—第一轮剩下的 9 个数中的较小者放入 a(2) 中。

继续第 3 轮，第 4 轮，…，直到 9 轮后，余下的 a(10) 自然就是 10 个数中的最大者。

至此，10 个数已从小到大的顺序存放在数组 a(1)～a(10) 中。

设计步骤如下：

(1) 建立应用程序用户界面与设置对象属性。

(2) 编写代码。

考虑要在不同的过程中使用数组，首先要在模块的通用声明段声明数组：

```
Dim a(1 To 10) As Integer
```

随机整数的生成由窗体的 Load 事件代码完成：

```
Private Sub Form_Load()
    Dim p As String
    Randomize
    p = ""
    For i = 1 To 10
        Do
            x = Int(Rnd * 90) + 10
            yes = 0
            For j = 1 To i -1
                If x = a(i) Then yes = 1: Exit For
            Next
        Loop While yes = 1
        a(i) = x
        p = p & Str(a(i)) & ","
    Next
    Label1.Caption = LTrim(Left(p, Len(p) -1))
    Label2.Caption = ""
End Sub
```

"排序"按钮 Command2 的 Click 事件代码：

```
Private Sub Command2_Click()
    Dim p As String
    For i = 1 To 9
        For j = i + 1 To 10
            If a(i) > a(j) Then
                t = a(i): a(i) = a(j): a(j) = t
            End If
        Next
    Next
```

```
        p = Str(a(1))
        For i = 2 To 10
            p = p & "," & Str(a(i))
        Next
        Label2.Caption = LTrim(p)
End Sub
```

"重置"按钮 Command1 的 Click 事件代码：

```
Private Sub Command1_Click()
    Form_Load
End Sub
```

【例 6-10】 在一个数组中查找某个特定的数据。

查找通常是将查找范围内所有的数据放在一个数组中，然后在数组中查找特定的数。查找的方法有很多，不同的方法效率不同，下面介绍两种方法。

方法 1：顺序查找法。

顺序查找是将要查找的数与数组中的每一元素依次作比较，当某个元素的值与给定的数相等时，说明该数在数组中；反之，则说明该数不在该数组中。假设要在 100 个数据中查找数 s，将 100 个数放入数组 a 中，则查找的代码如下：

```
k = 0
For i = 1 To 100
    If s = a(i) Then
        k = i
        Exit For
    End If
Next i
If k > 0 Then
    MsgBox "所找得数在第" & Str(k) & "个位置"
Else
    MsgBox "没找到"
End If
```

顺序查找法是最基本最简单的方法，但当数组元素很多时，这种查找方法要耗大量的时间，因此下面介绍折半查找法，这是提高查找效率的方法之一。

方法 2：折半查找法。

采用折半法的前提是数组内的数必须是已排序的，在这个前提下，每查找一次，就缩小一半查找范围，从而有效地减少了查找的次数。利用折半法查找的步骤为：

（1）设第一个数的位置为 start，初值为 1；最后一个数的位置为 finish，初值为 n；中间位置的数为 mid，计算公式为 mid=(start+finish)\2。

（2）将 x 与 mid 比较，若相等，则找到。若 x 小于 mid，则在 mid 之前的范围[start,mid-1]继续查找。若 x 大于 mid，则在 mid 之后的范围[mid+1,finish]继续查找。查找的方法仍然是先计算出居中位置的数，然后重复本步骤。

（3）若找不到(start>finish)或找到，程序结束。

假设在原始数据时 100 个[0, 100]之间的随机整数，设计如图 6-3 的用户界面则查找代码为：

在窗体模块的通用声明阶段声明数组 a：

```
Dim a(1 To 100) As Integer
```

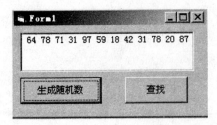

图 6-3　查找

Command1 的 Click 时间生成随机数：

```
Private Sub Command1_Click()
    Randomize
    For i = 1 To 100
        a(i) = Int(Rnd * 101)
        Text1.Text = Text1.Text & Str(a(i))
    Next i
End Sub
```

Command2 的 Click 事件，实现查找：

```
Private Sub Command2_Click()
s = Val(InputBox("请输入要查找的数："))
k = 0: start = 1: finish = 100
Do While (start <= finish And k = 0)
    mid = (start + finish) / 2
        If s = a(mid) Then
            k = mid
            Exit Do
        Else
            If s < a(mid) Then
                finish = mid -1
            Else
                start = mid + 1
            End If
        End If
Loop
If k > 0 Then
    MsgBox "所找得数在第" & Str(k) & "个位置"
Else
    MsgBox "没找到"
End If
End Sub
```

【例 6-11】　斐波那契(Fibonacci)数列问题。

斐波那契数列问题源于一个古典的有关兔子繁殖的问题：假设在第 1 个月时有一对小兔子，第 2 个月时成为大兔子，第 3 个月时成为老兔子，并生出一对小兔子(一对老，一对小)。

第 4 个月时老兔子又生出一对小兔子，上个月的小兔子变成大兔子（一对老，一对大，一对小）。第 5 个月时上个月的大兔子变成老兔子，上个月的小兔子变成大兔子，两对老兔子生出两对小兔子（两对老，一对中，两对小）……这样，各个月的兔子对数为：1，1，2，3，5，8，…

这就是斐波那契数列。其中第 n 项的计算公式为：

```
Fib(n)=fib(n-1)+fib(n-2)
```

设计程序，计算出第 20 个月的兔子对数。

```
Private Sub Command1_Click()
    Dim fib(20) As Integer, i As Integer
    fib(1) = 1: fib(2) = 1
    For i = 3 To 20
        fib(i) = fib(i -1) + fib(i -2)
    Next i
    For i = 1 To 20
        Print fib(i),
        If i Mod 5 = 0 Then Print
    Next i
End Sub
```

输出结果如图 6-4 所示。

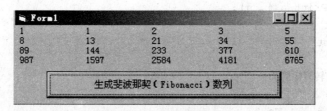

图 6-4 斐波那契数列

2. 二维数组的使用

【例 6-12】 用二维数组输出如图 6-5 所示的数字方阵。

```
Option Base 1
Private Sub Form_Click()
    Cls
    Dim a(4, 4) As Integer
    For i = 1 To 4
        For j = 1 To 4
            If i = j Then
                a(i, j) = 1
            Else
                a(i, j) = 2
            End If
        Next j
    Next i
    For i = 1 To 4
        For j = 1 To 4
            Print a(i, j);
```

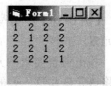

图 6-5 运行结果

```
        Next j
        Print
    Next i
End Sub
```

【例 6-13】 编写 2×3 的矩阵转置程序。程序运行结果如图 6-6 所示。

分析：矩阵 a 的转置就是将其元素 a(i,j) 和 a(j,i) 交换。数学中的矩阵可以存储在一个二维数组中。程序如下：

```
Option Base 1
Private Sub Form_Click()
    Dim a(2, 3) As Integer, b(3, 2) As Integer
    For i = 1 To 2
        For j = 1 To 3
            a(i, j) = InputBox("请输入数")
            b(j, i) = a(i, j)
        Next j
    Next i
    Print "源矩阵为"
    For i = 1 To 2
        For j = 1 To 3
            Print a(i, j);
        Next j
        Print
    Next i
    Print "转置矩阵为"
    For i = 1 To 3
        For j = 1 To 2
            Print b(i, j);
        Next j
        Print
    Next i
End Sub
```

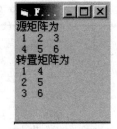

图 6-6 矩阵的转置

【例 6-14】 编写程序，要求输入一个 5 行 6 列的矩阵，找出在行上最大而在列上最小的元素。

找出符合要求的元素，可以先在第一行中找出最大元素，并保存该元素所在的列号；然后将该元素与这一列的其他元素比较（是否为最小元素），若是最小元素，则输出。其余各行，重复上述操作。

说明：在程序中，变量 r 表示矩阵的行，变量 c 表示矩阵的列，变量 found 为 True 时，表示找到符合要求的数；外层 While 循环用于控制行数的变化；For 循环用于在第 i 行上找出最大的元素；内层的 While 循环用来判别在行上最大的元素是否在列上最小，变量 found 为 False 时表示该元素不符合要求。程序代码如下：

```
Private Sub Form_Click()
    Const r = 5, c = 6
    Dim found As Boolean, rmax As Integer, cnum As Integer
    Dim i As Integer, j As Integer, k As Integer, title As String
```

```
        Dim a(1 To r, 1 To c) As Integer
        For i = 1 To r
            For j = 1 To c
                title = "的请输入a数值第" & i & "行第" & j & "列的元素"
                a(i, j) = InputBox(title)
            Next j
        Next i
        found = False
        i = 1
        Do While (i <= r) And (Not found)
            j = 1
            rmax = a(i, j)
            cnum = 1
            For j = 2 To c
                If rmax < a(i, j) Then
                    rmax = a(i, j): cnum = j
                End If
            Next j
            found = True
            k = 1
            Do While (k <= r) And found
                If k <> i Then
                    If a(k, cnum) <= rmax Then
                        found = False
                    End If
                End If
                k = k + 1
            Loop
            If found Then
                Print "a("; i; ","; cnum; ")="; a(i, cnum)
            End If
            i = i + 1
        Loop
        If Not found Then Print "找不到！"
End Sub
```

6.4 动 态 数 组

  动态数组是指在程序执行过程中数组元素的个数可以改变的数组。动态数组也称可变大小的数组。在解决实际问题时，所需要的数组到底应该多大才合适，有时候可能不得而知，所以希望能够在运行时改变数组的大小，并且可以在不需要时清除动态数组所占的存储空间。因此，使用动态数组更加灵活、方便，并有助于高效管理内容。

6.4.1 动态数组的建立

  动态数组的建立需要分两个步骤进行。
  步骤1：在模块级或过程级定义一个没有下标的数组。

```
Public | Private | Dim    数组名()     [As <类型>],…
```
步骤2：在过程级使用 Redim 语句定义数组的实际大小。
```
Redim [Preserve] 数组名( 维数定义 )    [As <类型>],…
```
例如，第一次声明在模块级建立动态数组 m：
```
Dim m() As Integer
```
然后，在过程中给数组分配空间：
```
Private Sub Form_Load()
    ⋮
    ReDim m(7, 8)
End Sub
```
这里的 ReDim 语句给 m 分配一个 7×8 的整数矩阵。

说明：

(1) ReDim 语句只能出现在过程中。与 Dim 语句、Static 语句不同，ReDim 语句是一个可执行语句，由于这一条语句，应用程序在运行时执行一个操作。

(2) "维数定义"通常包含变量或表达式，但其中的变量或表达式应有明确的值。

```
Dim s() As Integer
    Private Sub Form_Load()
        n = Val(InputBox("请输入学生的总人数："))
        ReDim s(n)
        ⋮
End Sub
```

(3) 可以用 ReDim 语句多次改变数组的数目及维数的数目。
(4) 在动态数组的两个步骤中，如果步骤1定义了数组的类型，则不允许步骤2改变类型。

【例6-15】 编写程序，输出杨辉三角，如图6-7所示。

分析：杨辉三角的各行是二项式(a+b)n展开式中各项的系数。由排列格式可以看出，杨辉三角每行的第一列和斜边线上的元素为1，其余各项的值都是上一行中前一列的元素与上一行同一列的元素之和。上一行中前一列没有元素时则认为是0，由此可得到的算法如下：

```
A(i,j)=A(i-1,j-1)+A(i-1,j)
```

设计步骤如下：
(1) 建立应用程序用户界面与设置对象属性。
(2) 编写代码。

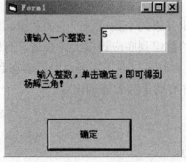

图6-7 杨辉三角

在模块的通用段声明一个动态数组：

```
Dim a()
```

命名按钮事件的代码：

```
Private Sub Command1_Click()
    Dim n As Integer
    n = Val(Text1.Text)
    If n > 8 Then
        MsgBox "请不要超出 8！"
        Exit Sub
    End If
    ReDim a(n, n)
    For i = 1 To n
        a(i, 1) = 1: a(i, i) = 1
    Next
    p = Format(1, "!@@@@") & Format(1, "!@@@@") & Chr(13)
    For i = 3 To n
        p = p & Format(a(i, 1), "!@@@@")
        For j = 2 To i -1
            a(i, j) = a(i -1, j -1) + a(i -1, j)
            p = p & Format(a(i, j), "!@@@@")
        Next
        p = p & Format(a(i, j), "!@@@@") & Chr(13)
    Next
    MsgBox p, 0, "杨辉三角"
End Sub
```

6.4.2 保留动态数组的内容

每次执行 ReDim 语句时，当前存储在数组中的值将全部丢失。Visual Basic 重新将数组元素的值置为 0（对 Numeric 数组），置为 0 长度字符串（对 String 数组），Empty（对 Variant 数组）或者置为 Nothing（对于对象的数组）。

有时希望改变数组的大小而又不丢失数组中的数据，使用具有 Preserve 关键字的 Redim 语句可以做到这点。

【例 6-16】 使用 Preserve 关键字保留动态数组的内容。

```
Private Sub Command1_Click()
    n = 4
    ReDim a(n)
    For i = 1 To n
        a(i) = 2                '通过循环给数组所以元素赋值为 2
    Next i
    Print "第一次定义的数组内容："
    For i = 1 To n
        Next i
    n = 8
    ReDim Preserve a(n)         '第 2 次定义数组有 8 个元素，并保留数组中原有的值
    Print
```

```
        Print "重新定义使用preserve关键字的数组内容："
            For i = 1 To n
                Print a(i);
            Next i
    End Sub
```

运行结果如图 6-8 所示。

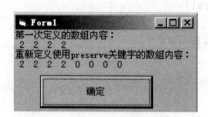

图 6-8 保留动态数组内容

6.5 控件数组

在实际应用中，有时会用到一些类型相同而且功能类似的控件。如果对每一个控件都单独处理，就会多做一些烦琐而重复的工作。这时，可以用控件数组来简化程序。

6.5.1 控件数组的概念

控件数组由具有相同名字、类型和事件过程的一组控件组成。如果说"数组"是存储、处理同类型群体性数据的一种高效的数据结构，那么"控件数组"则是专门用于存储与处理多个同类型控件对象的一种数组。

控件数组的使用类似数组变量的使用，同样具有如下特点：

（1）具有相同的控件名（即控件数组名 Name），并以下标索引号（Index）来识别各个控件。每一个控件称为该控件数组的一个元素，表示为：

　　　　控件数组名（索引号）

控件数组至少应有一个元素，最多可达到 32767 个元素。第一个控件的索引号默认为 0，也可以是一个非 0 的整数。Visual Basic 允许控件数组中的控件的索引号不连续。

例如，Command1(0)，Command1(1)，Command1(2)，…就是一个命令按钮控件数组。但要注意，Command1，Command2，Command3，…不是控件数组。

（2）控件数组中的控件具有相同的一般属性，不同控件可以有自己的属性设置值。

（3）所有控件共享相同的事件过程。控件数组的事件过程会返回一个索引号（Index），以确定当前发生该事件的是哪个控件。

例如，在窗体上建立一个命令按钮组 Command1，运行时不论单击哪一个按钮，都会调用以下事件过程：

```
    Private Sub Command1_Click(Index As Integer)
        '在此过程中，可以根据 Index 的值来确定当前按下的是哪个按钮，并作出相应处理
        ⋮
    End Sub
```

在设计时，使用控件数组添加控件所消耗的资源比直接向窗体添加多个相同类型的控件消耗的资源要少。

6.5.2 控件数组的建立

用户可以在设计阶段创建控件数组,也可以在运行阶段创建控件数组。

1. 在设计阶段创建控件数组

设计时可以用下列 3 种方法创建控件数组。

1) 通过改变控件名称添加控件数组元素

通过改变已有控件的名称,可以将一组控件组成控件数组,具体步骤如下:

(1) 画出控件数组中要添加的控件(必须为同一类型的控件),并且决定哪一个控件作为数组中的第一个元素。

(2) 选定控件并将其 Name 属性设置成数组名称。

(3) 在为数组中的其他控件输入相同名称时,将显示一个对话框(图 6-9),要求确定是否要创建控件数组。

图 6-9 确认创建控件数组

用这种方法添加的控件仅仅共享 Name 属性和控件类型,其他属性与最初画出控件的值相同。

2) 通过复制现存控件添加控件数组元素

利用复制、粘贴的功能建立控件数组,如同文本编辑一样方便。具体步骤如下:

(1) 画出控件数组中的第一个控件。

(2) 当控件获得焦点时,选择"编辑 | 复制"命令,或按 Ctrl+C 组合键。

(3) 选择"编辑 | 粘贴"命令,或按 Ctrl+V 组合键,将显示对话框询问是否创建控件数组,如图 6-9 所示。单击"是"按钮,确认操作,将得到控件数组中的第二个控件。继续使用该方法,创建控件数组中的其他控件。

每个新数组元素的索引值与其添加到控件数组中的次序相同。并且添加控件时,大多数可视属性,如高度、宽度和颜色,将从数组中的第一个控件复制到新控件中。

3) 通过指定控件数组的索引值创建控件数组

直接指定控件数组中第一个控件的索引值为 0 ,然后利用前两种方法中的任何一种添加控件数组的成员,将不会出现对话框询问是否创建控件数组。具体步骤如下:

(1) 绘制控件数组中的第一个控件。

(2) 将其索引值改为 0。

(3) 复制控件数组中的其他控件,将不会出现对话框询问是否创建控件数组。

2. 在运行阶段创建控件数组

在运行时,可以使用 Load 语句向现有控件数组添加控件。具体步骤如下:

(1) 创建一个 Index 属性为 0 的控件。

(2) 运行时使用 Load 语句添加控件，Load 语句的格式为：

Load 控件数组名(索引)

例如，创建一个控 Text(0)，在运行时可以用以下语句加载该数组的一个新控件：

```
Load Text(1)
```

使用 Load 语句加载新的控件数组元素时，大多数属性值将由数组中具有最小下标的现有元素复制，但新添加的控件是不可见的，必须编写代码将其 Visible 属性设置为 True，通常还要调整其位置，才可以显示出来。

例如，对于以上用 Load 语句加载的 Text(1)，使用以下语句使其在窗体上显示出来：

```
Text(1).Visible=True
Text(1).Left=2000        '位置视具体情况而定
```

要删除运行期间创建的控件数组元素，可以使用 Unload 语句，Unload 语句格式为：

Unload 控件数组名(索引)

例如，要删除上门创建的 Text(1)控件，可以使用语句：

```
Unload Text(1)
```

注意：可以使用 Unload 语句删除所有的由 Load 语句创建的控件，但 Unload 语句无法删除设计时创建的控件，无论它们是否是控件数组的一部分。

6.5.3 控件数组的应用

【例 6-17】 按图 6-10 设计窗体，其中一组单选按钮构成控件数组，要求单击某个单选按钮时，能够改变文本框中文字的大小。

设计步骤如下：

(1) 设计控件数组 Option1，其中包含 3 个单选按钮对象。其 Index 属性值从上而下为 0、1 和 2。

(2) 设置控件数组各元素(从上而下)的 Caption 属性分别为 12、20 和 28。

(3) 建立一个文本框 Text1，其 Text 属性值设置为"控件数组的使用"，再建立一个标签，其 Caption 属性为"字号控制"。

(4) 设计程序代码。

窗体的 Load 事件代码：

```
Private Sub Form_Load()
    Option1(0).Value = True
    Text1.FontSize = 12
End Sub
```

单选按钮组的 Click 代码：

```
Private Sub Option1_Click(Index As Integer)
    Select Case Index
        Case 0
            Text1.FontSize = 12
        Case 1
            Text1.FontSize = 20
```

图 6-10　界面设计

```
        Case 2
            Text1.FontSize = 28
        End Select
    End Sub
```

【例 6-18】 按图 6-11 设计窗体，其中一组单选按钮构成控件数组，要求通过对二个命令按钮操作增加或减少窗体上的单选按钮的数量。

设计步骤如下：

(1) 在窗体上设置控件对象，如图 6-11 所示。

(2) 将单选按钮 Optionl 和 Option2 的对象名(Name)均设置为 0ptB，并是 Index 属性分别为 0 和 1。这样，两个单选按钮就组成一个控件数组。

(3) 编写程序代码。

声明窗体级变量 n：

```
Dim n As Integer
```

Command1 的 Click 事件代码：

```
Private Sub Command1_Click()
    If n = 0 Then n = 1
    If n = 4 Then Exit Sub
    n = n + 1
    Load Optb(n)
    Optb(n).Caption = "选项" + Trim(Str(n + 1))
    Optb(n).Visible = True
    Optb(n).Top = Optb(n -1).Top + 350
    Optb(0).SetFocus
End Sub
```

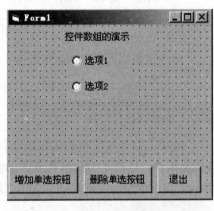

图 6-11　在窗体上设置控件对象

Command2 的 Click 事件代码：

```
Private Sub Command2_Click()
    If n <= 1 Then Exit Sub
    Unload Optb(n)
    n = n -1
    Optb(0).SetFocus
End Sub
```

Command3 的 Click 事件代码：

```
Private Sub Command3_Click()
    End
End Sub
```

【例 6-19】 按图 6-12 设计窗体，其中一组命令按钮构成控件数组，要求单击某一命令按钮时，为图形设置相应的形状。运行界面如图 6-13 所示。

设计步骤如下：

(1) 使用工具箱的 PictureBox 控件在窗体上画一个图片框控件 Picture1，使用工具箱的 Shape 控件在图片框中画一个图形控件 Shape1。

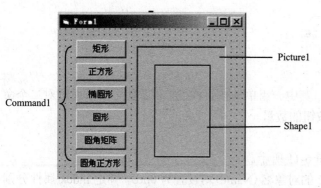
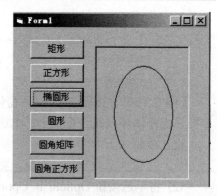

图 6-12　在窗体上设置控件对象　　　　　　图 6-13　运行界面

(2) 执行"复制｜粘贴"命令，创建命令按钮组 Command1(0)～Command1(5)，按照图设置好命令按钮的 Caption 属性。

(3) 设计代码。

命令按钮组的 Click 事件过程：

```
Private Sub Command1_Click(Index As Integer)
    Shape1.Shape = Index
End Sub
```

说明：命令按钮组的 Click 事件过程中，可以根据 Index 参数判断在哪一个按钮上发生 Click 事件，以决定为图形相应的形状。图形的形状可以通过设置 Shape1 的 Shape 属性实现。Shape 属性取值对应的形状如表 6-3 所示。

表 6-3　Shape 控件的 Shape 属性值

设置值	形状	设置值	形状
0	矩形	3	圆形
1	正方形	4	圆角矩阵
2	椭圆形	5	圆角正方形

习　题　6

一、判断题（正确填写 A，错误填写 B）

1. 数组名的命名规则与简单变量的命名规则相同，可以是任何合法的 Visual Basic 变量名。（　　）
2. 一般情况下，数组下标默认的下界是从 1 开始的。（　　）
3. 在定义数组时，每一维的元素必须是常数，不能是变量或表达式。（　　）
4. 定义数组时，其下标只能是 0 或 1。（　　）
5. 按照数组占用存储空间的方式不同，Visual Basic 分为静态数组和动态数组。（　　）
6. 在同一程序中，可以多次用 ReDim 语句定义同一数组，但不能改变数组的维数和类型。（　　）
7. Erase 语句可以删除整个数组结构并释放该数组所占用的内存空间。（　　）
8. 利用 Array 函数可以对所有的数组初始化。（　　）
9. 控件数组的名字由 Caption 属性指定，而数组中的每一个元素则由 Index 属性指定。（　　）
10. 在控件数组中，这些控件共用一个相同的控件名字，具有同样的属性设置。（　　）

二、选择题

1. 设有数组声明语句：Dim a(3,5)，则下列变量中不允许使用的是(　　)。
   A. a(1,1)　　　　B. a(2-1,2*2)　　　　C. a(3,1.4)　　　　D. a(-1,3)

2. 下列语句所定义的数组个数为(　　)。
   Dim a(3 To 6, -2 To 2)
   A. 20　　　　　　B. 16　　　　　　　　C. 24　　　　　　　D. 25

3. 阅读下列程序代码，按要求选答案。
   ```
   Dim a(0 To 2) As Integer
      For k = 0 To 2
         a(k) = k
         If k < 2 Then a(k) = a(k) + 3
         Print a(k);
      Next k
   ```
   则该程序运行后，输出的结果是(　　)。
   A. 4 5 6　　　　　B. 3 4 2　　　　　C. 3 2 1　　　　　D. 3 4 5

4. 下列程序运行的结果是(　　)。
   ```
   Option Base 1
   Private Sub Command1_Click()
      Dim d
      d = Array(1, 2, 3, 4, 5)
      n = 1
      For k = 5 To 3 Step -1
         s = s + d(k) * n
         n = n * 10
      Next k
      Print s
   End Sub
   ```
   A. 123　　　　　　B. 234　　　　　　C. 345　　　　　　D. 112

5. 下列程序运行的结果是(　　)。
   ```
   Dim a(3, 3) As Integer
      For i = 1 To 3
         For j = 1 To 3
            If i = j Then a(i, j) = 1 Else a(i, j) = 0
            Print a(i, j);
         Next j
         Print
      Next i
   ```
   A. 1 1 1　　　　　B. 0 0 0　　　　　C. 1 0 0　　　　　D. 1 0 1
   　　1 0 1　　　　　　0 1 0　　　　　　0 1 0　　　　　　0 1 0
   　　1 1 1　　　　　　0 0 0　　　　　　0 0 1　　　　　　1 0 1

6. 设有数组定义语句：Dim a(5) As Integer,List1 为列表框控件。下列给数组元素赋值的语句错误的是(　　)。
   A. a(3) =3　　　　　　　　　　　　　B. a(3) =inputbox(?input data?)

C. a(3) =List1.ListIndex D. a =Array(1,2,3,4,5,6)

7. 假定建立了一个名为 Command1 的命令按钮组，则以下说法中错误的是：
   A. 数组中每个命令按钮的名称(Name 属性)均为 Command1
   B. 数组中每个命令按钮的标题(Caption 属性)都一样
   C. 数组中所有命令按钮可以使用同一事件过程
   D. 用名称 Command1(下标)可以访问数组中的每个命令按钮

8. 在窗体(Form1)上建立一个命令按钮数组，数组名为 Command1。在下面空白处填写适当的内容，当单击任一个命令按钮时，将该按钮的标题作为窗体标题。

```
Private Sub Command1_Click(Index As Integer)
    Form1.Caption =_____
End Sub
```

   A. Command1(Index).Caption B. Command1.Caption(Index)
   C. Command1.Caption   D. Command1(Index+1).Caption

9. 一个二维数组可以存放一个矩阵，在程序开始有 Option Base 0 语句。则下面定义的数组中正好可以存放一个 4×3 的矩阵(即只有 12 个元素)的是(　　)。
   A. Dim a(-2 To 0, 2) As Integer   B. Dim a(3, 2) As Integer
   C. Dim a(4, 3) As Integer   D. Dim a(-1 To -4,-1 To -3) As Integer

10. 在窗体上画出 1 个名称为 Command1 的命令按钮，然后编写如下事件：

```
Option Base 1
Private Sub Command1_Click()
    Dim a(5, 5) As Integer
    For i = 1 To 5
        For j = 1 To 5
            a(i, j) = (i + j) * 5 \ 10
        Next j
    Next i
    s = 0
    For i = 1 To 5
        s = s + a(i, i)
    Next i
    Print s
End Sub
```

   A. 15   B. 13   C. 11   D. 9

三、填空题

1. 控件数组的名字由_____属性指定，而数组中的每个元素由_____属性指定。
2. 由 Array()函数建立的数组的名字必须是_____类型。
3. 在窗体上画一个命令按钮 Command1，然后编写如下代码：

```
Private Sub Command1_Click()
    Dim a1(10) As Integer, a2(10) As Integer
    n = 3
    For i = 1 To 5
        a1(i) = i
```

```
        a2(n) = 2 * n + i
     Next i
     Form1.Print a2(n); a1(n)
End Sub
```

程序运行后，单击命令按钮，输出结果是_____。

4. 在窗体上画一个标签和一个命令按钮，其名称分别为 Label1 和 Command1，然后编写如下事件过程：

```
Private Sub Command1_Click()
    Dim a(10) As Integer
    For i = 1 To 5
        a(i) = i * i
        num = a(i)
    Next i
    Label1.Caption = num
End Sub
```

程序运行后，单击命令按钮，在标签上显示的结果是_____。

5. 窗体有 Command1 和 Command2 两个命令按钮。编写以下程序：

```
Option Base 0
Dim a() As Integer, m As Integer
Private Sub Command1_Click()
    m = InputBox("请输入一个正整数")
    ReDim a(m)
End Sub
Private Sub Command2_Click()
    m = InputBox("请输入一个正整数")
    ReDim a(m)
End Sub
```

运行该程序时，单击 Command1 后输入整数 8，再单击 Command2 后输入整数 5，则数组 A 中的元素个数为_____。

6. 有以下程序：

```
Option Base 1
Private Sub Form_Click()
    Dim i As Integer, j As Integer
    ReDim a(3, 2)
    For i = 1 To 3
        For j = 1 To 2
            a(i, j) = i * 2 + j
        Next j
    Next i
    ReDim Preserve a(3, 4)
    For j = 3 To 4
        a(3, j) = j + 9
    Next j
    Print a(3, 2); a(3, 4)
End Sub
```

程序运行后，单击窗体，在标签上显示的结果是_____。

7. 窗体有命令按钮 Command1，然后编写如下事件过程代码：

```
Private Sub Command1_Click()
    Dim a(1 To 100) As Integer
    For i = 1 To 100
        a(i) = Int(Rnd * 1000)
    Next i
    max = a(1)
    min = a(1)
    For i = 1 To 100
        If _____ Then
            max = a(i)
        End If
        If _____ Then
            min = a(i)
        End If
    Next i
    Print "max="; max, "min="; min
End Sub
```

程序运行后，单击命令按钮，将产生 100 个 1000 以内的随机整数放入数组 A 中，然后查找并输出这 100 个数中的最大值 max 和最小值 min，请填空。

8. 在窗体上创建 4 个文本框组成的控件数组 Text1（下标从 0 开始，从左到右顺序增大），如图 6-14 所示，然后编写如下事件过程：

```
Private Sub Command1_Click()
    For Each TextBox In Text1
        Text1(i) = Text1(i).Index
        i = i + 1
    Next
End Sub
```

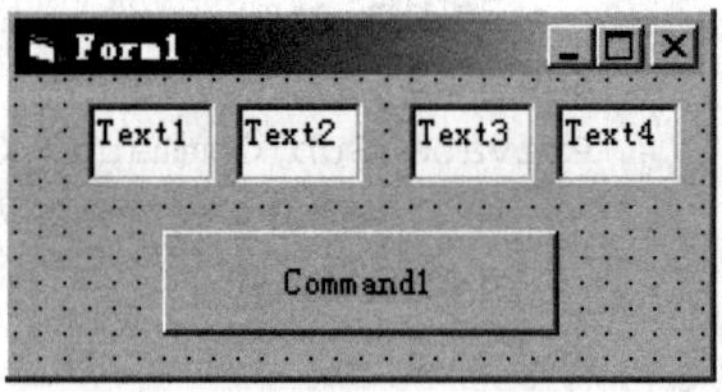

图 6-14

程序运行后，单击命令按钮，4 个文本框中显示的内容为_____。

9. 窗体有命令按钮 Command1，然后编写如下事件过程代码：

```
Option Base 0
Private Sub Command1_Click()
    Dim a(4) As Integer, b(4) As Integer
    For k = 0 To 2
        a(k + 1) = InputBox("请输入一个整数")
        b(3 - k) = a(k + 1)
    Next k
    Print b(k)
End Sub
```

程序运行后，单击命令按钮，在输入对话框中分别输入 2, 4, 6，输出结果为_____。

10. 窗体有 Command1 和 Command2 两个命令按钮，标题分别为"初始化"和"求和"。程序运行以后，单击"初始化"按钮，则对数组 a 的各元素赋值；如果单击"求和"按钮，则求出数组 a 的各元素之和，并在文本框中显示出来，如图 6-15 所示。请填空。

```
Dim a(3, 2) As Integer
Private Sub Command1_Click()
    For i = 1 To 3
        For j = 1 To 2
            _____ = i + j
        Next j
    Next i
End Sub
Private Sub Command2_Click()
    For j = 1 To 3
        For i = 1 To 2
            s = s + _____
        Next i
    Next j
    Text1.Text =_____
End Sub
```

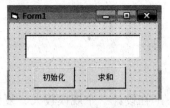

图 6-15

第 7 章 过 程

在设计一个规模较大、复杂程度较高的程序时,有些数据处理的功能是相同的,或者许多地方都要进行同类的操作,可将这类操作编写成独立的程序段。这种公用、复用的,可以供其他的程序调用的独立的程序段称为子程序。

子程序也叫过程,一个过程是一个独立的程序单元,完成某种特定的功能。Visual Basic 中的过程具有各个模块相对独立、功能单一、结构清晰、接口简单的特点。在程序设计中使用过程能有效控制程序设计的复杂性、避免重复劳动、易于维护和功能扩充。

过程的结构、编写方法和通常的程序设计方法一样,区别是过程的第一条语句和最后一条语句是特定的语句。

Visual Basic 中有 3 种过程:Sub 过程、Function 过程和 Property 过程。Property 过程主要用来获得或改变对象的属性,比较复杂。本章主要介绍 Sub 过程和 Function 过程。

7.1 Sub 过 程

Sub 过程分为两类:事件过程和通用过程。前面章节中使用的都是事件过程。

7.1.1 事件过程

Visual Basic 程序是由事件驱动的。所谓事件,是指能被对象(窗体和控件)识别的动作。事件可以由用户产生(如鼠标事件和键盘事件),也可以由系统产生(如时钟事件)。

事件过程是响应事件时执行的代码块,通常总是处于空闲状态,直到程序响应用户引发的事件或系统引发的事件才调用相应的事件过程。事件过程分为窗体事件过程和控件事件过程。

1. 窗体事件过程

窗体事件过程的定义格式为:

  Private Sub Form_事件名([参数列表])
    语句
  End Sub

说明:

(1) 窗体的事件过程由 Form、下划线和事件名组成。尽管窗体都有各自的名称,但是在窗体事件中只能使用 Form(或者 MidForm,多文档界面窗体),不能使用窗体自己的名称。

(2) Private 表示该事件过程是局部的,只能在本窗体中有效。

(3) 事件名由 Visual Basic 系统提供。注意,部分窗体事件的发生顺序:Initialize、Load、Activate、GotFocus 事件的发生顺序是依次的。

(4) 窗体过程有无参数,由 Visual Basic 提供的具体事件所决定,用户不可以随意修改、添加或者删除。

2. 控件事件过程

控件事件过程的定义格式为：

Private Sub 控件名_事件名([参数列表])

　　语句

End Sub

说明：

（1）控件的事件过程由控件名、下划线和事件名组成。控件名必须与窗体中某个控件相匹配，否则系统认为它是一个通用过程。

（2）Private 表示该事件过程是局部的，只在本窗体中有效。

（3）控件过程有无参数，由 Visual Basic 提供的具体事件所决定，用户不可以随意修改、添加或者删除。

3. 创建事件过程

创建事件过程的步骤：

（1）打开代码编辑器窗口；

（2）找到某一对象的相关事件，显示相应事件过程模版；

（3）在 Private Sub 与 End Sub 之间写入代码；

（4）保存窗体文件及工程文件。

【例 7-1】　窗体过程应用示例：创建窗体的 Initialize、Load、Activate、GotFocus 事件过程，分别在立即窗口打印相应的信息，观察各个窗体过程执行的顺序。

程序代码如下：

```
Private Sub Form_Activate()
    Debug.Print "触发了Activate事件"
End Sub
Private Sub Form_GotFocus()
    Debug.Print "触发了GotFocus事件"
End Sub
Private Sub Form_Initialize()
    Debug.Print "触发了Initialize事件"
End Sub
Private Sub Form_Load()
    Debug.Print "触发了Load事件"
End Sub
```

程序执行结果如图 7-1 所示。

【例 7-2】　控件过程应用示例：在运行程序时，触发文本框的 Keypress 事件过程，在标签中显示用户敲击的键名。

程序代码如下：

```
Private Sub Text1_KeyPress(KeyAscii As Integer)
    Text1.Text = ""
    Label1.Caption = "你敲击了" & Chr(KeyAscii) & "键！"
End Sub
```

程序执行结果如图 7-2 所示。

图 7-1　程序执行结果

图 7-2　程序执行结果

7.1.2　通用过程

将多次被重复使用的程序代码设计成一个具有一定功能的独立程序段，即为通用过程。与事件过程不同的是：通用过程由用户创建，并由其他事件过程或者通用过程显式调用(不能由事件或者系统触发)。通用过程可以在窗体模块、标准模块或类模块中创建。

1. 定义通用 Sub 过程

Sub 过程的定义格式为：

[Private | Public] [Static] Sub 过程名([形参列表])
　　　[语句序列]
　　　[Exit Sub]
End Sub

说明：

(1) 在省略可选项的情况下，通用 Sub 过程以 Sub 语句开始，End Sub 语句结束，两者之间的部分称为子程序体或者过程体。

(2) Private：以 Private 开头的 Sub 过程是模块级(私有)过程，只能在本模块中被调用。

(3) Public：以 Public 开头或省略 Public 与 Private 关键字的 Sub 过程是全局过程，可以被该应用程序的所有模块调用。

(4) Static：使用该选项，表示过程内部定义的所有局部变量为静态变量，即调用该过程后将保留过程中的局部变量的值，下次再调用该过程时，局部变量保持上次调用后的值。省略该选项，每次调用过程时，局部变量都被初始化。

(5) 过程名：过程名的命名规则与变量的命名规则一致。Sub 过程名不具有值的意义，不能用来返回值，因此在 Sub 过程中不能给"过程名"定义类型，也不能给"过程名"赋值，这一点要和 7.2 节的函数过程区分开来。

(6) 形参列表：Sub 过程可以没有参数，但是一对圆括号不可以省略，不含参数的过程称为无参过程。如果有多个参数，参数之间用逗号隔开。

形式参数的格式：

　　　[ByVal | ByRef] 变量名 [( )] [As 数据类型]

① ByVal：表示形参是按值传递参数，即参数传递是单向的；如果省略 ByVal 或者用 ByRef 则表示参数是按地址传递的，即参数传递是双向的。

② 变量名 [()]：为合法的 Visual Basic 变量名或者数组名，无括号表示变量，有括号表示数组。

③ [As 数据类型]：表示形参的类型，可以是简单的变量类型、数组、记录类型。省略时变量为可变类型。

(7) 在过程体内不能再定义过程，即过程定义不能嵌套。但是，过程体内可以调用其他的 Sub 过程或者函数过程。

(8) End Sub：标志过程的结束。当程序执行到 End Sub 时，将退出该过程，并立即返回到调用程序的调用语句处，接着执行调用程语句的下一条语句。此外，在过程体中可以用一个或者多个 Exit Sub 提前退出过程。

2. 调用通用 Sub 过程

事件过程是通过事件驱动或者系统自动调用的，Sub 过程必须通过调用语句执行调用。在主程序中，程序执行到调用子程序的语句时，系统会将控制转移到被调用的子过程，在被调用的子过程中，从第一条 Sub 语句开始，依次执行其中的所有语句，当执行到 End Sub 语句后返回到主程序调用语句的下一条语句继续执行。图 7-3 为过程调用的示意图。

调用 Sub 过程有两种格式。
格式 1：Call　过程名 [(实参列表)]
格式 2：过程名 [实参列表]
说明：

(1) 过程名：必须是已经定义的 Sub 过程的名称，否则会报错"子程序或函数未定义"。

(2) 实参列表：指要传递给 Sub 过程的常量、变量、表达式，各个参数之间用逗号分隔。如果是数组，则在数组名之后跟一对空的圆括号。实参的个数和类型要与形参一致。

(3) 如果是无参的 Sub 过程，格式 1 中可以省略实参列表和圆括号，变为 Call 过程名。

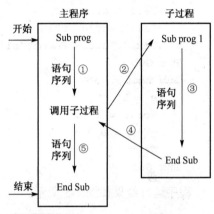

图 7-3　过程调用的示意图

(4) 格式 2 中，"过程名"和"实参列表"之间要有空格，且"实参列表"两边不能带圆括号。

3. 创建通用 Sub 过程

创建通用过程通常用两种方法。

1) 直接在代码窗口创建

在代码编辑窗口选择对象列表框为"通用"，过程列表框自动变为"声明"。当输入 Sub 和过程名并按 Enter 键后，系统会自动在过程名后加入一对圆括号并将 End Sub 写入下一行，且过程列表框显示当前刚输入的过程名。用户可以在括号中加入形参，在 Sub 和 End Sub 之间输入本过程要执行的命令序列。

2) 使用"添加过程"对话框创建

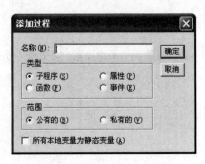

图 7-4　"添加过程"对话框

(1) 选择"工程 | 添加模块"命令，打开"添加模块"对话框，然后选择"新建"选项卡，再双击"模块"图标，打开代码编辑窗口。

(2) 选择"工具 | 添加过程"命令，打开如图 7-4 所示的"添加过程"对话框。

(3) 在对话框中输入过程名，选择过程的类型和范围，单击"确定"按钮，返回代码编辑窗口，即可在括号中加入形参，在 Sub 和 End Sub 之间输入本过程要执行的命令序列。

【例 7-3】 输入自然数 a,b,c，计算 p=a!+b!+c!。要求：编写一个过程，计算阶乘。在"计算"按钮的 Click 事件中调用该过程，计算 p 并在文本框中显示计算结果。

程序代码如下：

```
Option Explicit
Dim a%, b%, c%, s1#, s2#, s3#, s#, i%
Private Sub Command1_Click()
    a = Val(Text1.Text)
    b = Val(Text2.Text)
    c = Val(Text3.Text)
    Call fact(a, s1)        '调用过程
    Call fact(b, s2)        '调用过程
    Call fact(c, s3)        '调用过程
    Text4.Text = Format(s1 + s2 + s3, "0.000")
End Sub
Sub fact(n, s)              '求阶乘的过程
    s = 1
    For i = 1 To n
        s = s * i
    Next
End Sub
```

程序运行结果如图 7-5 所示。

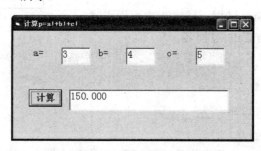

图 7-5　程序运行结果

【例 7-4】 求一维数组中的最小值和最大值。要求：利用随机数函数生成一个有 10 个元素的数组，编写过程找出最大值和最小值。

程序代码如下：

```
Option Explicit
Dim a(1 To 10)
Dim i%, ma%, mi%
Sub bijiao(a(), ma, mi)  '求最大和最小值的过程,引入数组参数a,a后面要跟一对空圆括号
    ma = a(1)
    mi = a(1)
    For i = 2 To UBound(a)
        If a(i) > ma Then ma = a(i)
        If a(i) < mi Then mi = a(i)
    Next
End Sub
Private Sub Form_Click()
```

```
        Call bijiao(a(), ma, mi)      '调用过程，实参 a 为数组后面要跟一对空圆括号
        Text2.Text = Str(ma)          '显示结果
        Text3.Text = Str(mi)
    End Sub
    Private Sub Form_Load()           '给数组赋值
        For i = 1 To 10
            Randomize
            a(i) = Int(Rnd * 100)
            Text1.Text = Text1.Text & Str(a(i))
        Next
    End Sub
```

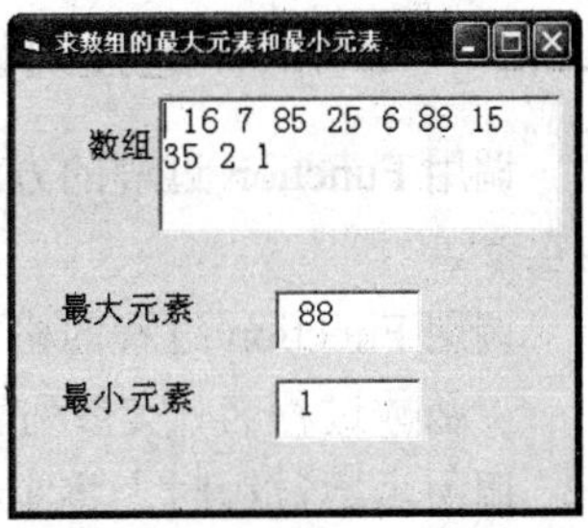

程序运行结果如图 7-6 所示。

图 7-6 程序运行结果

7.2 Function 过程

Visual Basic 提供了丰富的内部函数，使用这些函数时，只需要写出函数的名称，并指定相应的参数就能得到函数值。但是内部函数并不是包罗万象，有一些计算或者数据处理所用到的函数关系，内部函数并没有提供，这就需要用户自定义，以便在程序中调用。

函数是过程的另外一种形式，当需要从子程序返回函数值时，应该把子程序定义为函数过程(Function 过程)。

7.2.1 Function 过程的定义

Function 过程定义的一般格式为：

[Private | Public] [Static] Function 函数名([形参列表]) [As 类型]
　　[语句序列]
　　　　函数名=表达式
　　[Exit Function]
End Function

说明：

(1) 在省略可选项的情况下，Function 过程以 Function 语句开始，End Function 语句结束，两者之间的部分称为过程体或者函数体。形参列表和一些关键字的含义与 Sub 过程语句中相同。

(2) 函数名：函数名的命名规则与变量的命名规则相同，但是不能与系统内部函数或者其他通用子过程同名，也不能与已经定义的全局变量或者本模块中的模块级变量同名。

(3) As 类型：指定了函数返回值的类型。如果没有 As 子句，默认的函数返回值类型是 Variant。

(4) 函数名=表达式：在函数体中，函数名可以当变量使用，函数的返回值就是通过给函数名赋值实现的。在函数体中至少要对函数名赋值一次，即函数体中至少有一个"函数名=表达式"语句。若缺少该语句，系统自动返回默认值：数值型函数返回 0 值，字符串函数返回空串，Variant 类型函数返回 Empty。

(5) Exit Function：通常与选择结构联用，满足一定条件时退出函数过程。

(6) 在函数体内不能再定义函数过程，即函数定义不能嵌套。但是，函数体内可以调用其他 Sub 过程或者函数过程。

7.2.2　Function 过程的调用

调用 Function 过程的方法与调用 Visual Basic 内部函数的方法一样，即写出函数名和相应的实参。

调用 Function 过程的格式为：

　　函数过程名([实参列表])

调用函数过程时，将实参列表指定的参数传递给形参列表的参数，函数过程利用这些参数进行计算，并返回一个函数值。

说明：

（1）函数过程名：必须是已定义的函数过程的名称，否则会报错"子程序或函数未定义"。

（2）实参列表：指要传递给函数过程的常量、变量或表达式，各个参数之间用逗号分隔。如果参数是数组，在数组名之后必须跟一对圆括号。形参与实参之间的参数传递与 Sub 过程类似。

Function 过程的建立方法和 Sub 过程的建立方法类似。

Sub 过程和 Function 过程的区别如下：

（1）Function 过程有返回值，因此函数就要定义类型，同时在函数过程体内必须对函数过程名赋值。Sub 过程没有返回值，也就不能定义类型，在过程体内部也不能对过程赋值。

（2）实现某种功能是用 Sub 过程还是 Function 过程，没有严格的规定。一般来讲，通过一个过程求得一个值，定义为 Function 过程直观些；通过过程求多个值或者是完成一组操作，习惯上定义为 Sub 过程。

【例 7-5】　输入自然数 a、b、c，计算 p=a!+b!+c!。要求：编写一个 Function 过程，计算阶乘。在"计算"按钮的 Click 事件中调用该过程，计算 p 并在文本框中显示计算结果。

在例 7-5 中将用 Function 过程完成例 7-3 的功能。

程序代码如下：

```
Dim a%, b%, c%, f#, p#, i%
Private Sub Command1_Click()
    a = Val(Text1.Text)
    b = Val(Text2.Text)
    c = Val(Text3.Text)
    p = fact(a) + fact(b) + fact(c)         '调用函数过程计算各个阶乘
    Text4.Text = Format(p, "0.000")
End Sub
Function fact(n As Integer) As Double       '求阶乘的函数过程
    f = 1
    For i = 1 To n
        f = f * i
    Next
    fact = f
End Function
```

程序运行结果如图 7-5 所示。

【例7-6】 求两个自然数的最大公约数和最小公倍数。要求在文本框中输入两个自然数，编写函数过程，求两个数的最大公约数和最小公倍数，在窗体的 Click 事件中，调用函数，计算结果。

假设过程名为 gcd，需要设置两个参数 x、y，求 x、y 的最大公约数可以使用辗转相除法。具体如下：

(1) 以第一个数 x 作为被除数，第二个数 y 作为除数，求余数 r。

(2) 如果 r 不为 0，则将除数 y 作为新的被除数 x，而将余数 r 作为新的除数 y，再进行相除，得到新的余数 r。

(3) 如果 r 不为 0，则重复步骤(2)。如果 r 为 0，则这时的除数就是最大公约数。

程序代码如下：

```
Option Explicit
Dim a%, b%, r%, t%, p%
Function gcd(ByVal x As Integer, ByVal y As Integer) As Integer
                                    '求最大公约数的函数过程
    If x < y Then t = y: y = x: x = t    '保证x始终大于y
    Do While y <> 0                      '辗转相除求最大公约数
     r = x Mod y
     x = y
     y = r
    Loop
    gcd = x
End Function
Function lcm(x, y, m) As Integer         '求最小公倍数的函数过程
    lcm = x * y / m      '最小公倍数等于两个数的乘积除以它们的最大公约数
End Function
Private Sub Form_click()
    a = Val(Text1.Text)
    b = Val(Text2.Text)
    Text3.Text = gcd(a, b)               '调用函数过程求最大公约数
    Text4.Text = lcm(a, b, gcd(a, b))    '调用函数过程求最小公倍数
End Sub
```

程序运行结果如图 7-7 所示。

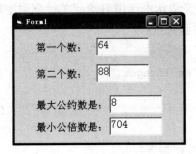

图 7-7 程序运行结果

7.3 参数的传递

Visual Basic 中不同模块（过程）之间数据的传递方式有两种：一是在调用过程时，使用参数传递的方式实现调用过程和被调用过程之间的数据通信；二是使用全局变量实现各个过程共享数据。本节主要讨论第一种方式。

7.3.1 形参与实参

形式参数简称形参，是在 Sub 过程、Function 过程的定义中出现的变量名和数组名，用来接收调用过程传递过来的数据。在定义过程时，形参列表中的各个变量之间要用逗号分隔，在定义形参的同时还要定义各个形参的类型。

实际参数简称实参，是指在调用 Sub 过程或 Function 过程时，写入过程名或函数名后括号内的参数。它将数据传递给 Sub 过程或 Function 过程与其对应的形参。实参可以是常量、表达式、有效的变量名、数组名和控件等，实参列表中的各个参数之间也要用逗号分隔。

在传递参数时，形参和实参按照位置关系进行传递，即第一个实参传递给第一个形参，第二个实参传递给第二个形参，……一般要求形参和实参的个数相同、数据类型一致、位置顺序一一对应，但是名称可以不相同。需要注意的是形参的数据类型是在形参类表中直接定义的，而实参的数据类型需要用 Dim 语句进行定义。

例如，下列的定义过程和调用过程的语句：

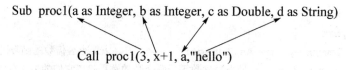

实参 3, x+1,a,"hello"分别是常量、表达式、变量和常量，其中 x+1 和 a 已经赋值。调用 Proc1 后，形参 a 接收 3 (a 不会接收与之同名的实参 a 的值)，b 接收 x+1，c 接收 a，d 接收"hello"

在 Visual Basic 中参数的传递有两种方式：一是按地址传递（Passed by Reference，ByRef），习惯上称为引用传递；二是按值传递（Passed by Value，ByVal）。

7.3.2 引用

引用方式传递数据，形参和实参共用一个存储单元，可以通过改变过程中相应参数的值来改变实参变量的值，也就是数据的传递是双向的。实参是变量，且过程定义语句中不加任何关键字限定形参或者过程定义语句中选用 ByRef 关键字限定形参，都是引用传递。

【例 7-7】 定义了如下的函数过程：

```
Option Explicit
Public Function f(x As Integer)
    Dim y As Integer
    x = 10: y = 3: f = x * y
End Function
```

在命令按钮的 Click 事件过程如下：

```
Private Sub Command1_Click()
```

```
        Dim x As Integer, y As Integer
        x = 30: y = 3: y = f(x)
        Print x; y
    End Sub
```

由于 Function f(x As Integer) 可知,y=f(x)中的 x 是引用传递,所以在函数过程中改变了 x 的值为 10,实参 x 同步变为 10,而 y 的值是函数 f(x)的返回结果。因此,运行时单击命令按钮,在窗体上打印:

    10   30

7.3.3 传值

传值方式传递数据,是指实参把值传递给对应的形参,在被调用过程改变形参的值,对应实参的值不会发生变换,也就是数据的传递是单向的。实参是常量或表达式,默认为传值方式传递数据;另外,如果实参是变量且过程定义语句中选用 ByVal 关键字限定形参,也是传值方式。

【例 7-8】 有如下的程序:

```
Private Sub Form_click()
    Dim a As Integer, b As Integer
    a = 20: b = 50
    p1 a, b: p2 a, b: p3 a, b
    Print "a="; a, "b="; b
End Sub
Sub p1(x As Integer, ByVal y As Integer)
    x = x + 10: y = y + 20
End Sub
Sub p2(ByVal x As Integer, y As Integer)
    x = x + 10: y = y + 20
End Sub
Sub p3(ByVal x As Integer, ByVal As Integer)
    x = x + 10: y = y + 20
End Sub
```

在上面的程序中,a 的初值是 20,b 的初值是 50。执行 p1 a,b 时,a 是按地址传给 x,b 是按值传给 y,所以调用后,a 变为 30(x=x+10),b 任为 50;执行 p2 a,b 时,a 是按值传给 x,b 是按地址传给 y,所以调用后,a 任为 30,b 变为 70(y=y+20);执行 p3 a,b 时,a 和 b 都是按值传递的,所以调用后,a 任为 30,b 任为 70。在窗体上打印:

    a=30   b=70

在实际应用中要根据问题本身的特点决定是按值传递还是按地址传递。在下面的例题中,函数过程的第二个参数就必须按值传递。

【例 7-9】 编写一个函数过程,计算 x 的 y 次方,其中 y>0。单击窗体时调用该函数过程,打印 5^1、5^2、5^3、5^4、5^5 的结果。

程序代码如下:

```
Option Explicit
Dim r As Single, i As Integer
```

```
Function power(x As Integer, ByVal y As Integer)
    r = 1
    Do While y > 0
        r = r * x
        y = y -1
    Loop
    power = r
End Function
Private Sub Form_click()
    For i = 1 To 5
        r = power(5, i)
        Print r;
    Next i
End Sub
```

Function 过程中的参数 y 使用了关键字 ByVal 限制，因此事件过程可以顺利完成，5 次循环分别打印出 5，5*5，5*5*5，…的值。如果去掉 y 前面的关键字 ByVal，则无法得到预期的结果。因为，第一次调用 power 函数后，y 在 Function 过程中赋值为 0(y 的值要回传给实参 i,i 也被赋值为 0)，然后 for 语句使 i 加 1，再开始循环。由于调用 power 函数过程，每次都将 i 的值变为 0，所以是一个死循环。在这种情况下，参数 y 就必须是传值而不是引用。

7.3.4 数组参数

上面介绍的过程中数据传递，传递的都是单个数据。实际上可以将一组数据进行传递，这就要将数组作为参数。

声明数组参数的格式是：

形参数组名( )[As 数据类型]

说明：

（1）用数组作为参数，形参和实参的数据传送方式是引用传递，形参和实参的数据类型必须一致。

（2）形参数组名后面不指定数组具体的维数，但是必须保留圆括号。

（3）实参数组名后面的圆括号可以省略，但是为了阅读方便，一般不建议省略。

（4）形参的下标和维数由实参数组决定，即形参数组在被调用之前，下标上下界是不确定的，在被调用过程中可以用 Lbound( )和 Ubound( )函数获得。

【例 7-10】 编写一个 Sub 过程，将数组元素中的数据倒置。

程序代码如下：

```
Option Explicit
Sub swap(a() As Integer)    '定义 sub 过程，将数组作为形参，不能定义数组的上下界
    Dim i As Integer, t As Integer
    For i = LBound(a()) To UBound(a()) / 2    '在过程中，用 LBound()和 UBound()
                                               获得数组的上界和下界
'将第一个与最后一个交换，第二个与倒数第二个交换,...，第 I 个与第(UBound(a()) + 1 -i)
 个交换
        t = a(i)
        a(i) = a(UBound(a()) + 1 -i)
        a(UBound(a()) + 1 -i) = t
```

```
        Next i
    End Sub
    Private Sub Form_click()
        Dim n As Integer, i As Integer
        Dim a() As Integer
        n = Val(InputBox("请输入数组的个数："))
        ReDim a(1 To n)
        For i = 1 To n
            Randomize
            a(i) = Int(Rnd * 20)
            Text1.Text = Text1.Text & Str(a(i))
        Next i
        Call swap(a())        '调用过程，将已经赋值的数组作为实参，也可以写成 swap a()
        For i = 1 To n
            Text2.Text = Text2.Text & Str(a(i))
        Next i
    End Sub
```

程序执行结果如图 7-8 所示。

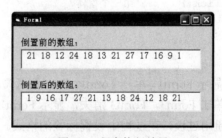

图 7-8　程序执行结果

7.3.5　对象参数

Visual Basic 中允许使用窗体或者控件对象作为过程的参数。如果用窗体作为参数，则在定义过程时，要用 As Form 定义形参的数据类型，而对应的实参为窗体名称。如果用控件作为参数，要用 As Control 定义形参的数据类型，而对应的实参应该为控件的名称。对象参数只能按照地址传递。

【例 7-11】 假如要编写一个多窗体的应用程序，该程序有 3 个窗体，这 3 个窗体除了名称不一样以外，大小和位置都一样，就不必要一一设置每个窗体的大小和位置，可以编写一个 Sub 过程将窗体作为参数，定义窗体的位置和大小。新建 3 个窗体，在窗体的 Click 事件中调用该过程即可。

程序代码如下：

```
'定义一个过程 formset，将窗体作为形式参数，用 As Form 定义其类型
Sub formset(formnum As Form)
    formnum.Left = 1000
    formnum.Top = 1000
    formnum.Width = 5000
    formnum.Height = 3000
End Sub
```

为了调用过程，检验效果，执行"工程 | 添加窗体"命令分别建立了 3 个窗体：Form1、Form2、Form3。在 Form1 的 Load 事件中调用过程，加载 3 个窗体：

```
Private Sub Form_Load()
    formset Form1
    formset Form2
    formset Form3
End Sub
```

对 3 个窗体分别编写如下的代码：

```
Private Sub Form_click()          '第一个窗体
    Form1.Hide
    Form2.Show
End Sub
Private Sub Form_click()          '第二个窗体
    Form2.Hide
    Form3.Show
End Sub
Private Sub Form_click()          '第三个窗体
    Form3.Hide
    Form1.Show
End Sub
```

程序执行的结果是首先显示 Form1，单击 Form1，Form1 消失，显示 Form2；单击 Form2，Form2 消失，显示 Form3；单击 Form3，Form3 消失，显示 Form1。

【例 7-12】 编写一个通用过程，在过程中设置标签的格式。在窗体的 Click 事件中调用该过程，显示标签中的信息。

程序代码如下：

```
'定义一个 Sub 过程 labelstyle，将控件作为形式参数，用 As Control 定义其类型，设置标签的格式
Sub labelstyle(labelno As Control)
    labelno.FontSize = 16
    labelno.FontName = "黑体"
    labelno.FontBold = True
    labelno.ForeColor = vbRed
    labelno.BackColor = vbYellow
    labelno.AutoSize = True
End Sub
```

在窗体的 Click 事件中调用上述过程，设置两个标签的格式：

```
Private Sub Form_click()
    Label1.Caption = "Visual Basic 程序设计"
    Label2.Caption = "欢迎你！"
    labelstyle Label1
    labelstyle Label2
End Sub
```

7.3.6 可选参数与可变参数

前面的章节明确指出，形参和实参的个数是固定的，且参数传递过程中要求形参和实参在类型、数量和位置上一一对应。实际上，Visual Basic 还提供了更为灵活的参数传递方式——可选参数和可变参数。

1. 可选参数

下面给出形式参数的完整格式：

　　[Optional] [ByVal | ByRef | ParamArray]变量名 [( )] [As 数据类型][=缺省值]

说明：

（1）如果用 Optional 关键字定义可选参数，则此参数后面的其他参数也必须是可选的，且每个参数都要用 Optional 关键字定义。

（2）过程中形式参数可以有多个；调用过程时，可以不传递参数，也可以传递部分参数或者传递全部参数。

（3）通常在过程中用 IsMissing 函数测试调用时是否传递可选参数。

【例 7-13】　可选参数应用示例。

```
Option Explicit
Dim s As Integer
Sub proce1(a As Integer, b As Integer, Optional c)   '定义可选参数c，必须在形参
                                                     列表的最后且类型是可变的
    If IsMissing(c) Then      '用 IsMissing()函数判断，如果没有传递可选参数
        s = a + b
    Else
        s = a + b + c
    End If
End Sub
Private Sub Form_Click()
    Call proce1(5, 5)         '调用过程只传递两个参数，没有传递可选参数，则运行结果为10
    Print s
End Sub
```

如果上例中调用语句改写为：Call proce1(5,5,5)，则传递了可选参数，运行结果为 15。

2. 可变参数

Visual Basic 还允许在定义过程时使用不定数量的参数，即过程可以接收任意个数的参数。指定任意个数的参数要用 ParamArray 关键字加以说明。一般的格式为：

　　Sub 过程名(ParamArray 变量名( ))

说明：

（1）可变参数之后需要跟一对括号。

（2）ParamArray 关键字定义的形参，不能定义数据类型，也不能与 ByVal 或 ByRef 一起使用。

（3）如果形参列表中使用了关键字 ParamArray，则其他任何参数都不能再使用关键字 Optional。

（4）形参使用了关键字 ParamArray，实参的个数是不确定的，也可以是各种数据类型。

【例 7-14】 编写一个函数过程 sumno，可以接收任意个参数，求任意个数的和。

程序代码如下：

```
Option Explicit
Dim s As Single, x As Variant
Sub sumno(ParamArray a())
    For Each x In a
        s = s + x
    Next x
End Sub
Private Sub Command1_Click()
    Call sumno(4, 5)              '传递 2 个参数
    Text1.Text = Format(s, "0.00")
End Sub
Private Sub Command2_Click()
    Call sumno(4, 5, 6)           '传递 3 个参数
    Text2.Text = Format(s, "0.00")
End Sub
Private Sub Command3_Click()
    Call sumno(4, 5, 6, 7)        '传递 4 个参数
    Text3.Text = Format(s, "0.00")
End Sub
```

图 7-9　程序运行结果

程序运行结果如图 7-9 所示。

由于可变参数是数组，所以在过程中通常要与 For Each/Next 循环配合使用。

7.4　过程的嵌套与递归

7.4.1　过程的嵌套调用

Visual Basic 可以嵌套调用过程，也就是主程序可以调用子过程，在子过程中还可以调用另外一个子过程。图 7-10 为过程嵌套调用的示意图。

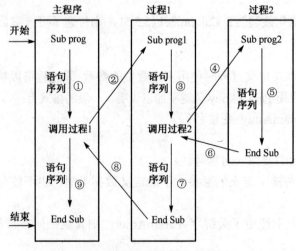

图 7-10　过程嵌套调用示意图

【例 7-15】 编写程序，计算 y 的值。

$$y = 1 + \frac{1}{1+2} + \frac{1}{1+2+3} + \cdots + \frac{1}{1+2+3+\cdots+9+10}$$

在这里用函数过程的嵌套实现，首先编写一个函数过程，求每一项分母的值；其次编写另外一个函数过程求各项的和。程序代码如下：

```
Option Explicit
Function sum(n As Integer) As Double
Dim i As Integer
    sum = 0
    For i = 1 To n
        sum = sum + i
    Next i
End Function
Function sigma(n As Integer) As Double
Dim i As Integer
    For i = 1 To n
        sigma = sigma + 1 / sum(i)      '在sigma()函数过程中调用sum()函数
    Next i
End Function
Private Sub Command1_Click()
    Text1.Text = Format(sigma(10), "0.00000000000000")  '在事件过程中调用sigma()
                                                          函数
End Sub
```

程序运行结果如图 7-11 所示。

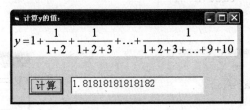

图 7-11　程序运行结果

7.4.2　过程的递归调用

简单地说，递归就是一个过程调用过程本身。Visual Basic 的过程具有递归调用的功能。递归在处理阶乘运算、级数运算、幂指运算等方面特别有效。递归分为两种类型：一种是直接递归，即在过程中调用过程本身；另一种是间接递归，即第一个过程调用第二个过程，而第二个过程又过来调用第一个过程。

【例 7-16】 用递归过程求两个数的最大公约数。

求最大公约数的算法在例 7-6 里面已经进行了简要的介绍，现在用递归过程实现。递归公式：gcd(x,y)=gcd(y,x mod y)。递归停止的条件：x mod y=0。

程序代码如下：

```
Option Explicit
```

```
Dim a%, b%, t%
Function gcd(ByVal x As Integer, ByVal y As Integer) As Integer
    If x < y Then t = y: y = x: x = t   '保证x始终大于y
    If x Mod y = 0 Then
        gcd = y
    Else
        gcd = gcd(y, x Mod y)           '在函数过程gcd()中调用函数过程gcd()本身
    End If
End Function
Private Sub Form_click()
    a = Val(Text1.Text)
    b = Val(Text2.Text)
    Text3.Text = gcd(a, b)
End Sub
```

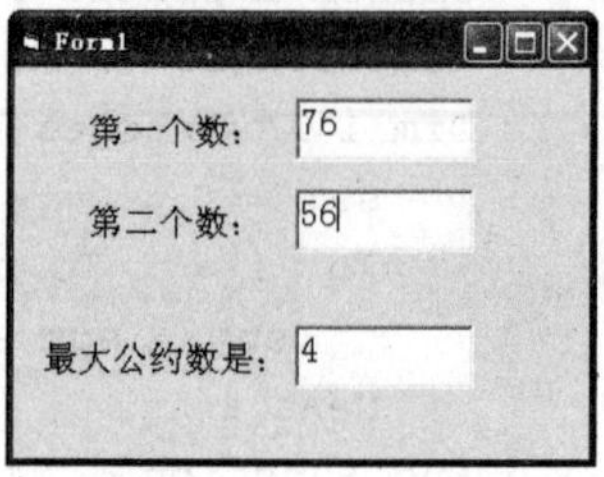

程序运行结果如图 7-12 所示。

图 7-12　程序运行结果

【例 7-17】　用递归过程计算 1 到 10 的阶乘和：$y=1!+2!+3!+\ldots+10!$。

定义递归函数 fact，在该函数中，当 n<>1 时，反复调用 fact 自身，直到 n=1 结束递归调用。

程序代码如下：

```
Option Explicit
Dim s As Single, i As Integer
Function fact(n As Integer) As Single
    If n = 1 Then
        fact = 1
    Else
        fact = n * fact(n -1)
    End If
End Function
Private Sub Command1_Click()
    For i = 1 To 10
        s = s + fact(i)
    Next
    Text1.Text = s
End Sub
```

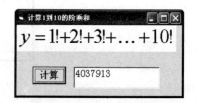

图 7-13　程序运行结果

程序运行结果如图 7-13 所示。

从上面的两个例子可以看出，实现递归调用需要两个条件：① 能够找到递归公式，且递归向终止条件发展；② 要有递归结束的条件和递归结束时的值。如上例 fact = n*fact(n–1) 就是递归公式；n=1 就是递归结束的条件，fact=1 就是递归结束值，如果没有这句话，程序会出现死循环。

7.5　Visual Basic 工程结构

Visual Basic 使用工程来管理构成应用程序的所有文件。一个工程文件包含至少一个或若干个窗体模块，0 个或者若干个标准模块，0 个或者若干个类模块。具体的组织方式如图 7-14 所示。

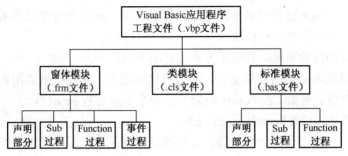

图 7-14　Visual Basic 应用程序组成

7.5.1　模块的分类

在 Visual Basic 中具有 3 种类型的模块：窗体模块、标准模块和类模块。

1. 窗体模块

应用程序的每个窗体都有一个对应的窗体模块。窗体模块不仅包含窗体界面和窗体，以及窗体内各种对象的属性设置，而且还包括各个对象的事件过程，以及 Sub 过程、Function 过程和各种变量的声明部分。一个应用程序默认包含一个窗体模块。

2. 标准模块

标准模块的作用是将应用程序中的可被多个窗体共享的代码组织在一起。一般对于作用范围是所有模块的变量、Sub 过程、Function 过程都可以放在标准模块中。一个应用程序可以没有标准模块，也可以包含多个标准模块。

在工程文件中添加标准模块的方法：选择"工程 | 添加模块"命令，在弹出的"添加模块"对话框中，选中"模块"选项，单击"打开"按钮，就会在"工程资源管理器"窗口新建一个名为 Module1 的标准模块文件。双击该文件，就可以在标准文件代码窗口添加代码。

注意：标准模块不与任何窗体关联，不包含事件过程。标准模块默认的存盘文件名 Module1.bas。

3. 类模块

类是具有相同或者相似特征的事物的集合，类封装了对象的属性和方法。Visual Basic 中的窗体和控件，就是系统已经定义好的类。但是有些时候，系统提供的类不能满足实际需要，用户可以使用类模块自己创建类。

在工程文件中添加类模块的方法与添加标准模块的方法类似：选择"工程 | 添加类模块"命令，在弹出的"添加类模块"对话框中，选中"类模块"选项，单击"打开"按钮，在"工程资源管理器"窗口新建一个名为 Class1 的类模块文件。

注意：一个类模块定义一个类，并以扩展名.cls 保存创建的类模块文件。

4. 过程的作用域

事件过程只能建立在窗体模块，通用过程可以建立在任何模块。过程建立的位置不同，允许被访问的范围也不同。Visual Basic 将过程的作用域分为窗体/模块级和全局级。

（1）窗体/模块级：在 Sub 过程或者 Function 过程前面加 Private 关键字，则该过程只能被其所在模块中的其他过程调用，称为模块级过程。

(2) 全局级：在 Sub 过程或者 Function 过程前面加 Public 关键字或者省略任何关键字，则该过程可以被应用程序的所有模块调用，称为全局过程。

全局过程所处的位置不同，其调用方式也有所不同。

如果在窗体模块内定义的全局过程，其他模块要调用，必须在被调用的过程名前面加上过程所在窗体的名称。例如，在 Form1 中定义了一个 Sub 过程 proc1(x,y)，其他模块要调用，调用语句就应该写成：Call Form1. proc1(a,b)。

如果在标准模块内定义的全局过程，其他模块要调用，就要在被调用的过程名前面加上过程所在模块的名称。例如，在 Module1 中定义了一个 Sub 过程 proc2(x,y)，其他模块要调用，调用语句就应该写成：Call Module1. proc2(a,b)。如果被调用的过程名是唯一的，这种情况也可以不写标准模块名。

7.5.2 多重窗体

对于较简单的应用程序，一个窗体模块就够了。对于复杂的应用程序，往往需要通过多重窗体来实现。

多重窗体是指在一个窗体内可以放置或包含多个其他窗体的结构，也叫多文档界面、MDI（Multiple Document Interface）窗体或者父窗体；被放置或被包含的窗体称为子窗体（MDIChild）。

1. 添加窗体

选择"工程|添加窗体"命令，或者单击工具条上的"添加窗体"按钮，打开"添加窗体"对话框，单击"新建"选项卡来创建一个新的窗体；或者单击"现存"选项卡，将其他工程的窗体添加到当前工程中来。需要注意：窗体名不能与已经存在窗体同名，并把这些窗体设置成子窗体，即设置其属性 MDIChild=True。

2. 设置启动窗体

拥有多个窗体的应用程序，默认情况下，在设计阶段第一个创建的窗体为启动窗体，应用程序开始运行时，先运行这个窗体。如果要改变系统默认的启动窗体，就需要进行设置。设置方法如下：

选择"工程|XX 属性"（XX 代表具体的工程名称）命令，打开如图 7-15 所示的"工程属性"对话框。在"通用"选项卡的"启动对象"列表框中选择要作为启动窗体的窗体，单击"确定"按钮。

3. 与多重窗体程序设计有关的语句和方法

1) Load 语句

格式：Load 窗体名称

功能：将一个窗体装入内存。执行该语句后，可以引用窗体中的控件及各种属性，但此时窗体并没有显示出来。

2) UnLoad 语句

格式：UnLoad 窗体名称

功能：将一个窗体从内存中删除。常用语句 UnLoad Me，表示关闭本窗口。

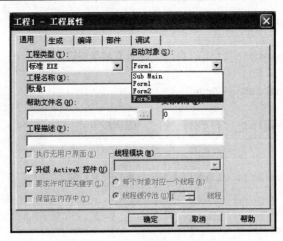

图 7-15 "工程属性"对话框

3) Show 语句

格式：[窗体名称].Show ([模式],[OwnerForm])

功能：用来显示一个窗体，兼有载入和显示窗体两种功能。

说明：

(1) 如果省略窗体名称，默认指当前窗体。

(2) 模式：用来确定窗体的状态，有 0 和 1 两个值。1 表示窗体是"模式型"，即只有在关闭该窗体后，才能对其他窗体进行操作；0（或者缺省）表示窗体是"非模式型"，即不用关闭该窗体，就能对其他窗体进行操作。

(3) OwnerForm：指定窗体的拥有者，可将某个窗体的窗体名传给这个参数，使得这个窗体成为新窗体的拥有者。使用该参数，可以确保对话框在它的父窗体最小化时它也最小化，或者在其父窗体关闭时它也卸载。

4) Hide 方法

格式：窗体名称.Hide

功能：用来隐藏一个窗体，兼有载入和隐藏窗体两种功能。

【例 7-18】 多窗体的应用。输入学生 5 门课程的成绩，计算总分、平均分并显示。

本例有 3 个窗体 Form1、Form2、Form3，分别作为应用程序的主窗体、输入窗体、显示窗体，还有一个标准模块，对窗体间共用的全局变量进行说明。

标准模块的代码如下：

```
Option Explicit
Public yw%, sx%, yy%, hx%, jsj%
Public zf As Single, pj As Single
```

声明 7 个全局变量，供应用程序的各个模块共用。

Form1 窗体如图 7-16 所示，是主窗体，运行后见到的第一个窗体。单击"输入成绩"按钮显示 Form2，单击"计算成绩"按钮显示 Form3，单击"重新计算"按钮，显示 Form1 窗体，单击"退出"按钮，退出应用程序。

Form1 窗口的代码如下：

```
Private Sub Command1_Click()        '输入成绩按钮
    Form2.Show
```

```
        Command2.Enabled = True
    End Sub
    Private Sub Command2_Click()        '计算成绩按钮
        Form3.Show
        Command4.Enabled = True
    End Sub
    Private Sub Command3_Click()        '退出按钮
        End
    End Sub
    Private Sub Command4_Click()        '重新计算按钮
        Load Form1
        Unload Form2
        Unload Form3
        Command2.Enabled = False
        Command4.Enabled = False
    End Sub
```

Form2 窗体如图 7-17 所示。这是在主窗体单击"输入成绩"按钮弹出的窗体，有 5 个用于输入成绩的文本框。

图 7-16 主窗体

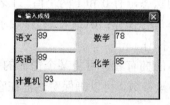
图 7-17 输入成绩

图 7-18 计算成绩

Form2 窗口的代码如下：

```
    Private Sub Text5_LostFocus()
        yw = Val(Text1.Text)
        sx = Val(Text2.Text)
        yy = Val(Text3.Text)
        hx = Val(Text4.Text)
        jsj = Val(Text5.Text)
    End Sub
```

Form3 窗体如图 7-18 所示。这是在主窗体单击"计算成绩"按钮弹出的窗体，有 2 个用于显示成绩的文本框。

Form3 窗口的代码如下：

```
    Private Sub Form_Activate()
        Text1.Text = Str(yw + sx + yy + hx + jsj)
        Text2.Text = Str((yw + sx + yy + hx + jsj) / 5)
    End Sub
```

7.5.3 Sub Main 过程

Sub Main 过程是标准模块中的一个特殊过程，主要包含一些应用程序启动时首先执行的代码，如一些数据初始化或者根据情况加载不同窗体的代码等。要将 Sub Main 过程设置为启动过程，就在图 7-15 中，将"启动对象"设置为 Sub Main 就可以了，Sub Main 过程又称为启动过程。

Sub Main 过程只能出现在标准模块中，并且只能定义一次。如果一个工程有多个标准模块，则 Sub Main 过程只能出现在其中一个标准模块。

7.6 变量的作用域与生存周期

变量定义的位置和定义的方式不同，允许被访问的范围和作用时间也不同。变量的作用域是指变量在程序中能有效发挥作用的范围；变量的生存周期是指变量的作用时间。

7.6.1 变量的作用域

按变量的作用域不同，将变量分为局部变量（过程级变量）、模块级变量（窗体模块和标准模块）和全局变量。

1. 局部变量

局部变量是指在过程内用 Dim 语句声明的变量、未声明直接使用的变量或者 Static 声明的变量。这种变量只能在本过程内部使用，不能被其他过程访问。在其他过程中如果有同名的变量，也与本过程的变量无关，即在不同的过程可以使用同名的变量。除了用 Static 声明的变量外，局部变量在其所在的过程每次运行时都被初始化。

【例 7-19】 有如下程序，单击三次 Command1 按钮的结果是什么？

```
Sub p(a As Integer)
'x,y 为过程中的局部变量，只在本过程有效，且每次运行该过程都会被初始化
    Dim x, y
    x = x + 1
    y = y + 2
    a = a + x + y          'a 为引用传递的形参，是双向传递的
End Sub
Private Sub Command1_Click()
    Dim a As Integer       'a 为过程中的局部变量，每次运行都会被初始化
    a = 1
    Call p(a)              '将赋值为 1 的实参传给形参
    Print a;               '在过程改变 a 的值要回传给实参，所以为 4
    Call p(a)              '将赋值为 4 的实参传给形参
    Print a
End Sub
```

程序运行的结果是：

4　7
4　7
4　7

2. 模块级变量

模块级变量是指在窗体模块或标准模块的通用声明段中用 Dim 或者 Private 语句声明的变量。模块级变量的作用范围为定义位置所在的模块，可以被本过程中的所有过程访问。模块级变量不会在每次运行时被初始化。

【例 7-20】 将例 7-19 的程序作如下改动，则单击单击三次 Command1 按钮的结果是什么？

```
Option Explicit
Dim x, y, a%          'x,y,a在窗体模块的通用声明段用Dim语句定义，为模块级的变量
Sub p(a As Integer)
    x = x + 1
    y = y + 2
    a = a + x + y    'a为引用传递的形参，是双向传递的
End Sub
Private Sub Command1_Click()
    a = 1
    Call p(a)        '将赋值为1的实参传给形参
    Print a;         '在过程改变a的值要回传给实参，所以为4
    Call p(a)        '将赋值为4的实参传给形参
    Print a
End Sub
```

程序运行的结果是：

```
4   10
10  22
16  34
```

3. 全局变量

全局变量是指在模块的通用声明段中用 Public 语句声明的变量，其作用范围为应用程序的所有过程。全局变量也不会在每次运行过程时被初始化。

4. 变量屏蔽

当不同作用域的变量同名时，下级变量将屏蔽上级变量，即局部变量将屏蔽模块级变量和全局变量，模块级变量将屏蔽全局变量。

【例 7-21】 有如下程序，单击 Command1 按钮的结果是什么？

程序代码如下：

```
Dim num As Integer                  '此处num是模块级的变量
Private Sub Command1_Click()
    Dim n As Integer
    n = 5
    num = 4
    Call add(n)
    Print num                       'num为模块级变量，值为4
End Sub
Private Sub add(num As Integer)     '同名的局部变量num
    num = num + 1                   '此处num的值为5，而不是4
    Print num;                      '此处num的值为6
End Sub
```

程序运行的结果是：

6　4

7.6.2　变量的生存周期

Visual Basic 调用过程是，将给过程中的局部变量分配内存单元。当过程执行结束，是释放还是保留变量的存储单元，就是变量的生存周期的问题。

在过程内用 Dim 语句声明的变量、未声明直接使用的变量：每次执行过程，系统都会为变量分配存储空间，初始化变量；过程执行完成，释放变量所占的存储空间；在过程内用 Static 声明的变量或者用 Static 声明的过程内的变量，在第一次调用过程时被初始化且在过程结束时不释放该变量所在的存储空间，下次运行时该变量不会被初始化，而是保留上次退出过程时的值。

思考：

（1）如果例 7-19 中，将 dim x, y 改为 Static x, y，单击三次 Command1 按钮的结果是什么？

（2）如果例 7-19 中，将 Sub p(a As Integer) 前面加上 Static，即 Static Sub p(a As Integer)，单击三次 Command1 按钮的结果是什么？

用 Static 声明的变量或者用 Static 声明的过程内的变量，在每次调用过程时，都会保留上次调用退出过程时的值。因此，上面的两个问题中，单击三次按钮的结果都是：

4　10
10　22
16　34

习　题　7

一、判断题（正确填写 A，错误填写 B）

1. Visual Basic 应用程序是由事件驱动的。（　）
2. 窗体的事件过程由 Form、下划线和事件名组成。（　）
3. 窗体的 Load、Initialize、Activate、GotFocus 事件的发生顺序是依次的。（　）
4. 通用过程只能在窗体模块中创建。（　）
5. 过程体内可以调用其他的 Sub 过程或者函数过程。（　）
6. 在 Sub 过程和 Function 过程中都需要给过程名赋值。（　）
7. 实参是常量，且过程定义语句中用 ByRef 关键字限定形参是引用传递。（　）
8. 用数组体或者控件对象作为参数，形参和实参的数据传送方式是引用传递。（　）
9. Visual Basic 应用程序至少包含一个或者多个窗体模块。（　）
10. Static 在其所在的过程每次运行时都被初始化。（　）

二、选择题

1. Visual Basic 的过程有 3 种，它们是（　）。
    A．事件过程、子过程和函数过程　　　　B．Sub 过程、Function 过程和 Property 过程
    C．事件过程、函数过程和属性过程　　　D．Sub 过程、函数过程和通用过程
2. 调用由语句 Sub Convert(Y As Integer) 定义的 Sub 过程时，以下不是按值传递的语句是（　）。

A. Call Convert((X))　　　　　　　　B. Call Convert(X*1)
　　　C. Convert(X)　　　　　　　　　　　D. Convert X

3. 用 Private Function Fun(x As Integer，y As Integer)定义了函数 Fun。调用函数 Fun 的过程中的变量 m、n 均定义为 Integer 型，下面四条语句：

①Fun(m,n)　　②Call Fun(3,5)　　③Fun(m+n,m*n)　　④Fun(3,5)，能正确引用函数的是（　　）。
　　　A. ①②　　　　　　B. ②④　　　　　　C. ①②③④　　　　　D. ①③④

4. Sub 过程与 Function 过程最根本的区别是（　　）。
　　　A. Sub 过程可以用 Call 语句或直接使用过程名调用，而 Function 过程不可以
　　　B. Function 过程可以有形参，Sub 过程不可以
　　　C. Sub 过程不能用过程名返回值，而 Function 过程能通过过程名返回值
　　　D. 两种过程参数的传递方式不同变量的作用域

5. 数组名为 Sort 的 Sub 子过程的形式参数为一数组，以下的定义语句中正确的是（　　）。
　　　A. Private Sub Sort(A( ) As Integer)　　　　B. Private Sub Sort(A(10) As Integer)
　　　C. Private Sub Sort(ByVal A( ) As Integer)　D. Private Sub Sort(A(,) As Integer)

6. Visual Basic 中可以用 Optional 关键字定义可选参数，下列语句正确的是（　　）。
　　　A. Sub proce1 (a As Integer, b As Integer, Optional c)
　　　B. Sub proce1 (Optional a As Integer, b As Integer, Optional c)
　　　C. Sub proce1 (Optional a , b As Integer, c b As Integer)
　　　D. Sub proce1 (a As Integer, b As Integer, c As Optional)

7. 下面关于过程和过程参数描述错误的是（　　）。
　　　A. 过程的参数可以是控件的名称
　　　B. 用数组作为过程的参数，使用的"引用"方式传递参数
　　　C. 只有函数过程可以将过程中处理的数据传回调用过程的事件过程中
　　　D. 窗体可以作为过程的参数

8. 若编写的过程要被多个窗体及其对象调用，应将这些过程放在（　　）中。
　　　A. 窗体模块　　　B. 标准模块　　　C. 工程模块　　　D. 类模块

9. 以下有关变量作用域的说法中，错误的是（　　）。
　　　A. 只有在标准模块中用 Public 语句说明的变量才是全局变量
　　　B. 在过程中不能使用 Public 语句说明全局变量
　　　C. 在标准模块的通用声明处可用 Private 语句说明模块级变量
　　　D. 在窗体的通用声明处可用 Private 语句说明窗体级变量

10. 若在应用程序的标准模块、窗体模块和过程 Sub1 的通用声明部分，分别用 Public G As Integer、Private G As Integer 和 Dim G As Integer 语句说明了 3 个同名变量 G。如果在过程 Sub1 中使用赋值语句 G=3596，则该语句是给在（　　）的通用声明部分定义的变量 G 赋值。
　　　A. 标准模块　　　　　　　　　　　B. 过程 Sub1
　　　C. 窗体模块　　　　　　　　　　　D. 标准模块、窗体模块和过程 Sub1

三、填空题

1. 窗体上有一个名为 Command1 的命令按钮，并有如下程序：

```
Function m(x As Integer, y As Integer) As Integer
```

```
        m = IIf(x > y, x, y)
    End Function
    Private Sub Command1_Click()
        Dim a As Integer, b As Integer
        a = 10
        b = 20
        Print m(a, b)
    End Sub
```

程序运行时，单击命令按钮，输出的结果是_____。

2. 窗体上有一个名为 Command1 的命令按钮，并有如下程序：

```
    Dim x As Integer
    Sub inc(a As Integer)
        x = x + a
    End Sub
    Private Sub Command1_Click()
        inc 1
        inc 2
        inc 3
        Print x
    End Sub
```

程序运行时，单击命令按钮，输出的结果是_____。

3. 窗体上有一个名为 Command1 的命令按钮，并有如下程序：

```
    Private Sub Command1_Click()
        Dim a As Integer, b As Integer
        a = 8
        b = 12
        Print Fun(a, b); a; b
    End Sub
    Private Function Fun(ByVal a As Integer, b As Integer) As Integer
        a = a Mod 5
        b = b \ 5
        Fun = a
    End Functiona
```

程序运行时，单击命令按钮，输出的结果是_____。

4. 运行下面的程序，单击窗体时，窗体上显示内容的第一行是_____，第二行_____。

```
    Private Sub P1(x As Integer, ByVal y As Integer)
        Static z As Integer
        x=x+z
        y=x-z
        z=10-y
    End Sub
    Private Sub Form_Click()
        Dim a As Integer, b As Integer, z As Integer
        a=1: b=3: z=2
```

```
        Call P1(a, b)
        Print a, b, z
        Call P1(b, a)
        Print a, b, z
    End Sub
```

5. 设有如下的程序：

```
    Private Sub search(a() As Variant, ByVal key As Variant, index%)
        Dim i%
        For i = LBound(a) To UBound(a)
            If key = a(i) Then
                index = i
                Exit Sub
            End If
        Next i
        index = -1
    End Sub
    Private Sub Form_Load()
        Show
        Dim b() As Variant
        Dim n%
        b = Array(2, 4, 6, 8, 10, 12, 14)
        Call search(b(), 8, n)
        Print n
    End Sub
```

程序运行后，输出的结果是_____。

6. 设窗体 Form1 上有一个标签 Label1，执行下列代码后标签上显示的文字是 Hello Tom，请将代码补充完整。

```
    Sub p(_____)
        X.Caption = "Hello Tom"
    End Sub
    Private Sub Form_Click()
        P Label1
    End Sub
```

7. 某工程包括两个窗体，其名称(Name 属性)分别为 Form1 和 Form2，启动窗体为 Form1。在 Form1 上画一个命令按钮 Command1，程序运行后，要求当单击该命令按钮时，Form1 窗体消失，显示窗体 Form2，请将程序补充完整。

```
    Private Sub Command1_Click()
        _____
        Form2._____
    End Sub
```

8. 下列程序运行结束后输出的结果是_____。

```
    Private Sub Command1_Click()
        Dim a As Integer
        a = 3
```

```
    Call sub1(a)
    Print a
End Sub
Private Sub sub1(x As Integer)
    x = x * 2 + 1
    If x < 10 Then
        Call sub1(x)
    End If
    x = x * 2 + 1
End Sub
```

9. 已知自然对数的底数 e 的级数表示如下：

$$e = 1 + \frac{1}{1!} + \frac{1}{2!} + \frac{1}{3!} + \cdots + \frac{1}{n!} + \cdots$$

利用上述公式求 e，忽略绝对值小于 10^{-8} 的项，将下面的程序代码补充完整。

```
Private Function fac(n As Integer) As Single    '求n!的递归函数
    If n = 0 Then
        _____
    Else
        fac = n * fac(n -1)
    End If
End Function
Private Sub Form_Click()
    Dim e As Single, x As Single
    Dim k As Integer
    e = 1: k = 1
    x = 1 / fac(k)
    Do While _____
        e = e + x
        k = k + 1
        _____
    Loop
    Text1.Text= e
End Sub
```

10. End Sub 在窗体上有一个名称为 Command1 的命令按钮，并有如下事件过程和函数过程：

```
Private Sub Command1_Click()
    Dim p As Integer
    p = m(1) + m(2) + m(3)
    Print p
End Sub
Private Function m(n As Integer) As Integer
    Static s As Integer
    For k = 1 To n
        s = s + 1
    Next
    m = s
End Function
```

程序运行时，单击命令按钮，输出的结果是_____。

第 8 章 菜单与对话框设计

Windows 环境下应用程序用户与计算机之间的操作界面具有窗口式、菜单式、图形化的特点，前面章节已讲解窗口的制作，为了使得操作界面简洁，需设计菜单和对话框来完成相应的操作。

8.1 菜 单 设 计

菜单可以方便地提供人机操作界面和管理应用程序的运行。Windows 环境下的菜单分为下拉式菜单和弹出式菜单。弹出式菜单又称为快捷菜单或右键快捷菜单，通常是在某操作状态下单击右键后弹出一个实时操作的菜单。

8.1.1 下拉式菜单

1．下拉式菜单的结构

Windows 下拉式菜单是一个典型的窗口式菜单，图 8-1 所示为 Windows XP 中"画图"软件的下拉式菜单结构图。下拉式菜单包括一个主菜单栏(或主菜单行)，包含需要的菜单项，这些菜单项又称为主菜单标题，位于最顶层，放在主菜单栏中，一般按操作功能分组，如文件、编辑、查看等。主菜单的每一项可以下拉出下一级子菜单，子菜单中的菜单项可以直接执行的称为菜单命令，如"查看位图"、"工具箱"等；有的子菜单又可以下拉出更下一级的子菜单，称为子菜单标题，如"缩放"。在子菜单中还包含一个特殊的菜单项，用于对子菜单进行分组，称为分隔条。

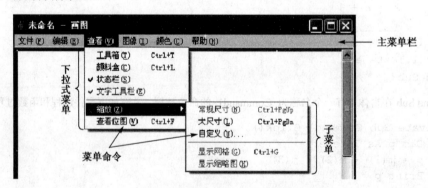

图 8-1 "画图"下拉式菜单结构

下拉式菜单可逐级下拉，在屏幕上依次展开，执行最底层的菜单命令后，这些菜单项会自动消失，因此具有整体感强、导航操作、占用屏幕空间小的优点。所以在设计菜单之前首先要规划菜单结构。

图 8-1 所示的主菜单或子菜单标题后带下划线的字母，称为访问键，如"编辑"菜单的访问键为 E，可按 Alt+E 键打开其子菜单。对于打开的子菜单，可直接按相应字母执行其对应的

菜单命令功能，如打开/关闭"工具箱"，可直接按 T 键。菜单项还可以有快捷键，在菜单未展开时，可直接执行其相应的菜单命令，如打开/关闭"工具箱"的快捷键为 Ctrl+T。

具有开关状态的菜单项前有复选标记✓，如"工具箱"、"颜料盒"、"状态栏"在屏幕上显示时，其前面会有复选标记✓，否则其复选标记会消失，如图 8-1 作图"工具箱"未在屏幕上显示，所以其前面的复选标记消失了。

图 8-1 有的子菜单项的标题是灰色显示的，表示当前该菜单命令无效，如"文字工具栏"、"常规尺寸"等。

2. 菜单编辑器

用 Visual Basic 设计菜单时，把每个菜单项（主菜单或子菜单）都看成一个控件，称为"菜单控件"。因此每一个"菜单控件"也有自己的属性、事件和方法。

在 Visual Basic 中，下拉式菜单是在一个窗体上设计的，菜单栏（主菜单行）位于窗体的顶部，是常驻行。下拉式菜单是用"菜单编辑器"来设计完成的。因此首先要选择菜单所在的窗体，然后才能打开"菜单编辑器"窗口，在"菜单编辑器"窗口中完成菜单结构的设计。

打开"菜单编辑器"窗口共有 4 种方法，根据自己的喜好，任选其一即可。

方法 1：执行"工具 | 菜单编辑器"命令。

方法 2：单击"标准"工具栏上的"菜单编辑器"按钮 。

方法 3：用 Ctrl+E 键。

方法 4：在要建立菜单的窗体空白处右击，然后执行快捷菜单中的"菜单编辑器"命令。窗体右键快捷菜单如图 8-2 所示。

以上任何一种方法都可以打开图 8-3 所示的"菜单编辑器"窗口。其分成 3 个部分：属性区、编辑区、菜单项显示区。

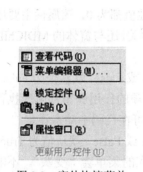

图 8-2 窗体快捷菜单

图 8-3 菜单编辑器

注意：菜单总是建立在窗体上的，因此只有当某个窗体为当前活动窗体时，才能打开"菜单编辑器"窗口。

1) 属性区

有的书籍上称为数据区，用于设置或修改菜单项（或称菜单控件）的属性，一共有 10 个属性可以设置和修改。属性及其作用如下所述。

(1) 标题：是菜单控件的 Caption 属性。其后是一个文本框，用于输入菜单项的标题文字，如"文件"、"编辑"、"视图"等。如果输入一个连字符(–)，则可在子菜单之间建立分隔条。如果在字母前加(&)则可建立该菜单项的访问键，如"编辑(&E)"，则在菜单中显示为"编辑(E)"，E 为访问键，如果是主菜单可按 Alt+E 键打开，当子菜单展开时，按访问键可直接执行其相应的菜单命令。

(2) 名称：是菜单控件的 Name 属性，是只读属性，只能在"菜单编辑器"窗口中设置。

其后是一个文本框，用于输入菜单控件的名称，不出现在菜单中，但每个菜单控件都应有一个名字，在代码中用此属性可以访问菜单控件。因此该项的文本框内不能为空。

如果某菜单控件的名称为空，在"菜单编辑器"窗口中单击"确定"按钮时会出现如图 8-4 所示的对话框，提示菜单控件必须有名称。

图 8-4 菜单名称警告对话框

(3) 索引：是菜单控件的 Index 属性，用于为用户定义的菜单控件数组定义一个下标值，其取值类型为整型。

(4) 快捷键：是菜单控件的 Shortcut 属性。其后是一个下拉列表框，用于为当前菜单定义一个快捷键(又称热键)，单击右端的下拉箭头可以从该下拉列表中选择，如 Ctrl+C、Ctrl+T 等。但不能为顶层主菜单项设置快捷键。

(5) 帮助上下文：是一个文本框，其值为数值型，用来在帮助文件(用 Helpfile 属性设置)中查找相应的帮助主题。

(6) 协调位置：是一个下拉列表框，用来确定菜单或菜单项是否出现或在什么位置出现，单出右端箭头，会出现一个下拉列表，其中有 4 个选项，其作用如下所述。

0-None 对象活动时，菜单栏上不显示菜单。

1-Left 对象活动时，菜单显示在菜单栏的左端。

2-Middle 对象活动时，菜单显示在菜单栏的中间。

3-Right 对象活动时，菜单显示在菜单栏的右端。

注意：只有顶层菜单有非 0 值，子菜单该 Negotiateposition 属性值都为 0，该属性主要用于多文档窗体(MDI)的菜单设计，且与 Negotiatemenus 属性的取值相关，还与窗体的 MDIChild 属性取值相关。

(7) 复选：是菜单控件的 Checked 属性。其属性值为逻辑值 True 或 False，默认值为 False，用于在相应的菜单项前加上指定的复选开关标记✓。它不影响菜单项的作用和事件响应执行的结果。利用这个属性指明当前菜单项是否处于活动状态。该属性可在代码中动态设定。

(8) 有效：是菜单控件的 Enabled 属性。其属性值为逻辑值 True 或 False，默认值为 True，表示菜单项对用户的事件可以作出响应，如果设置为 False，则相应的菜单会"变灰"，不响应用户事件。该属性可在代码中动态设定。

(9) 可见：是菜单控件的 Visible 属性。其属性值为逻辑 True 或 False，默认是 True。用于确定菜单在运行时是否可见，可见才能响应用户的事件。可以在代码中动态设定该属性，以便设计动态菜单。

(10) 显示窗口列表：是菜单控件的 Windowlist 属性。用于多文档应用程序，其属性值为逻辑 True 或 False。用于设置是否显示子窗口列表，如 Word 或 Excel 应用程序"窗口"菜单包含一个打开的 MDI 子窗口列表。

2) 编辑区

编辑区共有 7 个按钮，用于对输入的菜单项进行编辑。

(1) 左、右箭头 ← →：用于产生或取消内缩符号 "...." 4 个点，单击右箭头产生，单击左箭头删除。该内缩符号的数目决定了菜单的层次，Visual Basic 设计菜单时最多可单击 5 次右箭头，即有 5 级子菜单，加上主菜单，Visual Basic 能设计菜单的层次共为 6 层。

(2) 上、下箭头 ↑ ↓：用于将蓝色亮条光标移动到某个菜单项上。

(3) 下一个：与 Enter 键功能相同，开始一个新的菜单项输入。

(4) 插入：用于在蓝色亮条光标前插入一个空白的新菜单项，可在该空白行输入新的菜单项。

(5) 删除：删除蓝色亮条光标所在的菜单项。

3) 菜单项显示区

菜单项显示区又称菜单项列表区，位于菜单编辑器窗口的下部，用于显示输入的菜单项，蓝色亮条光标所在位置为当前菜单项，一个菜单项占一行。

3. 常用事件

每一个菜单项都是一个菜单控件，除分隔条以外都可以接收 Click 事件。在"菜单编辑器"中完成各项菜单的设计后，单击"确定"按钮关闭菜单编辑器，这时在所设计菜单的窗体顶部可以看到菜单的结构，单击某菜单项不是执行菜单项的功能，而是进入该菜单控件的 Click 事件代码编写窗口，只有在事件代码中写上完成相应功能的代码后，才能在运行时通过单击菜单项执行相应的功能。

注意：菜单分为设计和运行，菜单控件只接收 Click 事件。如果用单击"取消"按钮来关闭"菜单编辑器"窗口，则会取消所有的修改。

4. 下拉式菜单设计应用举例

【**例 8-1**】 设计一个简单的文字处理软件，如图 8-5 所示。其主菜单有 3 个菜单项：文件、编辑、格式设置，各子菜单结构如图 8-5(b)所示。窗口标题为"自制字处理"，窗体中有一个带垂直滚动条的文本框，其中文字在运行时从键盘输入，默认对齐方式为左对齐，其"格式设置"菜单中"粗体"、"斜体"、"下划线"具有复选标记✓。试设计窗体和菜单界面，并在相应的菜单控件上编写相应的 Click 事件过程代码，使其能完成相应的文字处理功能。

注意："文件"下拉菜单中的"打开"和"保存 Ctrl+S"功能在今后学习文件操作时再完成。

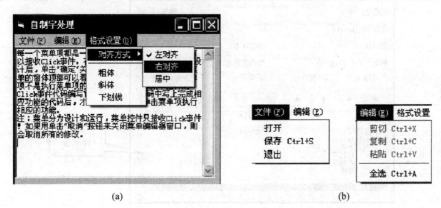

(a) (b)

图 8-5 窗体界面、主菜单和子菜单结构

1)界面设计

启动 Visual Basic 后新建一个工程,在新建工程的默认窗体上设计要求的菜单结构和窗体上的其他控件。

选择窗体后,执行"工具|菜单编辑器"命令,打开"菜单编辑器"窗口,按如表 8-1 所示设计各菜单控件的属性。未加特别说明的属性值取默认值。

表 8-1 菜单编辑器各菜单控件属性及层次的设置

标题(Caption)	名称(Name)	快捷键(Shortcut)	内缩符号	说明
文件(&F)	Filem		无	访问键 F
打开	Fileopen		1	
保存	Filesave	Ctrl+S	1	
退出	Filequit		1	
编辑(&E)	Editm		无	访问键 E
剪切	Editcut	Ctrl+X	1	
复制	Editcopy	Ctrl+C	1	有效性为 False,即去掉有效前的√
粘贴	Editpaste	Ctrl+V	1	
-	Spt1		1	分隔条
全选	Editseleall	Ctrl+A	1	
格式设置(&O)	Formatm		无	访问键 O
对齐方式	Fmal		1	
左对齐	Fmalleft		2	复选 Checked 为 True
右对齐	Fmalright		2	
居中	Fmalcenter		2	
-	Spt2		1	分隔条
粗体	Fmbold		1	
斜体	Fmitalic		1	
下划线	Fmunderline		1	

设计完成后,"菜单编辑器"窗口中菜单项显示区显示结果如图 8-6 所示,拖动右边的滚动条可查看全部详细设计结果。当前为粗体(Fmbold)子菜单项。

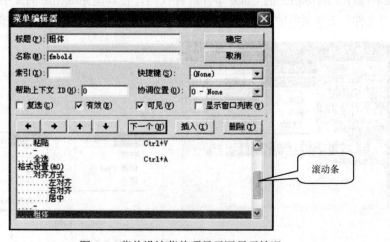

图 8-6 菜单设计菜单项显示区显示情况

单击"确定"按钮,关闭"菜单编辑器"窗口,完成菜单结构的设计。在窗体上添加一个文本框 Text1,调整其大小使其能尽量占满整个窗体,并设置其 Multiline 属性为 True、Scrollbars 属性设置为 2、Text 属性设置为空。设置窗体的 Caption 属性为"自制字处理"。

2) 代码设计

用"菜单编辑器"只是完成了菜单的结构设计,运行时单击主菜单项可以弹出子菜单,但各菜单项还不能完成任何功能。要想使其完成相应的文字处理功能,还须编写其相应的 Click 事件过程代码。

(1) 要完成对文本框字符串的剪切、复制、粘贴的功能,首先须将选中的字符串存放到各菜单控件都可以访问的内存单元中(该例用一个内存单元来模拟剪贴板的功能)。因此,在窗体模块的通用段编写如下代码:

```
Dim s As String
```

(2) "编辑"菜单及各子菜单上相应的事件代码。

通常在窗体设计时单击相应的菜单项可进入其 Click 事件过程代码编写,但本例初始时将剪切、复制、粘贴的有效性设置为 False,因此单击这些菜单项会无效,即不能直接进入代码编写窗口。要想编写初始无效的菜单控件代码,只能通过其他方式进入代码窗口后重新选择相应的菜单控件对象后才能进入其 Click 事件过程编写。主菜单上通常不编写 Click 事件代码,要想编写代码,也只能通过这种方法进行代码编写。

"编辑"的 Click 事件过程代码:

```
Private Sub editm_Click()
    If Text1.SelLength > 0 Then
        editcut.Enabled = True
        editcopy.Enabled = True
    Else
        editcut.Enabled = False
        editcopy.Enabled = False
    End If
End Sub
```

注意:按文字处理软件惯例,当没有文本选中时,"剪切"、"复制"命令应无效(即灰度显示),有文本选中应让其有效。

"剪切"的 Click 事件过程代码:

```
Private Sub editcut_Click()
    s = Text1.SelText              '将选中的文本存放到内存单元
    Text1.SelText = ""             '清除选中的文本
    editpaste.Enabled = True       '让粘贴菜单有效
End Sub
```

"复制"的 Click 事件过程代码:

```
Private Sub editcopy_Click()
    s = Text1.SelText
    editpaste.Enabled = True
End Sub
```

"粘贴"的 Click 事件过程代码：

```vb
Private Sub editpaste_Click()
    Text1.SelText = s              '将内存单元中的文本放到当前位置
End Sub
```

"全选"的 Click 事件过程代码：

```vb
Private Sub editseleall_Click()
    Text1.SelStart = 0
    Text1.SelLength = Len(Text1.Text)
End Sub
```

(3) "格式设置"菜单下各子菜单的 Click 事件过程代码：

```vb
Private Sub fmalleft_Click()         '左对齐，初始对齐方式为左对齐
    If Text1.Alignment = 0 Then
        fmalleft.Checked = True
    Else
        Text1.Alignment = 0
        fmalleft.Checked = True
        fmalright.Checked = False
        fmalcenter.Checked = False
    End If
End Sub
Private Sub fmalright_Click()        '右对齐，右对齐时让左对齐、居中的复选标记取消
    Text1.Alignment = 1
    fmalright.Checked = True
    fmalleft.Checked = False
    fmalcenter.Checked = False
End Sub
Private Sub fmalcenter_Click()       '居中，居中时让左对齐、右对齐的复选标记取消
    Text1.Alignment = 2
    fmalcenter.Checked = True
    fmalleft.Checked = False
    fmalright.Checked = False
End Sub
Private Sub fmbold_Click()           '粗体，是粗体时出现粗体复选标记✓，否则取消复选
    If Text1.FontBold = True Then
        fmbold.Checked = False
        Text1.FontBold = False
    Else
        fmbold.Checked = True
        Text1.FontBold = True
    End If
End Sub
Private Sub fmitalic_Click()         '斜体
    If Text1.FontItalic = False Then
        fmitalic.Checked = True
        Text1.FontItalic = True
    Else
```

```
            fmitalic.Checked = False
            Text1.FontItalic = False
        End If
    End Sub
    Private Sub fmunderline_Click()      '下划线
        If Text1.FontUnderline = False Then
            fmunderline.Checked = True
            Text1.FontUnderline = True
        Else
            fmunderline.Checked = False
            Text1.FontUnderline = False
        End If
    End Sub
```

(4)"退出"的 Click 事件过程代码：

```
    Private Sub filequit_Click()
        End
    End Sub
```

保存并运行工程，在文本框中输入一段文字，执行相应的命令，完成相应的功能，同时检验菜单设计是否符合要求，菜单代码设计是否合理。

【例 8-2】 动态增减菜单项设计。设计如图 8-7 所示的最近使用游戏软件的添加与删除菜单界面。图 8-7(a)为设计时菜单，图 8-7(b)为运行时添加了 3 个游戏软件的界面，单击某一游戏名可以启动相应的游戏，单击"删除游戏"命令可以根据输入的游戏次序号删除相应的菜单项。

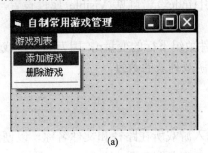
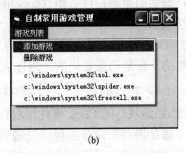

图 8-7 动态菜单项设计

在 Visual Basic 6.0 系统的"文件"菜单底部会动态出现最近使用过的工程文件列表，启动 Visual Basic 后随着工程的新建或打开，该工程文件列表在动态的变化。这种菜单项可以动态增减的菜单在很多应用软件的使用界面上广泛使用，如人们经常使用办公软件 Office 中的 Word、Excel、PowerPoint 的"文件"菜单的底部会动态列出最近使用的文档列表，还有 Windows 附件中的"画图"、"写字板"程序中的"文件"菜单的底部也是如此，等等。

要设计可以动态增减的菜单，需要用到菜单控件数组，以及动态装入和释放控件数组元素的语句 Load、Unload。关键在于菜单控件数组索引 Index（下标）、Caption、Visible 属性在代码中的灵活修改。

1）界面设计

启动 Visual Basic 后在新建工程的窗体执行"工具｜菜单编辑器"命令，打开"菜单编辑器"窗口，完成表 8-2 所示的菜单控件属性设置。

表 8-2 动态菜单控件属性设置

标题(Caption)	名称(Name)	内缩符号	说明
游戏列表	Game	无	
添加游戏	Addgame	1	
删除游戏	Delegame	1	
—	Spt1	1	分隔条
	Gamelist	1	索引 Index 为 0,Visible 属性为 False

属性设置完成后的"菜单编辑器"窗口显示如图 8-8 所示。

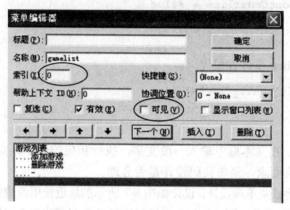

图 8-8 动态菜单设计结果

注意：最后的菜单控件数组(Gamelist)的索引(Index)、可见(Visible)属性设置。

2) 代码设计

(1) 在窗体模块通用段定义一个保存菜单控件数组下标的变量 n，因为随着游戏的添加和删除，数组的下标是动态变化的，用以表示当前游戏列表的数目。

```
Dim n As Integer            '游戏数目
```

(2) "添加游戏"的 Click 事件过程代码。

单击"添加游戏"命令出现一个输入框，输入游戏所在路径和文件名称，以便启动它。Windows 附带的游戏应用程序通常放在系统盘指定的文件夹下，如 C:\windows\system32 文件夹。应用程序都有运行的文件名，如纸牌(sol.exe)、蜘蛛纸牌(freecell.exe)、空挡接龙(freecell.exe)、网上红心大战(mshearts.exe)等。

```
Private Sub addgame_Click()
    yxm =InputBox("Please enter file path & filename", "添加游戏")
    n = n + 1
    load gamelist(n)                        '装入控件
    gamelist(n).Caption = yxm
    gamelist(n).Visible = True
End Sub
```

(3) "删除游戏"的 Click 事件过程代码：

```
Private Sub delegame_Click()
    Dim i As Integer, num As Integer
```

```
        num = Val(InputBox("Please enter number to delete", "删除游戏"))
        If num > n Or num < 1 Then
            MsgBox "超出范围"
            Exit Sub
        Else
            For i = num To n -1
                gamelist(i).Caption = gamelist(i + 1).Caption
            Next
            Unload gamelist(n)           '从内存中释放控件,以免留下空白菜单条
            n = n - 1
        End If
    End Sub
```

(4) 控件数组 gamelist 的 Click 事件过程代码：

```
Private Sub gamelist_Click(Index As Integer)
    Shell gamelist(n).Caption, vbNormalFocus
End Sub
```

保存并运行工程，检验相应的菜单功能。

8.1.2 弹出式菜单

弹出式菜单又称"快捷菜单"或"右键菜单"或"上下文菜单"，它通常是操作对象（窗体或控件）时单击右键弹出一个实时的方便当前操作的菜单，不在菜单栏显示。因此它广泛用于应用程序的界面设计。

创建对象的弹出式菜单分两步：

首先，用菜单编辑器设计弹出式菜单的结构，注意将要作为弹出式菜单的主菜单的设置为不可见，即可见（Visible）属性为 False。

其次，在对象的 MouseDown 事件过程代码中用 Popupmenu 方法显示菜单。

Popupmenu 方法调用语句的一般格式为：

　　[对象.]Popupmenu 菜单名,[Flags],[X],[Y],[加粗菜单项]

功能：在指定位置显示指定的弹出式菜单。

说明：

（1）Popupmenu 方法共有 6 个参数，除"菜单名"外，其余均为可选项，缺省[对象]时，弹出式菜单只能在当前窗体中显示，如要在其他窗体显示，须加上窗体名。

（2）Flags：用于指定弹出式菜单的位置或行为，是一个数值或符号常量，其取值分为两组，一组用于指定位置，一组用于指定菜单的特殊行为。其取值如表 8-3 和表 8-4 所示。

表 8-3 弹出式菜单位置常量

位置常量	值	作用
vbPopupMenuLeftAlign	0	缺省。指定的 x 位置定义了该弹出式菜单的左边界
vbPopupMenuCenterAlign	4	弹出式菜单以指定的 x 位置为中心
vbPopupMenuRightAlign	8	指定的 x 位置定义了该弹出式菜单的右边界

表 8-4　弹出式菜单行为常量

行为常量	值	作用
vbPopupMenuLeftButton	0	缺省。单击选择菜单命令
vbPopupMenuRightButton	8	右键单击选择菜单命令

位置常量和行为常量可以单独使用，也可以联合使用。联合使用，每组中取一个值，两个值相加作为 Flags 参数值，如果用符号常量，两个值中间用 OR 运算符连接。

（3）X 和 Y：用于指定弹出式菜单显示位置的横坐标和纵坐标。默认情况下，在光标的当前位置显示指定的弹出式菜单。

（4）弹出式菜单的具体位置由 Flags 和 X、Y 共同确定。同时使用，分为以下几种情况。
Flags=0：X、Y 为弹出式菜单的左上角坐标。
Flags=4：X、Y 为弹出式菜单顶边的中间坐标。
Flags=8：X、Y 为弹出式菜单右上角的坐标。
默认情况下，以窗体的左上角为坐标原点。

（5）通常在 MouseDown 事件中调用 Popupmenu 方法来显示弹出式菜单，MouseDown 事件过程有个参数 Button，当单击右键时，Button 值为 1，单击右键时 Button 值为 2。而弹出式菜单通常是通过单击右键弹出的，因此调用语句一般写成如下形式：

```
If Button=2 Then Popupmenu 菜单名
```

【例 8-3】 为文本框设计一个编辑操作的快捷菜单，如图 8-9 所示，其中菜单项"剪切"、"复制"、"粘贴"和"全选"的 Click 事件代码参照例 8-1 编写。当文本框中有字符选择时，"剪切"和"复制"功能可用，否则不可用。

图 8-9　弹出式菜单举例

1）界面设计

启动 Visual Basic，在新建工程的当前窗体执行"工具｜菜单编辑器"命令，打开"菜单编辑器"窗口，各菜单项属性设置如表 8-5 所示。

表 8-5　弹出式菜单属性设置

标题(Caption)	名称(Name)	内缩符号	说明
编辑	Edit	无	可见(Visible)属性设为 False
剪切	Editcut	1	
复制	Editcopy	1	有效(Enabled)属性设为 False
粘贴	Editpaste	1	
全选	Editsele	1	

在窗体上创建一个文本框 Text1，并设置其 Text 属性为"Visual Basic 程序设计教程"，修改窗体的 Caption 属性为"弹出式菜单"。

2）代码设计

（1）窗体模块通用段定义保存选择字符的变量，用于模拟剪贴板功能。

    Dim s As String

（2）在窗体上显示弹出式菜单的代码：

```
Private Sub Form_MouseDown(Button As Integer, Shift As Integer, X As Single,
                    _Y As Single)
If Button = 2 Then
    If Text1.SelLength > 0 Then
        editcut.Enabled = True
        editcopy.Enabled = True
    Else
        editcut.Enabled = False
        editcopy.Enabled = False
    End If
    If s = "" Then
        editpaste.Enabled = False
    Else
        editpaste.Enabled = True
    End If
    PopupMenu edit, editsele
End If
End Sub
```

剪切、复制、粘贴、全选的 Click 事件代码请参照例 8-1 编写，保存并运行工程，在窗体上右击，弹出指定的菜单并执行相应的菜单命令。

注意：由于 Visual Basic 系统为文本框预定义了快捷菜单，因此在文本框上直接右击，弹出如图 8-10 所示的快捷菜单。

图 8-10 文本框预定义弹出式菜单

由于本例的代码是在窗体上编写的，所以右击窗体会弹出自定义的弹出式菜单。如果将代码写在文本框 Text1 的 MouseDown 事件过程中，要弹出自定义的弹出式菜单须右击两次才能完成，第一次显示的是预定义的弹出式菜单。

8.2 对话框设计

对话框是用户与计算机之间交流信息的矩形区域（窗口），在人们使用 Word、Excel、PowerPoint、写字板等软件时，只要执行的菜单命令后有省略号（…）系统都会打开一个对话框，要求用户输入或选择数据。如"文件｜打开(O)…"、"工具｜选项(O)…"等都会打开一个对话框，这些对话框根据功能不同，人机交互的窗口界面是不一样的。

Visual Basic 中，对话框（Dialog Box）是一种特殊的窗口，通过显示和获取信息与用户交流。

8.2.1 对话框的分类和特点

1. 对话框的分类

Visual Basic 对话框分为 3 种类型：预定义对话框、自定义对话框和通用对话框。

（1）预定义对话框：是由 Visual Basic 系统提供的，又称为预制对话框。Visual Basic 提供了两种预定义对话框，用于数据的输入和信息的输出，称为输入框和消息框。输入框由 InputBox 函数建立，消息框由 MsgBox 函数或语句建立，具体用法，在第 4 章已详细讲解。输入框缺点是一个输入窗口只能输入一串字符。

（2）自定义对话框：根据用户的需要自定义对话框，又称自制对话框，与窗体设计类似。

（3）通用对话框：是一种 ActiveX 控件，利用这种控件可以较轻松地设计常用但又较复杂的对话框。

2. 对话框的特点

与一般应用程序窗口相比，对话框具有如下的特点。

（1）用户使用对话框与计算机交流信息时，一般无须改变对话框窗口的大小，因此对话框窗口边框是固定的。通过将窗体的 BorderStyle 属性设为 1-Fixed Single 或 3-Fixed Dialog 来实现。

（2）对话框中不能有最大化（Max Button）或最小化（Min button）按钮，以免被意外的放大或缩小。通过将窗体的 MaxButton 和 MinButton 属性设为 False 来实现。

（3）对话框使用时临时打开，使用后应关闭。通过设置窗体的 Visible 属性，或通过调用窗口的方法程序 Show 或 Hide 来实现。

（4）对话框中的控件属性可以在设计时设置，也可以在运行时在代码中根据条件重新设置。

（5）要退出对话框，须单击其中"确定"或"取消"等按钮，不能通过单击对话框以外其他某个地方关闭。

8.2.2 自定义对话框

1. 设计自定义对话框的步骤

根据需要设计自定义对话框的步骤如下：

（1）添加要作为自定义对话框的窗体，执行"工程 | 添加窗体"命令来完成。

（2）将窗体定义为对话框风格，主要设置 BorderStyle、ControlBox、MaxButton、MinButton 属性取值。

（3）添加"确定"、"取消"按钮。用于确定或取消对话框中完成的设置。

（4）添加其他控件，根据对话框的功能添加，如单选、复选、列表框、文本框等控件。

（5）在适当的位置编写代码让对话框显示。对话框的显示分为模式对话框和无模式对话框。如果打开一个对话框，焦点不能切换到其他窗体或对话框，该对话框为模式对话框。

显示窗体的 Show 方法格式：

  窗体名.Show [显示方式][, 父窗体]

显示方式：0 或 Vbmodeless 为无模式，1 或 Vbmodal 为模式。

父窗体：定义了父窗体，可以使得对话框随父窗体最小化而最小化，随父窗体关闭而关闭。

(6) 编写实现对话框功能的代码，如"确定"或"取消"按钮的 Click 事件代码。

(7) 编写从对话框退出的代码：可以使用 Unload 语句和 Hide 方法退出对话框。Unload 语句是把对话框从内存中删除，Hide 方法只是把对话框隐藏，对话框及其控件仍在内存中。为了节约内存空间建议使用 Unload 语句。

2. 自定义对话框应用举例

【例 8-4】 设计一个通过对话框来更改文本框中英文大小写的工程。该工程由两个窗体构成，其中第 2 个窗体作为对话框。工程启动时显示如图 8-11(a)所示父窗体，在文本框中输入文字后，单击"更改大小写…"按钮可以打开图 8-11(b)所示的对话框，根据需要对文本框中选中的文字进行大小写的更改。

(a) 父窗体
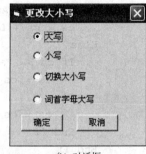
(b) 对话框

图 8-11 自定义对话框

1) 界面设计

启动 Visual Basic 在新建工程的默认窗体 Form1 上建立文本框 Text1 并设置其 Multiline 属性为 True，ScrollBars 属性为 2；创建命令按钮 Command1 和 Command2 并修改其 Caption 属性分别为"更改大小写…"和"退出"。

执行"工程|添加窗体"命令，添加一个新窗体 Form2，设置窗体的 BorderStyle 属性为 1-Fixed Single；并按图 8-11(b)创建选项按钮 Option1、Option2、Option3、Option4 和命令按钮 Command1、Command2，并设置其 Caption 属性为大写、小写、切换大小写、词首字母大写、确定、取消。

2) 代码设计

(1) 父窗体 Form1 中"更写大小写…"(Command1)的 Click 事件代码：

```
Private Sub Command1_Click()
    Form2.Show vbModal, Form1
End Sub
```

(2) 父窗体 Form1 中"退出"(Command2)的 Click 事件代码：

```
Private Sub Command2_Click()
    End
End Sub
```

(3) 对话框窗体 Form2 中的"确定"(Command1)的 Click 事件代码：

```
Private Sub Command1_Click()
```

```vb
        If Option1.Value = True Then
            Form1.Text1.SelText = UCase(Form1.Text1.SelText)           '大写
        End If
        If Option2.Value = True Then
            Form1.Text1.SelText = LCase(Form1.Text1.SelText)           '小写
        End If
        If Option3.Value = True Then                            '切换大小写
            s = Form1.Text1.SelText
            n = Len(s)
            cs = ""
            k = 1
            Do While k <= n
                ch = Mid(s, k, 1)
                If ch >= "A" And ch <= "Z" Then
                    cs = cs + LCase(ch)
                Else
                    If ch >= "a" And ch <= "z" Then
                        cs = cs + UCase(ch)
                    Else
                        cs = cs + ch
                    End If
                End If
                k = k + 1
            Loop
            Form1.Text1.SelText = cs
        End If
        If Option4.Value = True Then                            '词首字母大写
            Dim a As Variant
            Dim strT As String
            Dim i As Long
            a = Split(Form1.Text1.SelText, " ")         '取得一个一维字符串数组
            pos = Form1.Text1.SelStart
            If pos = 0 Then
                For i = LBound(a) To UBound(a)
                    If Trim(a(i)) <> vbNullString Then
                        strT = strT & UCase$(Left$(a(i), 1)) & Right$(a(i), Len(a(i)) _
                                -1) & " "
                    End If
                Next
            Else
                ch = Mid(Form1.Text1.Text, pos, 1)
                If ch <> " " Then
                    strT = a(LBound(a)) + " "           '引号中有一空格
                    For i = LBound(a) + 1 To UBound(a)
                        If Trim(a(i)) <> vbNullString Then
                            strT = strT & UCase$(Left$(a(i), 1)) & Right$(a(i), _
                                    Len(a(i))-1) & " "
                        End If
```

```
            Next
        Else
            For i = LBound(a) To UBound(a)
                If Trim(a(i)) <> vbNullString Then
                    strT = strT & UCase$(Left$(a(i), 1)) & Right$(a(i),_
                                         Len(a(i)) -1) & " "
                End If
            Next
        End If
    End If
    Form1.Text1.SelText = strT
    End If
    Unload Form2
End Sub
```

(4) 对话框窗口中的"取消"(Command2)的 Click 事件代码：

```
Private Sub Command2_Click()
    Unload Form2
End Sub
```

保存并启动工程，在文本框中输入英文文章，然后选中一段文字，单击"更改大小写…"按钮根据选择对选中的英文进行大小写的自动修改，与 Word 中"格式 | 更改大小写"命令的功能类似。

说明：Split 函数能返回一个下标从零开始的一维数组，它包含指定数目的子字符串。本例以空格作为子字符串的分隔符。

8.2.3 通用对话框

1. 通用对话框控件

通用对话框控件是一种 ActiveX 控件，启动 Visual Basic 后在控件工具箱中无此控件，通过以下方法可以将通用对话框控件添加到控件工具箱中。

(1) 执行"工程 | 部件"命令，打开"部件"对话框。

(2) 选择"部件"对话框的"控件"选项卡，然后在控件列表框中选择"Microsoft Common Dialog Control 6.0(SP6)"选项。

(3) 单击"确定"按钮，通用对话框控件就添加到控件工具箱中，工具如图 8-12 所示。

注意：通用对话框对象的 Name 属性默认为 Commondialogx，x 为 1,2,3,…。该对象设计时可见，运行时不可见，因此可以将其创建在窗体的任何位置。

利用通用对话框控件可以方便地创建与 Windows 风格相同的标准对话框，如文件打开对话框、文件保存对话框、颜色对话框、字体对话框、打印对话框、帮助对话框。

通用对话框控件的属性可以在"属性"窗口中设置，也可以在"属性页"对话框中设置，打开"属性页"对话框的方法如下：

选中窗体上的通用对话框控件对象，执行右键菜单中的"属性"命令就可以打开如图 8-13 所示的"属性页"对话框。

图 8-12 通用对话框控件

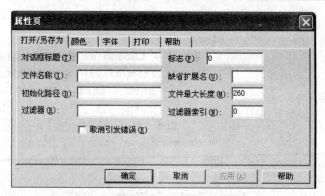

图 8-13 通用对话框控件的"属性页"对话框

要在代码中让相应的对话框显示,可以用方法,也可以通过设置 Action 属性值来完成。表 8-6 为显示各种标准对话框的方法和 Action 属性值。

表 8-6 对话框类型

对话框类型	Action 属性值	方法
打开文件	1	ShowOpen
保存文件	2	ShowSave
颜色	3	ShowColor
字体	4	ShowFont
打印	5	ShowPrinter
帮助	6	ShowHelp

例如,将通用对话框 Commondialog1 显示为一个打开对话框,可以使用如下语句:

```
Commondialog1.ShowOpen 或 Commondialog1.Action=1
```

2. "文件"对话框

"文件"对话框分为两种:文件打开(Open)和文件保存(Save)对话框。

1)文件对话框的结构

"打开"和"保存"文件的对话框类似,图 8-14 为在 Word 中打开文件的对话框。

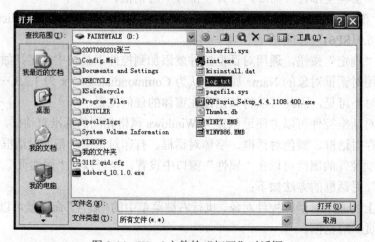

图 8-14 Word 文件的"打开"对话框

利用此对话框计算机系统可以通过对话的方式得到要打开的文件名,文件名中包含文件所在的盘符、路径、文件名称(主名.扩展名)信息。单击"打开"按钮,打开指定的文件。

2) 文件对话框的属性

这些属性可以在通用对话框控件的属性窗口中设置,也可以在"属性页"对话框或代码中设置。

(1) DialogTitle:对应"属性页"对话框中的"对话框标题(T):"选项。

用于设置或返回对话框标题栏上所显示的字符串。默认情况下打开对话框标题是"打开",保存对话框标题是"另存为"。

(2) Flags:对应"属性页"对话框中的"标志(F):"选项。

用于控制对话框的外观,其格式为:

  对象.Flags[=值]

对象:通用对话框的名称,如 Commondialog1。

值:是一个整数,可以用 3 种形式,即符号常量、十六进制整数、十进制整数。

文件对话框的 Flags 属性值如表 8-7 所示。

表 8-7 文件对话框的 flags 值表

符号常量	十六进制整数	十进制整数
vbOFNReadOnly	&H1&	1
vbOFNOverWritePrompt	&H2&	2
vbOFNHideReadOnly	&h4&	4
vbOFNNoChangeDir	&H8&	8
vbOFNHelpButton	&H10&	16
vbOFNNoValidate	&H100&	256
vbOFNAllowMultiselect	&H200&	512
vbOFNExtensionDifferent	&H400&	1024
vbOFNFileMustExist	&H1000&	4096
vbOFNCreatePrompt	&H2000&	8192

在应用程序代码中修改 Flags 属性值,可以用 3 种形式中的任一种,如:

```
Commondialog1.Flags=4                       '十进制整数
Commondialog1.Flags=&H4&                    '十六进制整数
Commondialog1.Flags=vbOFNHideReadOnly       '符号常量
```

以上 3 种形式是等价的。

文件对话框 Flags 属性各取值的含义如表 8-8 所示。

(1) FileName:对应"属性页"对话框中的"文件名称(I):"选项。

用于设置对话框中显示的初始文件名,在程序代码中返回或设置所选文件的路径和文件名。

(2) DefaultExt:对应"属性页"对话框中的"缺省扩展名(U):"选项。

为该对话框返回或设置缺省的文件扩展名。当对话框为保存文件时,如果文件名中没有指定扩展名,则自动加上该属性指定的缺省扩展名。

(3) InitDir:对应"属性页"对话框中的"初始化路径(D):"选项。

为打开或另存为对话框指定初始路径,未设置该属性或指定路径不存在,则使用当前路径。

(4) MaxFileSize:对应"属性页"对话框中的"文件最大长度(M):"选项。

表 8-8 文件对话框 Flags 属性取值含义表

值	含义
1	选中"打开"文件对话框中"以只读方式打开(R)"复选框,即该复选框选中
2	"另存为"对话框中,当选择的文件已经存在时应产生一个信息框,用户必须确认是否覆盖该文件
4	隐藏"打开"文件对话框中的"以只读方式打开(R)"复选框
8	强制对话框将对话框打开时的目录置成当前目录
16	在对话框中显示"帮助(H)"按钮
256	允许返回的文件名中含有非法字符
512	在指定的文件名列表框中允许选择多个文件,FileName 属性就返回一个包含全部所选文件名的字符串。串中各文件名用空格隔开
1024	用户指定的文件扩展名与 DefaultExt 属性指定的扩展名不一致。如果 DefaultExt 属性是空,此标志无效
4096	在文件名输入框中禁止输入打开文件对话框中没有列出的文件名
8192	打开文件对话框中当文件不存在时询问用户是否创建一新文件

返回或设置使用 CommonDialog 控件被打开的文件名的最大长度,单位为字节。该属性取值范围为 1~32KB,缺省为 256B。

(5) Filter:对应"属性页"对话框中的"过滤器(R):"选项。

用于指定文件对话框中文件类型列表框要显示的文件类型,其值为字符串型。为一对或多对文本字符串构成。每对字符串用管道符"|"隔开,在"|"前的为描述符,后面为通配符和文件扩展名,称为"过滤器",如*.doc,各对字符串之间也用管道符分隔开。注意通配符的前后不要加空格。

格式:

  对象.Filter[=描述符 1 | 过滤器 1 | 描述符 2 | 过滤器 2…]

对象为通用对话框名称,如 Commondialog1。

例如,Word 中的"另存为"对话框的部分过滤器如下:

```
CommonDialog1.Filter = "Word文档(*.doc)|*.doc|网页(*.htm;*.html)|*.htm;*.html"
```

(1) FilterIndex:对应"属性页"对话框中的"过滤器索引(N):"选项。

用来指定文件对话框默认的过滤器,其取值为一整数,第 1 过滤器的 FilterIndex 属性值为 1,用 FilterIndex 属性可以指定默认过滤器。例如:

```
Commondialog1.FilterIndex=2
```

将第 2 个过滤器设为默认显示的过滤器,对于上例,"另存为"对话框文件类型栏内显示网页(*.htm;*.html),其他过滤器就必须通过其后的下拉列表显示。

(2) CancelError:对应"属性页"对话框中的"取消引发错误(E):"复选项。

返回或设置一个值,该值指示当单击"取消"按钮时是否出错。其值为布尔型。

该属性设为 True,单击对话框中的"取消"按钮关闭一个对话框时会出现如图 8-15 出错信息框,否则不显示出错信息。

(3) FileTitle:返回要打开或保存的文件名(不包括路径)。与 FileName 属性的区别是:FileName 用来指定完整的路径,如 d:\vb\sjt1.frm,而 FileTitle 只指定文件名,如 sjt1.frm。

第 8 章 菜单与对话框设计

图 8-15 单击"取消"按钮时出现的错误信息框

3) 文件对话框应用举例

【例 8-5】 程序运行时通过单击如图 8-16(a)所示窗体上的命令按钮 Command1,其标题为"打开文件",能建立一个如图 8-16(b)所示的"打开文件"对话框。

显示的"打开文件"对话框要求如下:

- 对话框标题:打开文件。
- 初始路径:C 盘根文件夹,即 C:\。
- 过滤器:所有文件|*.*|文本文件|*.txt|Word 文档|*.doc。
- 过滤器索引:2。
- 默认文件名:sjt。
- 取消引发错误:选中。

(a) 设计界面　　　　　　　　　　　(b) "打开文件"对话框

图 8-16 例 8-5 图

(1) 界面设计。

启动 Visual Basic 在新建的工程窗体上创建命令按钮 Command1,并修改其 Caption 属性为"打开文件";执行"工程 | 添加部件"命令,在打开"部件"对话框的"控件"选项卡上选中"Microsoft Common Dialog Control 6.0(SP6)"复选框,将通用对话框控件添加到控件工具箱,然后在窗体上创建通用对话框 Commondialog1,如图 8-16(a)所示。

按要求设置通用对话框 Commondialog1 的属性,可以用"属性页"对话框设置,也可以在属性窗口中设置,具体如下:

- 对话框标题(DialogTitle)：打开文件。
- 文件名称(FileName)：sjt。
- 初始化路径(InitDir)：c:\。
- 过滤器(Filter)：所有文件 | *.* | 文本文件 | *.txt | Word 文档 | *.doc。
- 过滤器索引(FilterIndex)：2。
- 取消引发错误(CancelError)：true。

提示：以上属性也可以在代码中设置。

(2) 代码设计。

如果对话框的属性也用代码来设计，则命令按钮 Command1 的 Click 事件代码为：

```
Private Sub Command1_Click()
    CommonDialog1.DialogTitle = "打开文件"
    CommonDialog1.InitDir = "c:\"
    CommonDialog1.Filter = "所有文件 | *.* | 文本文件 | *.txt | Word 文档 | *.doc"
    CommonDialog1.FilterIndex = 2
    CommonDialog1.FileName = "sjt"
    CommonDialog1.CancelError = True
    CommonDialog1.ShowOpen             '显示打开文件对话框
End Sub
```

保存并运行工程，单击"打开文件"按钮显示相应的对话框，但并不能打开实质上的文件，要打开实质上的文件还须用到第 10 章中将讲解的文件操作才行。如果在属性窗口中已设置好 Commondialog1 的相关属性，则事件过程可以只用一条显示对话框的语句 CommonDialog1.ShowOpen 即可。"保存文件"对话框的应用与此相类似，只不过使用 ShowSave 方法显示。

CommonDialog1.ShowOpen 也可用 CommonDialog1.action=1 代替，程序运行结果相同。

3. "颜色" 对话框

"颜色"对话框，有时又称为调色板，使用通用对话框 Commondialog 的 ShowColor 方法或 Action 属性(=3)显示颜色对话框，从显示的调色板可以选择颜色或生成自定义颜色。

1) 颜色对话框的属性

这些属性可以在"属性页"对话框的"颜色"选项卡中设置，也可以在"属性"窗口中设置，还可以在代码中使用。

(1) Color：对应属性页"颜色"选项卡中的"颜色(C)："选项。

其值是一个长整型数据，用来设置或返回选定的颜色，可以用函数 RGB 或 QBcolor 设置颜色，也可以用对象浏览器中 Visual Basic(VB) 对象库中的系统颜色常量来指定颜色。颜色常量，如 vbBlack、vbRed、vbBlue、vbGreen 等。

其值用于设置带 Color 的属性值，如 BackColor、ForeColor 等属性。

要设置或读取 Color 属性值，标志(Flags)属性值必须设为 1。

(2) Flags：对应属性页"颜色"选项卡中的"标志(F)："选项。

其值为一个长整型，用来设定"颜色"对话框的特性。"颜色"对话框 Flags 属性取值及含义如表 8-9 所示。

表 8-9 颜色对话框 Flags 属性取值及含义

符号常量	十进制	含义
vbCCRGBInit	1	使得 Color 属性定义的颜色在首次显示对话框时为默认选择的颜色
vbCCFullOpen	2	打开完整对话框,包括"用户自定义颜色"窗口
vbCCPreventFullOpen	4	禁止选择"规定自定义颜色"按钮,即该按钮灰度显示
vbCCShowHelp	8	显示"帮助(H)"按钮

提示:Flags 属性值也可以用十六进制表示,如符号常量"vbCCRGBInit"、十进制"1"、十六进制"&H1&"是等价的。

(3) CancelError:对应"属性页"对话框中的"取消引发错误(E):"复选项。

返回或设置一个值,该值指示当单击"取消"按钮时是否出错,其值为布尔型。

2) 颜色对话框应用举例

【例 8-6】 建立一个通过颜色对话框灵活设置窗体上文本框中文字颜色的程序,如图 8-17(a)所示,程序运行时单击"设置颜色…"按钮,可以打开如图 8-17(b)所示的"颜色"对话框来设置文本框文字的颜色。

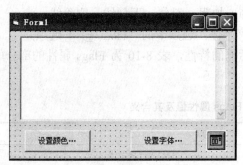
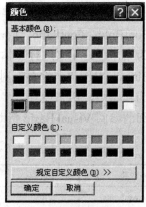

(a) 窗体设计界面   (b) "颜色"对话框

图 8-17 例 8-6 图

(1) 界面设计。

在窗体上添加命令按钮 Command1、Command2 并修改其 Caption 属性分别为"设置颜色…"、"设置字体…";添加通用对话框 Commondialog1;添加文本框 Text1,并设置其 Multiline 属性为 True,ScrollBars 属性为 2,适当调整其大小。

(2) 代码设计。

命令按钮 Command1 的 Click 事件过程为:

```
Private Sub Command1_Click()
    CommonDialog1.Flags = 1
    CommonDialog1.ShowColor      '也可用 CommonDialog1.Action = 3
    Text1.ForeColor = CommonDialog1.Color
End Sub
```

通过修改"颜色"对话框 Commondialog1 的 Flags 属性值,可以显示不同特性的"颜色"对话框。读者可以上机实践观察一下效果,查看"规定自定义颜色(D)>>"按钮是否变成灰度,以及自定义"颜色"对话框是否打开并附加在"颜色"对话框的右侧。

4. "字体"对话框

在 Visual Basic 中,字体可以通过"字体"对话框(Font)或字体属性(如 FontName、FontSize 等)设置。用通用对话框控件可以建立"字体"对话框,并通过代码轻松地设置所需的字体。用 ShowFont 方法或设置 Action 属性(=4)可以让一个通用对话框显示为"字体"对话框。

1)"字体"对话框的属性

这些属性可以在"属性页"对话框的"字体"选项卡中设置,也可以在"属性"窗口设置,或在应用程序中设置和引用。

(1) FontName:对应"属性页"对话框中"字体"选项卡的"字体名称(O):"选项。

用于设置字体对话框的初始字体,其值为字符串型。

(2) FontSize:对应"属性页"对话框中"字体"选项卡的"字体大小(Z):"选项。

用来设置字体对话框的初始字体大小,其值为数值型。默认为 8,中文字号为"六号"。

(3) Max、Min:对应"属性页"对话框中"字体"选项卡的"最大(X):"、"最小(N):"选项。

用来设置最大和最小字体大小。单位为点(1/72 英寸),默认取值范围为 1~2048 点。要使该属性设置有效,须先设置"字体"对话框的 Flags 属性值为 8192。

(4) FontBold、FontItalic、FontUnderline、FontStrikeThru:对应样式项。

其值为布尔型,用来进行字体样式修饰,加粗、斜体、下划线、删除线。

(5) Flags:对应"属性页"对话框中"字体"选项卡的"标志(F):"选项。

其值为长整型,用来设置"字体"对话框的特性,表 8-10 为 Flags 属性的部分取值及其含义,详细的参阅 Visual Basic 帮助系统。

表 8-10 部分 Flags 属性值及其含义

符号常量	十进制	含义
vbCFScreenFonts	1	只显示屏幕字体
vbCFPrinterFonts	2	只列出打印机字体
vbCFBoth	3	列出屏幕和打印机字体
vbCFShowHelp	4	显示"帮助(H)"按钮
vbCFEffects	256	允许中划线、下划线和颜色

注意:如果要使用多个标志设置,可以将相应的标志值相加,如要使"字体"对话框显示屏幕字体,同时还要显示中划线、下划线效果和颜色,而且在"字体"对话框中还要显示"帮助(H)"按钮,则标志(Flags 属性)应设置为 261(即 1+256+4)。

提示:在显示字体对话框前,须先将标志(Flags)属性设为 1、2 或 3,否则会发生字体不存在的错误信息框。

Flags 属性值也可以用十六进制表示。

(6) CancelError:对应"属性页"对话框"字体"选项卡的"取消引发错误(E):"复选项。返回或设置一个值,该值指示当单击"取消"按钮时是否出错,其值为布尔型。

2) 字体对话框应用举例

【例 8-7】 编写例 8-6 中的"设置字体…"命令按钮的事件过程,使得程序运行时,单击该按钮打开如图 8-18"字体"对话框,以便对文本框的字体进行设置。

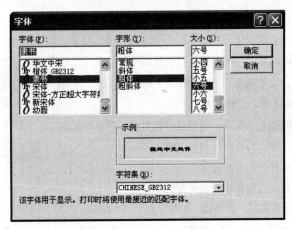

图 8-18 "字体"对话框

代码设计：

```
Private Sub Command2_Click()
    CommonDialog1.Flags = 3
    CommonDialog1.FontName = "隶书"
    CommonDialog1.FontBold = True
    CommonDialog1.ShowFont
    Text1.FontName = CommonDialog1.FontName
    Text1.FontSize = CommonDialog1.FontSize
    Text1.FontBold = CommonDialog1.FontBold
    Text1.FontItalic = CommonDialog1.FontItalic
End Sub
```

保存并运行程序，单击"设置字体…"按钮，出现"字体"对话框，根据需要在对话框中设置字体，然后单击"确定"按钮，文本框中字体就会按要求设置。

习 题 8

一、判断题（正确填写 A，错误填写 B）

1. 设计菜单中每一个菜单项分别为一个控件，每个控件都有自己的名字。（ ）
2. 下拉式菜单与弹出式菜单都用菜单编辑器创建。（ ）
3. 菜单控件的属性不可以在程序运行时动态修改。（ ）
4. 菜单控件的 Name 属性决定菜单项显示的内容。（ ）
5. 如果一个菜单项的 Visible 属性为 False，则它的子菜单也不会显示。（ ）
6. 当一个菜单项不可见时，其后的菜单项就会往上填充留下来的空位。（ ）
7. ActiveX 控件是扩展名为*.ocx 的独立文件，使用时需执行"工程|部件"命令载入或移去。（ ）
8. 所有控件（包括通用对话框控件 Commondialog1）在程序运行以后都是可见的。（ ）
9. Visual Basic 若同一个工程有许多窗体，可以指定任一个窗体为启动窗体。（ ）
10. 通用对话框只能用 Show 方法（如 ShowOpen、ShowColor 等）进行调用。（ ）

二、选择题

1. 以下关于菜单设计的叙述中错误的是（   ）。

A. 各菜单项可以构成菜单数组

B. 菜单项只响应单击事件

C. 每个菜单项可以看成一个控件，包含分隔线

D. 设计菜单时，菜单项的"可见"未选，即 □可见(V)，表示该菜单项灰度显示

2. 以下关于多窗体叙述中，正确的是（   ）

A. 向一个工程添加多个窗体，但存盘时只生成一个窗体文件

B. 打开一个窗体时，其他窗体自动关闭

C. 任何时刻，只有一个当前窗体

D. 只有第一个建立的窗体才能设置为启动窗体

3. 用菜单编辑器设计菜单时，必须输入的项是（   ）

A. 标题   B. 名称   C. 索引   D. 快捷键

4. 以下关于弹出式菜单的叙述中，错误的是（   ）

A. 弹出式菜单在菜单编辑器中建立

B. 一个窗体只能有一个弹出式菜单

C. 弹出式菜单的菜单名(主菜单)的"可见"属性通常设置为 False

D. 弹出式菜单通过窗体的 Popupmenu 方法显示

5. 有弹出式菜单的结构如表 8-11，程序运行时，单击窗体则弹出如图 8-19 所示的菜单。能正确实现这一功能的是（   ）。

表 8-11

名称	标题	内缩
Edit	编辑	无
Copy	复制	1
Cut	剪切	1
Paste	粘贴	1

图 8-19

A. Private Sub Form_Click()
    PopupMenu edit
   End Sub

B. Private Sub Form_Click()
    PopupMenu copy
   End Sub

C. Private Sub Form_Click()
    PopupMenu cut
   End Sub

D. Private Sub Form_Click()
    PopupMenu paste
   End Sub

6. 假定有一个菜单项，名称为 file，为了在运行时让该菜单项失效(变灰)，应使用的语句是（   ）。

A. file.visible=false   B. file.enabled=false

C. file.checked=false   D. file.enabled=true

7. 假定在窗体上建立了一个通用对话框，其名称为 CD1，用下面的语句可以建立一个对话框：CD1.Action=3，与该语句等价的语句是（   ）。

A. CD1.ShowOpen   B. CD1.ShowSave

C. CD1.ShowColor   D. CD1.ShowFont

8. 在窗体上建立了一个通用对话框，其名称为 CD1，命令按钮名称为 Command1，则单击命令按钮后，能使打开的对话框标题为 New 的事件过程是（   ）。

A. Private Sub Command1_Click()
    CD1.DialogTitle = "New"

B. Private Sub Command1_Click()
    CD1.DialogTitle = "New"

　　　　CD1.ShowOpen　　　　　　　　　　　　CD1.ShowColor
　　　End Sub　　　　　　　　　　　　　　　End Sub
　　C．Private Sub Command1_Click()　　D．Private Sub Command1_Click()
　　　　CD1.DialogTitle = "New"　　　　　　　CD1.DialogTitle = "New"
　　　　CD1.ShowFont　　　　　　　　　　　　CD1.ShowPrinter
　　　End Sub　　　　　　　　　　　　　　　End Sub

9．窗体上有一个名称为 CD1 的通用对话框，一个名称为 Command1 的命令按钮，并有如下事件过程，则运行程序时，如下叙述正确的是(　　)。

```
Private Sub Command1_Click()
    cd1.FileName = "VC.txt"
    cd1.Filter = "所有文件|*.*|Excel 工作簿|*.xls|Word 文档|*.doc"
    cd1.FilterIndex = 2
    cd1.DefaultExt = "doc"
    cd1.ShowSave
End Sub
```

　　A．打开的对话框中文件"保存类型"框中显示的是"Excel 工作簿"
　　B．实现保存文件的操作，文件名为"VC.txt"
　　C．对话框的 Filter 属性没有指出 txt 类型，程序运行会出错
　　D．DefaultExt 属性与 FileName 属性所指类型不一致，程序出错

10．使用通用对话框控件打开"字体"对话框时，如果要在"字体"对话框中显示"帮助(H)"按钮，必须设置通用对话框控件的 Flags 属性为(　　)。
　　A．1　　　　　　B．2　　　　　　C．4　　　　　　D．5

三、填空题

1．Visual Basic 菜单分为_____和_____。

2．Visual Basic 设计的菜单是分层次的，一共可以分为_____层。

3．如果要将某个菜单设计为分隔线，则该菜单的标题应设为_____，菜单编辑器中的····(4 个小点)的含义是_____。

4．要为某对象设计弹出式菜单，需要在该对象的_____事件过程中编写代码，在代码中用_____方法显示弹出式菜单。

5．菜单控件只接收一个_____事件。

6．Visual Basic 对话框分为_____、_____、_____共 3 种。

7．要将窗体定义为一个自定义对话框，且具有以下属性，无最大化、最小化按钮，运行时不能调整大小，应将窗体的 BorderStyle 属性设为_____。

8．为了将通用对话框控件加入控件工具箱，应执行"工程|部件"命令，在打开的对话框的"控件"选项卡中选择_____。

9．假设有一个名为 abc.txt 的文件，它位于 c:\vb\def 文件夹，则其 FileName 属性为_____，FileTitle 属性为_____。

10．使通用对话框 CD1 显示为一个标准的"字体"对话框，在使用语句 cd1.showfont 之前必须设置其 Flags 属性值为_____或_____或_____，否则会出现要求安装字体的消息框；使通用对话框 CD1 显示为一个标准打印对话框，应使用的语句是_____。

第 9 章 图 形 操 作

Visual Basic 具有丰富的图形功能，不仅可以通过图形控件进行图形和绘图操作为应用程序的界面增加情趣和艺术效果，而且还可以通过图形方法在窗体或图形框上输出文字和图形。Visual Basic 的图形方法还可以用于打印机对象。

Visual Basic 提供的图形控件最主要有 PictureBox、Image、Line、Shape；提供的图形方法有 Pset、Line、Circle 等。Visual Basic 允许在进行图形操作之前定义坐标系、设置各种绘图属性。本章首先介绍图形操作基础知识，如坐标系、绘图颜色等；然后介绍图形设计的基本方法和技巧。

9.1 图形操作基础

为了方便绘图，Visual Basic 提供两种坐标系统：标准坐标系和用户自定义坐标系。

9.1.1 标准坐标系

在 Visual Basic 中，每个对象定位于存放它的容器内。例如，窗体处于屏幕(Screen)内，屏幕就是窗体的容器。在窗体内绘制图形，窗体就是容器。如果在图形框内绘制图形，该图形框就是容器。容器内的对象只能在容器界定的范围内移动。当移动容器时，容器内的对象也随着一起移动，而且与容器的相对位置保持不变。这些容器都有一个坐标系，坐标系是一个二维网格，可定义容器中对象的位置。

构成一个坐标系需要 3 个要素：坐标原点、坐标度量单位、坐标轴的长度方向。Visual Basic 任何容器的默认坐标原点(0,0)都在容器的左上角，水平方向的 x 坐标轴向右为正方向，垂直方向的 y 坐标轴向下为正方向。以窗体为例，其原点和坐标轴如图 9-1 所示。

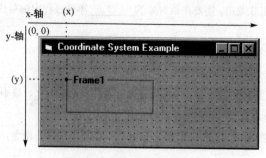

图 9-1 窗体的默认坐标系

ScaleMode 属性如下：

坐标轴的默认度量单位是缇(Twip)，用户可以根据实际需要使用容器对象的 ScaleMode 属性改变度量单位，ScaleMode 属性设置如表 9-1 所示。

表 9-1 ScaleMode 属性的值

属性值	单位	常量	说明
0	用户定义	vbUser	用户自定义
1	缇	vbTwips	默认值,1440 缇=1 英寸
2	磅	vbPoints	磅,72 磅=1 英寸
3	像素	vbPixels	像素,表示分辨率的最小单位
4	字符	vbCharacters	默认为高 12 磅,宽 20 磅
5	英寸	vbInches	英寸
6	毫米	vbMillimeters	毫米
7	厘米	vbCentimeters	厘米

除了 0 和 3,表中的所有模式都是打印长度。例如,一个对象长为两个单位,当 ScaleMode 设为 7 时,打印时就是两厘米长。可以用代码设置容器的 ScaleMode 属性,代码为:

```
Form1.ScaleMode=5        '设该窗体的刻度单位为英寸
Picture1.ScaleMode=3     '设 Picture1 的刻度单位为像素
```

说明:ScaleMode 属性可以设置或查询窗体使用的坐标系统。当 ScaleMode 属性的值为 0 是自定义坐标系统,坐标轴的方向和长度单位由 ScaleLeft、ScaleTop、ScaleWidth、ScaleHeight 属性决定,ScaleLeft 和 ScaleTop 属性用于重定义容器对象的左上角坐标,改变坐标系的原点位置;ScaleWidth 属性用于设置或返回容器对象内部显示区域的水平度量单位,ScaleHeight 属性用于设置或返回容器对象的内部显示区域的垂直度量单位。若设置了 4 个属性之一,系统将自动把容器 ScaleMode 属性设置为 0。

9.1.2 自行定义坐标系

在 Visual Basic 的窗体对象中也可以使用自定义的坐标系。在自定义坐标系中,可以任意规定坐标轴的方向,使用任意的长度单位。

方法 1:通过对象的 ScaleLeft、ScaleTop、ScaleWidth、ScaleHeight 属性来实现。

在标准坐标系统中,ScaleLeft 和 ScaleTop 属性总是 0。当改变 ScaleLeft 或 ScaleTop 的值后,坐标系的 X 轴或 Y 轴按此值平移形成新的坐标原点。右下角坐标值为 ScaleLeft+ScaleWidth、ScaleTop+ScaleHeight。根据左上角和右下角坐标值的大小自动设置坐标轴的正向。

【例 9-1】 在窗体的单击事件中,用属性定义窗体的坐标系。

窗体的单击事件过程代码如下:

```
Private Sub Form_Click()
    Form1.ScaleLeft = -100
    Form1.ScaleTop = 150
    Form1.ScaleWidth = 600
    Form1.ScaleHeight = -500
    Line (-100, 0)-(500, 0)
    Line (0, 150)-(0, -350)
    CurrentX = 0
    CurrentY = 0
    Print 0
End Sub
```

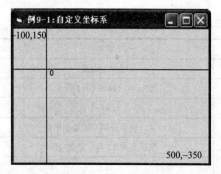

图 9-2 利用属性自定义窗体的坐标系

方法 2：通过 Scale 方法来设置坐标系。

格式：[对象名]. Scale (x1,y1)–(x2,y2)

说明：使用该方法可以更加方便地定义各种容器对象的坐标系，参数(x1,y1)和(x2,y2)分别指定窗体的左上角和右下角的坐标，x2–x1 的值决定了 ScaleWidth 的值，y2–y1 的值决定了 ScaleHeight 的值。

例如，用 Form1.Scale (–100,150)–(500,–350)建立坐标系统，其结果和图 9-2 所示的坐标系一样。

9.2 绘 图 属 性

Visual Basic 中有许多与绘图有关的属性。使用这些属性可以改变图形的颜色、线型和填充样式等。本节主要介绍当前坐标、画线宽度属性、线型样式属性、图形填充属性、颜色函数等。

9.2.1 当前坐标

CurrentX 和 CurrentY 属性：给出对象在绘图时的当前坐标。对象可以是窗体、图形框或打印机，但打印文本或画图后，当前坐标也会发生变化。

【例 9-2】 使用 CurrentX 和 CurrentY 属性，在窗体上输出如图 9-3 所示的立体字效果，并输出最终的当前坐标值。

窗体的单击事件过程代码如下：

```
Private Sub Form_Click()
    FontName = "隶书"
    FontBold = True
    FontSize = 40
    ForeColor = QBColor(0)
    CurrentX = 100
    CurrentY = 20
    Print "四川师范大学"
    ForeColor = QBColor(15)
    CurrentX = 160
    CurrentY = 60
    Print "四川师范大学"
    Print CurrentX
    Print CurrentY
End Sub
```

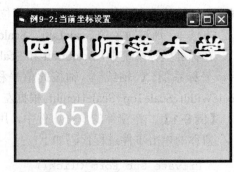

图 9-3 利用当前坐标输出立体字

从例 9-2 中可以看出，要实现立体文字的输出，只需要将同一内容的字符采用不同颜色输出两次，并在第二次输出时，适当地偏移输出位置；同时输出完成后，当前坐标已经完全改变。

9.2.2 DrawWidth 属性

格式：[对象名.]DrawWidth=size

说明：返回或设置在该对象上用图形方法输出的线宽。以像素为单位，默认值为 1。

9.2.3 DrawStyle 属性

格式：[对象名.]DrawStyle=number

说明：返回或设置一个值，以决定在该对象上用图形方法输出的线型的样式。其取值与相应的线型如表 9-2 所示。

表 9-2　DrawStyle 的 number 属性值

常数	设置值	描述
vbSolid	0	实线
vbDash	1	虚线
vbDot	2	点线
vbDashDot	3	点划线
vbDashDotDot	4	双点划线
vbInvisible	5	无线
vbInsideSolid	6	内收实线

注意：只有当 DrawWidth 属性值等于 1 时，才可以通过设置 DrawStyle 属性画出多种线型，否则只能画出实线。

【例 9-3】　利用 DrawWidth 和 DrawStyle 属性绘制各种线条，效果如图 9-4 所示。

代码如下：

```
Private Sub Form_Activate()
    Dim i As Integer
    Form1.DrawWidth = 1
    Form1.DrawStyle = 0
    Form1.Line (10, 550)-(3500, 550)
    Form1.DrawStyle = 1
    Form1.Line (10, 850)-(3500, 850)
    Form1.DrawStyle = 2
    Form1.Line (10, 1150)-(3500, 1150)
    Form1.DrawStyle = 3
    Form1.Line (10, 1450)-(3500, 1450)
    Form1.DrawStyle = 4
    Form1.Line (10, 1750)-(3500, 1750)
    Form1.DrawStyle = 5
    Form1.Line (10, 2050)-(3500, 2050)
    Form1.DrawStyle = 6
    Form1.Line (10, 2350)-(3500, 2350)
End Sub
```

图 9-4　利用属性绘制各种线条

9.2.4 颜色

Visual Basic 的对象常常带有颜色属性，在画图之前也通常需要先确定图形的颜色，用户可以通过多种方法获取和设置颜色值。

1. RGB 颜色函数

计算机屏幕采取 RGB 加色模式来显示最佳颜色，由红（Red）、绿（Green）、蓝（Blue）混合，每一种颜色可以有 0~255 种亮度变化，通过 3 种基本色不同亮度值的混合产生出其他各种颜色。

格式：RGB（red,green,blue）

例如：RGB（0,0,0）返回黑色，RGB（255,255,255）返回白色

```
Form1.BackColor = RGB(147, 230, 22)
```

2. QBColor 函数

该函数采用 QuickBasic 所使用的 16 种颜色。

格式：QBColor（value）

例如：`Form1.BackColor = QBColor(5)`

value 是介于 0~15 之间的整数，每个数值代表一种颜色，具体颜色值如表 9-3 所示。

表 9-3 QBcolor 颜色 value 值

值	颜色	值	颜色
0	黑色	8	灰色
1	蓝色	9	亮蓝色
2	绿色	10	亮绿色
3	青色	11	亮青色
4	红色	12	亮红色
5	洋红色	13	亮洋红色
6	黄色	14	亮黄色
7	白色	15	亮白色

3. 使用颜色常量

Visual Basic 为了方便用户，将经常使用的颜色值定义为系统内部常量，具体如表 9-4 所示。

例如：`Form1.BackColor = vbRed`

表 9-4 颜色常量表

颜色常量	颜色	颜色常量	颜色
vbBlack	黑色	vbBlue	蓝色
vbRed	红色	vbMagenta	洋红色
vbGreen	绿色	vbCyan	青色
vbYellow	黄色	vbWhite	白色

9.2.5 FillColor 属性和 FillStyle 属性

填充颜色（FillColor）用于指定填充图案的颜色，颜色值可以使用标准 RGB 颜色或使用 QBColor 函数的颜色集，默认填充颜色为黑色。

注意：当填充对象为透明时（FillStyle 为 vbFSTransparent），该值无效。

例如：`Shape1.FillColor=10`

FillStyle 属性决定填充封闭图形的图案样式：

0——实心   1——透明
2——水平线   3——垂直线
4——向上对角线   5——向下对角线
6——交叉线   7——对焦交叉线

【例 9-4】 FillColor 和 FillStyle 属性的具体使用，效果如图 9-5 所示。
代码如下：

```
Private Sub Form_Load()
    Dim i As Integer
    For i = 0 To 7
        Label1(i).Caption = "fillstyle=" & Str(i)
        Shape1(i).Shape = 3
        Shape1(i).FillStyle = i
        Shape1(i).FillColor = QBColor(6 + i)
    Next
End Sub
```

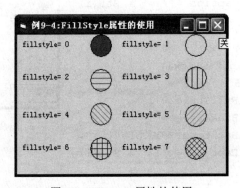

图 9-5 FillStyle 属性的使用

9.3 图形绘制

在 Visual Basic 中绘制图形有两种方法：① 使用图形控件（如 Line、Shape）绘图；② 使用图形方法（Pset、Line、Circle）等绘图。

图形控件用于在容器对象上绘制特定形状的图形，如圆、直线等。

9.3.1 Shape 控件

使用形状（Shape）控件可在窗体或其他容器中画出矩形、正方形、圆、椭圆、圆角矩形或圆角正方形。形状控件的 Shape 属性决定了它的图形样式。

1. Shape 控件的常用属性

包括 Left、Top、Width、Height、BorderWidth、BorderColor、BackColor、FillColor、BorderStyle 等。

2. Shape 控件的特有属性

1) Shape 属性

该属性用来设置图形的形状，如：

0——rectangle　　　矩形　　　　　1——square　　　正方形
2——oval　　　　　　椭圆形　　　　3——circle　　　圆形
4——rounded rectangle　圆角矩形　　5——rounded square　圆角正方形

2）BackStyle 属性

该属性用来设置图形背景的风格，如：

0——transparent（透明）　　　　1——opaque（不透明）

默认值为 0。如果着色，显然要将该属性设置为"不透明"。

3）FillStyle 属性

该属性用来设置图形填充的线形（风格或样式）。

【例 9-5】 将形状控件显示不同的形状、设置不同的颜色、填充不同的图案。效果如图 9-6 所示。

```
Private Sub Command1_Click()
    For i = 0 To 5
        Shape1(i).Shape = i
        Label1(i).Caption = "i=" + Str(i)
    Next i
End Sub

Private Sub Command2_Click()
    For i = 0 To 5
        Shape1(i).FillStyle = 1
        Shape1(i).BackStyle = 1
        Shape1(i).BackColor = QBColor(i + 8)
        Label1(i).Caption = "i=" + Str(i)
    Next i
End Sub

Private Sub Command3_Click()
    For i = 0 To 5
        Shape1(i).FillStyle = i + 2
        Shape1(i).BackColor = QBColor(i + 6)
        Label1(i).Caption = "i=" + Str(i + 2)
    Next i
End Sub
```

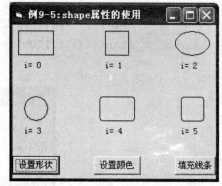

图 9-6　Shape 属性的使用

9.3.2　Line 控件

直线（Line）控件用来在窗体和其他容器中创建简单的线段，它没有自己的特殊方法，也不产生任何事件。

1. Line 控件的常用属性

包括 BorderColor、BorderWidth、BorderStyle 等。

2. Line 控件的特有属性

x1、x2、y1、y2 属性指定起点和终点的 x 坐标及 y 坐标。可以通过改变 x1、x2、y1、y2 的值，来改变线的位置和长度。

9.4 绘图方法

除了图形控件之外，Visual Basic 还提供创建图形的一些方法。利用容器对象的 Pset、Line 和 Circle 方法，可以更加灵活地在容器中绘制各种图形。

9.4.1 Line 方法

Line 方法用于画直线和矩形。

格式：[对象名.] Line [step] (x1,y1) – [step] (x2,y2) [,颜色] [,B] [F]]

说明：

(1)(x1,x2)：直线或矩形的起点坐标，缺省的话起始由 currentx 和 currenty 指定。

(2)(x2,y2)：直线或矩形的终点坐标。

(3) step：可选项。当在(x1,y1)前出现 step 时，(x1,y1)表示相对于当前坐标位置的坐标；当在(x2,y2)前出现 step 时，(x2,y2)表示相对于该图形起点的终点坐标。

(4) 颜色：图形的颜色，如果缺省，则使用容器对象的 ForeColor 属性值作为图形的颜色。

(5) B：可选项，如果选择了 B 选项，则以(x1,y1)、(x2,y2)为对角坐标画出矩形。

(6) F：可选项，如果使用了 F 选项，则 F 选项规定矩形以矩形边框的颜色填充；不能不用 B 只用 F；如果不用 F 光用 B，则矩形用当前的 FillColor 和 FillStyle 填充。

【例 9-6】 使用 Line 方法画图，效果如图 9-7 所示。

代码如下：

```
Private Sub Form_Click()
    Scale (0, 0)-(13, 11)
    Line (1, 1)-(4, 4), vbRed
    Line (5, 1)-(8, 4), vbGreen, B
    Line (9, 1)-(12, 4), vbBlue, BF
    For i = 1 To 3
        Line (i, 4 + i)-(7 -i, 11 -i), , B
    Next
End Sub
```

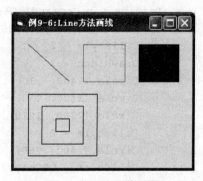

图 9-7 Line 方法画图

9.4.2 Circle 方法

1. 用 Circle 方法画圆

格式：[对象名.] Circle [step] (x,y),半径 [,颜色]

说明：在窗体或图片框上画图，step 后面的数字表示相对于当前坐标的位移量。

例如：`Picture1.Circle(2000,500),600,vbBlue`

2. 用 Circle 方法画椭圆

格式：[对象名.] Circle [step] (x,y),半径 [,颜色],,,纵横比

说明：纵横比是椭圆两个轴长之比。

例如：`Circle(2000, 1000), 500, , , 2`

3. 用 Cirlce 方法画圆弧及扇形

格式：[对象名.] Circle [step] (x,y),半径 [,颜色] [,起始角] [,终止角]

说明：在窗体或图片框上画圆弧及扇形

例如：
```
Const pi = 3.14159
     Circle (800,500),500,pi/3,5 * pi/4        '画一段圆弧
     Circle (800,500),500,-pi/3,-5 * pi/4      '画一个扇形
```

【例 9-7】 利用 Cirlce 画太极图，效果如图 9-8 所示。

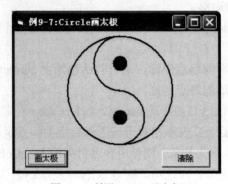

图 9-8 利用 Circle 画太极

代码如下：

```
Private Sub Command1_Click()
    Const pi = 3.14159265
    FillStyle = 1
    DrawWidth = 2
    Circle (2400, 1300), 1200, QBColor(0)
    Circle (2400, 710), 600, QBColor(0), pi / 2, pi * 3 / 2
    Circle (2350, 1910), 600, QBColor(0), 3 / 2 * pi, pi / 2
    FillStyle = 0
    Circle (2400, 700), 150, QBColor(0)
    FillColor = QBColor(12)
    Circle (2400, 1900), 150, QBColor(12)
End Sub

Private Sub Command2_Click()
    Cls
End Sub
```

9.4.3 PSet 方法

格式：[对象名.] PSet [Step] (x, y) [,颜色]

说明：用于在容器对象的指定位置用特定的颜色画点。

(1) 对象名：可选项，省略该参数时默认为当前窗体。

(2) (x,y)：绘制点的坐标，必须选项。

(3) step：可选项，带此参数时，(x,y)是相对于当前坐标点的坐标，执行该方法后，(x,y)成为当前坐标。

【例9-8】 在窗体上利用计时器0.5s发生一次Timer事件,在该事件过程中,随机产生60个不同颜色的亮点,然后用Cls方法清除屏幕,如此反复出现闪烁效果,效果如图9-9所示。

```
Private Sub Timer1_Timer()
    Cls
    Dim i, x, y
    ScaleMode = 3
    DrawWidth = 5
    For i = 1 To 60
        x = Rnd * ScaleWidth
        y = Rnd * ScaleHeight
        PSet (x, y), QBColor(Rnd * 15)
    Next i
End Sub
```

图9-9 闪烁亮点效果

9.4.4 Cls 清除图形方法

格式:[对象名.]Cls

说明:用于清除容器对象中生成的图形和文本,并将当前坐标移到原点。

习 题 9

一、判断题(正确填写A,错误填写B)

1. 为了方便绘图,Visual Basic 提供了标准坐标系和用户自定义坐标系。( )
2. Visual Basic 任何容器的默认坐标原点(0,0)都在容器左上角,坐标原点位置用户无法改变。( )
3. 若窗体 Form1 的 ScaleTop=150,ScaleLeft=−100,ScaleWidth=600,ScaleHeight=−500,则窗体右上角坐标是(−600,750)。( )
4. CurrentX 和 CurrentY 属性可以给出对象在绘图时的当前坐标,打印文本或画图后,当前坐标不会改变。( )
5. FillStyle 属性为任何值的时候,都可以用 FillColor 属性为对象指定填充图案的颜色。( )

二、填空题

1. 构成一个坐标系需要有3个要素:_____、坐标度量单位、坐标轴长度方向。
2. 用户可以根据实际需要利用容器 ScaleMode 属性改变其度量单位,若要将窗体 Form1 的度量单位改成像素,应写成_____。
3. 将窗体 Form1 的左上角坐标定义为(0,8),右下角坐标定义为(8,0),用 Scale 方法应写为_____。
4. 利用 RGB 函数设置图片框 Picture1 的背景颜色为红色,相应的语句为_____。
5. 利用 Shape 控件 Shape1 来绘制一个圆角矩形,并对其填充交叉对角线,相应的语句为 Shape1._____=4,Shape1._____=7。
6. 用 Line 方法在(500,300)到(3000,2500)之间画一条红色直线,其相应语句为_____。
7. 用 Line 方法以(500,300),(3000,2500)为左上角,右下角坐标画一个内部填充红色的实心矩形,其相应语句为_____。

8. 设已经用语句 Form1.Scale (–2, 2)–(2, –2) 对窗体设置了坐标系，现想画出如图 9-10 所示的图形，设图形中心点在原点，圆或圆弧半径为 1，线条为蓝色，椭圆的长轴是短轴的两倍。

画图图 9-10(a) 的语句是_____。

画图图 9-10(b) 的语句是_____。

画图图 9-10(c) 的语句是_____。

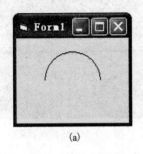
(a)
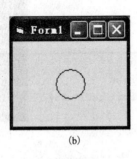
(b)
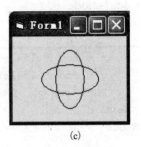
(c)

图 9-10

9. _____方法用于清除容器对象中生成的图形和文本，并将当前坐标移到原点。

10. _____方法用于在容器对象的指定位置用特定的颜色画点。

第 10 章 文 件 操 作

文件是程序设计中的一个重要概念,是指记录在外部介质(如磁盘、磁带)上的数据的集合。存储在磁盘上的文件称为磁盘文件,与计算机相连的设备称为设备文件,这些文件都不在计算机内,统称为外部文件。计算机中的数据是以文件的形式保存和处理的。

Visual Basic 具有强大的文件处理能力,同时又提供了用于制作文件系统的控件和大量与文件管理有关的语句、函数,使用户可以很方便地访问文件系统。本章将介绍在 Visual Basic 中对文件的相关操作。

10.1 文件的基本概念

10.1.1 文件说明

文件说明是指文件的命名规则。在计算机系统中,每一个文件都有一个文件名作为标识,应用程序通过文件名对文件进行访问。在 Visual Basic 中,文件说明的一般形式为:

设备名:\文件所在路径名\文件名

例如:C:\Program Files\Microsoft Visual Studio\VB98\test.txt

注意:在 Visual Basic 中,文件说明没有大小写之分。

10.1.2 文件结构

为了有效地存取数据,数据必须以某种特定的方式存放,这种方式称为文件结构。

Visual Basic 的数据文件由若干条记录组成,记录由若干个字段组成,字段又由若干个字符组成,如表 10-1 所示。

表 10-1 学生成绩表

学号	姓名	计算机	英语
001	张三	98	91
002	李四	75	67
003	王五	68	87
……	……	……	……

其中:

(1) 字符(Character):构成文件的最基本单位,如表 10-1 中"8"、"张"、"0"等。

(2) 字段(Field):也称为域,由若干个字符组成,用来表示一个数据信息。在表 10-1 中一列称为一个字段,如"学号"、"计算机"等字段。

(3) 记录(Record):有若干个字段组成,用来表示一组相关的数据信息,每条记录的每个字段称为"数据项"。在数据表中,一行称为一条记录,如表 10-1 中"001"、"张三"、"98"、"91"。

(4) 文件(File):由若干条记录组成。

10.1.3 文件分类

依据不同的分类标准，可对文件进行不同的分类。如按存储介质划分，可将文件分为磁盘文件、磁带文件、打印文件等；按存储内容分类，可将文件分为程序文件和数据文件(本章主要讨论数据文件)；按对文件的存取方式分，可将数据文件分为顺序文件、随机文件和二进制文件。

1. 顺序文件

顺序文件(Sequential File)是最常用的文件组织形式。在这类文件中，数据是以顺序访问方式存取的，即文件中的记录是依照一个接着一个的顺序存放的，其结构比较简单。在顺序文件中，只知道第一个记录的存储位置，其他记录的位置无需知道。例如，当管理顺序文件时，数据是一个挨着一个的顺序写到文件中；在读取或查找文件中的某一数据时，也是从文件头开始，按照一个记录挨着一个记录的顺序读取或查找，直到找到要读取或查找的记录为止。因此，在顺序文件中，不能直接读取某条记录的信息。

顺序文件的特点如下。

优点：

(1) 结构简单。

(2) 访问方式简单。

(3) 顺序文件中的数据以 ASCII 字符的形式存储，可以用任何字处理软件查看。

缺点：

(1) 查找记录必须按顺序进行。

(2) 不能同时对顺序文件进行读操作和写操作。

2. 随机文件

随机文件(Random Access File)又称为直接文件，此类文件的数据以随机访问方式进行存取。跟顺序文件不同，随机文件的每条记录都有一个记录号并且长度全部相同，进行访问时，不必考虑各个记录的排列顺序或位置，可以通过记录号来访问随机文件中的任一条对应记录。

随机文件的特点如下。

优点：

(1) 可以按任意顺序访问其中数据。

(2) 可以方便地修改各个记录而无需重写全部记录。

(3) 在打开文件后可以同时进行读操作和写操作。

缺点：

(1) 不能用字处理软件查看。

(2) 占用的磁盘存储空间比顺序文件大。

(3) 数据组织结构比较复杂。

3. 二进制文件

二进制文件(Binary File)是字节的结合，是一种以二进制编码存储的字节流式文件。它以字节为单位进行快速存取，并可避免随机文件中的空间浪费。由于二进制文件没有特别的结构，整个文件都可以当做一个长字节序列进行处理。

二进制文件的特点如下。

优点：
(1) 灵活性很大。
(2) 占用空间小。
(3) 可直接从任意位置开始访问文件。

缺点：
(1) 不能用字处理软件处理。
(2) 不存在记录结构，编程难度大。

10.2 文件的打开与关闭

数据文件的操作一般分为三步：打开文件，访问文件（读或写文件），关闭文件。本节将着重介绍文件的打开和关闭操作，至于文件的读写操作将会在 10.3 节进行详细介绍。

10.2.1 打开文件

要对指定的数据文件进行操作，首先必须打开该文件。在 Visual Basic 中，所有类型的数据文件的打开和建立都用 Open 语句。若指定的文件存在，则 Open 语句实现文件的打开操作；若指定的文件不存在，则 Open 语句实现文件的新建操作；但是，若文件路径不存在，不能通过 Open 语句创建不存在的文件夹。

格式：Open 文件名 [For 打开方式][Access 存取类型][Lock] As[#]文件号 [Len=缓冲区大小]

说明：

(1) 文件名：必选项，用于指定要打开的文件名（可包含路径）。

(2) 打开方式：可选项，用于指定文件的打开方式。默认情况下，表示以 Random 方式打开随机文件。

功能：按指定的方式新建或打开一个文件，并为文件的输入输出分配缓冲区，同时为该文件指定一个文件号。

文件的打开方式包括以下几种。

① 顺序访问方式：用于打开顺序文件。顺序文件提供了以下 3 种访问方式。

• Input：以只读方式打开指定顺序文件。注意：指定文件必须事先已存在，否则会产生错误。

• Output：以写操作方式打开指定顺序文件。

若文件不存在，则创建新文件；若文件已经存在，则删除文件内原有数据，重新从文件头开始写入数据。

• Append：以添加的方式打开指定顺序文件。

若文件不存在，则创建新文件；若文件已经存在，则保留文件原有数据从文件末尾开始以添加的方式写入新数据。

② 随机访问方式（Random）：用于打开随机文件。文件以该方式打开后，可同时进行读/写操作。是 Open 语句的默认打开文件方式，可缺省。

③ 二进制访问方式（Binary）：用于打开二进制文件。文件以该方式打开后，可同时进行读/写操作。

(3) 存取类型：可选项，放在关键字 Access 之后，用于说明访问文件所允许进行的操作，其后可选参数包括：Read（只读）、Write（只写）和 ReadWrite（读写皆可，只适用于顺序文件的 Append 模式）。

(4) Lock：可选项，指明文件是否包含共享属性，用于限定其他进程对该文件可做的操作。
- Lock Shared：共享，所有进程都可以对此文件进行读/写操作。
- LockRead：不允许其他进程读文件。
- LockWrite：不允许其他进程写文件。
- Lock Read Write：不允许其他进程读/写文件。

缺省本项时，默认为 Lock Read Write，表示本进程可多次打开该文件进行读写，但在文件打开期间，其他进程不能对该文件进行读写操作。

(5) 文件号：必选项，文件打开后在系统中被指定的编号，是一个介于 1～511 的整数，前面的#号可省略。一个文件被打开后，是通过其指定的文件号而不是文件名来实现对文件的访问和操作。同时打开多个文件时，指定的文件号不能重复，在复杂程序中，可用 FreeFile 函数为打开的文件分配系统中尚未使用的文件号。

(6) 缓冲区大小：可选项，是一个小于或等于 32767（字节）的整数，用来指定每个记录的长度。默认记录长度为 512 字节。

例如：

(1) 要打开 E 盘 VB 文件夹下的 test1.txt 顺序文件，并从中读出数据，指定文件号为 1，且记录长度为 512 字节，相应语句应为：

```
Open "E:\VB\test1.txt" For Input As #1 len=512    '#号可缺省
```

(2) 要在当前文件夹下打开顺序文件 student.dat，以便在文件尾添加数据，并指定文件号为 2，相应语句应为：

```
Open "student.dat" For Append As #2
```

(3) 要以顺序输出方式打开当前文件夹下的文件 teacher.txt，指定文件号为 3，并且任何进程都可以读写该文件，相应语句应为：

```
Open "teacher.txt" For Output Lock Shared As #3
```

(4) 要打开当前文件夹下的随机文件 hello.txt，并指定文件号为 4，相应语句应为：

```
Open "hello.txt" For Random As #4              'For Random 可缺省
```

(5) 要打开 C 盘 Data 文件夹下名为 Classroom.dat 的二进制文件，只允许进行读操作，并指定文件号为 5，相应语句应为：

```
Open "C:\Data\Classroom.dat" For Binary Access Read As #5
```

10.2.2 关闭文件

当程序不再使用文件时，应立刻执行关闭语句，以便释放相关的系统资源。所有类型的文件的关闭操作都是用 Close 语句。

格式：Close [[#]文件号列表]

功能：关闭已打开的文件，同时释放文件在打开时所分配的缓冲区和文件号。

说明：Close 语句可同时关闭多个已打开的文件，多个文件号用","号分隔。当 Close 语句单独使用时，将关闭所有已打开的文件。

例如，要关闭文件号为 1 的文件，相应 Close 语句为：

```
Close #1           '#号可省略
```

要关闭文件号为 1, 2, 3 的文件，相应 Close 语句为：

```
Close #1, 2, 3     '#号可省略
```

要关闭全部已打开文件，相应的 Close 语句为：

```
Close
```

10.3 文件的读/写

10.3.1 相关概念和函数

在对文件进行读/写操作时，经常会涉及一些概念、函数或语句的运用，因此在介绍各类文件的读/写操作之前，先了解一下相关概念和函数语句等是非常有必要的。

1. 文件指针

文件被打开后，会自动生成一个隐含的文件指针，文件的读/写操作就是从该指针当前所指的位置开始的。用 Append 方式打开一个文件后，文件指针指向文件的末尾，用其他方式打开文件后，文件指针指向文件的开头。完成一次操作后，文件指针自动移动到下一个读/写操作的起始位置，移动量的大小由 Open 语句和读/写语句中的参数共同决定。

在程序中，用户无法直接操作文件指针，但可以通过 Seek( ) 函数或 Seek 语句返回或设置文件指针的当前值。

2. 与文件操作相关的常用函数和语句

1) Eof 函数

格式：Eof(文件号)

功能：测试"文件号"指向的文件是否已读到文件末尾。若是，则返回布尔值 True；若不是，则返回布尔值 False。

2) Lof 函数

格式：Lof(文件号)

功能：返回已打开的由"文件号"指向的文件的总字节数，返回值的类型为长整型。

3) Loc 函数

格式：Loc(文件号)

功能：返回已打开文件的当前的读/写位置，返回值类型为长整型。其中，Loc( ) 函数返回值由文件打开方式决定，具体如表 10-2 所示。

表 10-2 Loc( ) 函数返回值

文件访问方式	函数返回值
顺序访问	返回文件自打开以来访问(读/写)的记录个数，一个记录是一个数据块
随机访问	返回文件读/写的最后一个记录的记录号
二进制访问	返回读/写的最后一个字节的位置

4）FreeFile 函数

格式：FreeFile

功能：提供 1～511 的下一个未被使用过的文件号，以避免程序在打开多个文件时文件号重复使用，造成错误。

5）Seek 函数

格式：Seek(文件号)

功能：返回由"文件号"所指定文件的当前读/写位置，返回值为长整型。对于随机文件，函数返回下一个读/写操作的记录号；对于二进制文件，函数返回下一个读/写操作的字节位置。常与 Seek 语句配合使用。

6）Seek 语句

格式：Seek [#]文件号，字节位置

功能：设置文件当前指针的位置。在 Get 和 Put 语句中指定的记录号将覆盖由 Seek 语句指定的文件位置。如果要把文件指针位置设置到文件尾之后，则进行文件写入的操作会把文件扩大；如果试图把文件指针位置设置为负或者零，则会产生错误。

例如，要在文件号为 1 的文件的第 8 个字节处写入数据信息，Seek 的相关语句应为：

```
Seek #1, 8
```

10.3.2　顺序文件的读/写

打开顺序文件后，就可以对顺序文件进行读/写操作了。在顺序文件中，记录的逻辑顺序与存储顺序一致，对顺序文件的读/写操作只能按记录顺序一个记录接一个记录地进行。

1. 顺序文件的写操作

实现顺序文件的写操作的语句有两个：Write#语句和 Print#语句。实施写操作的顺序文件必须以 Output 或 Append 方式打开。

1）Write #语句

格式：Write #文件号, [输出列表]

功能：将输出列表中的数据，顺序写入文件号所指定的顺序文件中。

说明：

(1)"输出列表"中各项之间用","（半角逗号）分隔，每一项可以是常量、变量或表达式。

(2) 如果缺省"输出列表"，则将在文件中写入一个空行。

(3) 写入数据时，将根据每一个输出项的数据类型加上定界符：数值型数据不加定界符；字符型数据用定界符""（双引号）括起来；日期、时间型数据，以及布尔型数据用定界符"#"号括起来。

(4) 数据与数据之间以紧凑格式写入顺序文件，并以","（半角逗号）分隔。

(5) 每一个 Write #语句结束时，将会在最后一个字符后自动插入回车换行符，即 Chr(13)+Chr(10)。

2）Print #语句

格式：Print #<文件号>, [<输出项列表>]

功能：将输出列表中的数据，按照指定的格式（标准格式或紧凑格式）和指定的位置、空格，顺序写入文件号所指定的顺序文件中。

说明：

（1）输出项可以是常量、变量或表达式。多个输出项之间，可以用逗号或分号分隔。

（2）Print #语句的末尾可以加分号、逗号或不加任何符号。不使用任何符号时，下一个 Print #语句的输出项换行输出。

（3）逗号表示接下来的输出项将按分区格式输出，10 列为一个分区。

（4）分号表示接下来的输出项按紧凑格式输出。如果输出项是字符串，则输出项之间不留空格；如果输出项是数值型数据，则在正数前留一个前导空格，在负数前输出一个(–)负号。

（5）在输出项中可以使用 Spc(n) 函数输出 n 个空格，使用 Tab(n) 函数指定从第 n 列开始输出数据。

值得注意的是：

（1）Print 方法和 Print #语句功能相似，仅仅是输出的对象不同：Print 方法输出的对象可以是窗体、打印机和控件，而 Print #语句输出的对象是顺序文件。

（2）一般情况下，Write #语句适合将不同类型的数据写入顺序文件，而 Print #语句适合将文本或字符型数据写入顺序文件。

（3）当用 Write #语句向文件写数据时，数据在磁盘上以紧凑格式存放，能自动地在数据项之间插入逗号，并给字符串加上" "（双引号）。一旦最后一项被写入，就插入新的一行。

（4）用 Write #语句写入的正数的前面没有空格。

【例 10-1】 Write #语句与 Print #语句的输出数据结果比较。

代码设计：

```
Private Sub Command1_Click()
    Dim str As String, num As Integer
    Open "D:\test.txt" For Output As #1    '利用 Open 语句以顺序输出方式新建
                                            test.txt 文件
    str = "helloworld"
    num = 12345
    Write #1, num, str                      '用 Write #语句写入数据
    Print #1, num, str                      '用 Print #语句写入数据
    Close #1                                '关闭文件
End Sub
```

程序运行后，在 D 盘根目录下建立了一个名为 test.txt 的数据文件，并写入两行数据，打开该文件，可见到程序输出结果，如图 10-1 所示。其中，上一行为 Write #语句的输出结果，下一行为 Print #语句的输出结果。

注意：当结束读/写操作以后，必须要将文件关闭，否则会造成数据丢失，因为实际上 Print # 或 Write #语句的功能是将数据送到缓冲区，只有在关闭文件时才实现把缓冲区中数据写入全部文件的操作。

图 10-1　Write #与 Print #语句的输出结果比较

2. 顺序文件的读操作

实现顺序文件的读操作的方法有 3 个：Input #语句、Line Input #语句和 Input( )函数。

一般情况下，用 Write #语句写入顺序文件的数据，用 Input #语句来读取；用 Print #语句写入顺序文件的数据，用 Line Input #语句来读取。

1) Input #语句

格式：Input #文件号，变量名列表

功能：从打开的顺序文件中依次读取数据，并将数据赋给指定的变量。

说明：

(1) "变量名列表"中的变量可以是基本类型的变量和数组元素，但不能是数组或对象变量。

(2) 变量名与变量名之间用逗号分隔。变量的个数和数据类型与从文件中读出的数据个数和数据类型要一致。

(3) 在用 Input #语句把读出的数据赋值给数值变量时，将忽略前导空格、回车符或换行符。把遇到的第一个非空字符、非回车符或换行符作为数值的开始，遇到空格、回车符或换行符等分隔符号则认为数值结束。

(4) 对于字符串数据，同样忽略前导空格、回车符或换行符，如果需要字符前的空格，应该在数据文件中将字符串放在双引号中。

(5) 本语句也可用于随机文件。

【例 10-2】 利用 Input #语句读取 D 盘根目录下的名为 Notes.txt 的文件内容，显示到文本框中。Notes.txt 的内容如图 10-2 所示。

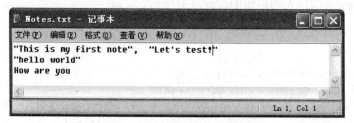

图 10-2 Notes.txt 文件内容

界面设计：文本框控件 Text1 用于接收读取内容，单击按钮控件 Command1 后执行代码。

代码设计：

```
Private Sub Command1_Click()
    Text1.Text = ""
    Open "D:\Notes.txt" For Input As #1
        Input #1, temp              '利用 Input #语句逐字符读取数据到 temp 变量，遇到分
                                    隔符为止
        Text1.Text = Text1.Text + temp
    Close #1
End Sub
```

程序运行结果如图 10-3 所示。

2) Line Input #语句

格式：Line Input #文件号, 字符串变量名

功能：从打开的顺序文件中读出一行数据，并赋给一个字符串变量。

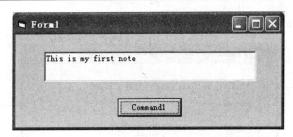

图 10-3　Input #语句运行结果

说明：

（1）Line Input #语句从顺序文件中读取一行字符，即读取从行首到回车符 Chr(13) 或回车换行符 Chr(13)+Chr(10) 之间的所有字符（不包含回车换行符）。

（2）读出的数据作为字符串保存到"字符串变量名"指定的变量中。

【例 10-3】　若使用 Line Input #语句替换 Input #语句来读取例 10-2 中的 Notes.txt 文件，则该句代码应改为：

```
Line Input #1,temp        '利用 Line Input #函数读取一行数据
```

改动之后，程序运行结果如图 10-4 所示。

图 10-4　Line Input #语句运行结果

提示：在以上两个例子中，Input #语句或 Line Input #语句单独使用时，一次只能从文件中读取一部分数据，因此一般将语句用在循环结构中，以实现全部文件内容的读出。其格式为：

Do While Not EOF（文件号）

　　语句组

Loop

其中，EOF( ) 函数用于在循环中判断文件指针或记录指针是否指向文件尾。

因此，若要读出 Notes.txt 文件的全部内容，并原样输出到 Text1 文本框，改进后的完整代码应为：

```
Private Sub Command1_Click()
    Text1.Text = ""
    Open "D:\Notes.txt" For Input As #1
    Do While Not EOF(1)                        '如果没有到达文件尾，则进入循环
        Line Input #1, temp
        Text1.Text = Text1.Text + temp + vbCrLf    '在输出每一行内容之后，加入
                                                    回车换行符
    Loop
    Close #1
End Sub
```

运行结果如图 10-5 所示。

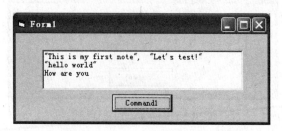

图 10-5 改进后代码的运行结果

3) Input( )函数

格式：Input(n,[#]文件号)

功能：返回从"文件号"所指定的文件的当前位置读出的 n 个字符，并以字符串形式返回。只适用于顺序文件与二进制文件。

说明：Input 函数返回它所读出的所有字符，包括逗号、回车符、空白列、换行符、引号和前导空格等。

例如，A=Input(20,#1) 表示从文件号为 1 的顺序文件中读取 20 个字符，并将结果返回给变量 A。

【例 10-4】 用 Input( )函数实现整个 Notes.txt 文件的一次性读出。代码设计如下：

```
Private Sub Command1_Click()
    Text1.Text = ""
    Open "D:\Notes.txt" For Input As #1
    Text1.Text = Input(LOF(1), 1)    '利用 Input()函数实现读操作，lof(1)返回文件
                                      的字符总长度
    Close #1
End Sub
```

运行结果也如图 10-5 所示。

10.3.3 随机文件的读/写

在随机访问模式中，文件的存取是按记录进行操作的，每个记录都有记录号并且长度全部相同。因此，无论是从内存向磁盘写数据还是内存从磁盘读数据，都需要事先定义内存空间，而内存空间的分配是靠变量说明来进行的，所以无论读或写操作，都必须事先在程序中定义变量。由于变量需要定义成随机文件中一条记录的类型，且一条记录由多个数据项组成，因此通常先采用自定义数据类型 Type/End Type 来定义记录的类型结构，然后再将变量声明成该数据类型的变量(记录型变量)以做读/写时的变量使用。

例如，在窗体模块的通用声明段中自定义如下的 Student 类型用来保存学生的信息：

```
Private Type Student              '自定义数据类型 Student
    No As String * 10             '学号
    Nam As String * 8             '姓名
    Score(1 to 3) As Integer      '成绩数组
End Type
```

在窗体的 Click 事件过程中，声明一个 Student 类型的变量 XS，并为变量的每个元素赋值：

```
Private Sub Form_Click()
    Dim XS As Student
    '给 XS 变量的每个元素赋值
    XS.No = "001"
    XS.Nam="何安"
    XS.Score(1)=82
    XS.Score(2)=96
    XS.Score(3)=78
End Sub
```

功能:

(1) 自定义数据类型中的元素必须与记录中的字段一一对应。

(2) 为确保文件访问时记录等长,自定义数据类型中的元素若为字符串时必须给出确定的字符长度。

(3) 自定义记录类型后,必须进一步声明该类型的变量,通过记录类型变量去访问随机文件。

1. 随机文件的写操作

随机文件的写操作使用 Put 语句。

格式:Put [#]文件号,[记录号],变量名

功能:将指定变量中的数据,按给定的记录号,写入到已打开的随机文件中。

说明:

(1) "记录号"为大于或等于 1 的整数。若记录号缺省,则文件当前指针移动到上次读/写的记录号加 1 的记录号上。

(2) "变量名"通常为用户自定义类型。

(3) 当"记录号"所指向的记录已存在时,该记录中的原有数据将被覆盖;当指向一个不存在的记录时,系统将新建该记录。若新建记录号与原有记录号不连续,系统会在已有记录与新建记录间插入足够的空白记录。为节省空间,用户应尽量使用连续的记录号存储数据。

【例 10-5】 建立一个如图 10-6 所示的学生成绩录入程序,要求用户通过文本框输入学生信息。单击"添加"按钮后,将输入的信息存入到一个随机文件。

(1) 根据学生的信息在通用模块中建立自定义相关数据类型如下:

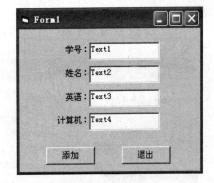

图 10-6 界面设计

```
Private Type Student      '用户定义的数据类型
    No As String * 10
    Nam As String * 8
    Computer As Integer
    English As Integer
End Type
'声明一个 Student 类型的变量 XS
Dim XS As Student
```

(2) 对文件进行读/写操作之前,需要打开文件,因此在窗体的 Load 事件过程中打开指定的文件,代码如下:

```
Private Sub Form_Load()
    '以随机文件的方式打开指定文件,且记录长度为变量XS的固定长度
    Open "E:\VB\Student.dat" For Random As #1 Len = Len(XS)
End Sub
```

(3)"添加"按钮Command1的代码如下:

```
Private Sub Command1_Click()
    XS.No = Text1.Text
    XS.Nam = Text2.Text
    XS.Computer = Val(Text3.Text)
    XS.English = Val(Text4.Text)
    '将文件指针移动到下一个记录号上,并变量XS的值作为一条记录写入
    Put #1, , XS
    Text1.Text = ""
    Text2.Text = ""
    Text3.Text = ""
    Text4.Text = ""
    Text1.SetFocus
End Sub
```

(4)"退出"按钮Command2的代码如下:

```
Private Sub Command2_Click()
    Close #1            '关闭已打开的随机文件
    End
End Sub
```

2. 随机文件的读操作

随机文件的读操作使用Get语句。

格式:Get [#]文件号, [记录号],变量名

功能:从已打开的随机文件中,将指定的记录读出,并将其赋给指定的变量。

说明:

(1)Get语句从顺序文件中读取一条记录后,文件记录指针自动指向下一条记录,记录号加1。

(2)记录号为大于或等于1的整数。若记录号缺省,则读入文件指针指向的当前记录,且其对应位置的逗号不能省略。

(3)变量名通常为用户自定义类型,用于接收Get语句读取出来的一条记录。

【例10-6】 使用例10-5建立的随机文件,按指定的记录号读取记录,并显示在文本框中,如图10-7所示。

(1)根据学生的信息在通用模块中建立自定义相关数据类型,此部分代码与上例相同。

(2)在窗体的 Load 事件过程中打开指定的文件,此部分代码与上例相同。

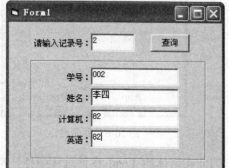

图10-7 界面设计

(3) "查询"按钮 Command1 的 Click 事件过程中，实现随机文件读操作，代码设计如下：

```
Private Sub Command1_Click()
    recno = Val(Text1.Text)                  '将用户输入的记录号赋给变量 recno
    reccount = LOF(1) / Len(XS)              '计算出随机文件的总记录数
    If recno>reccount Or recno<= 0 Then      '若指定的记录号超出范围，则给出提示
        MsgBox "记录号有误"
        Text2.Text = "": Text2.Text = "": Text4.Text = "": Text5.Text = ""
    Else
        Get #1, recno, XS                    '读取文件中记录号为 recno 的记录到变量 XS 中
        Text2.Text = XS.No
        Text3.Text = XS.Nam
        Text4.Text = XS.Computer
        Text5.Text = XS.English
    End If
    Text1.SelStart = 0
    Text1.SelLength = Len(Text1.Text)
End Sub
```

(4) 关闭窗体之后，需要关闭已打开的随机文件，代码设计如下：

```
Private Sub Form_Unload(Cancel As Integer)
    Close #1
End Sub
```

10.3.4 二进制文件的读/写

由于二进制文件是以字节为单位进行操作的文件，没有特别的结构，整个文件都可以当做一个长字节序列来处理，所以可用二进制文件来存放非记录形式的数据或变长记录形式的数据。

二进制文件的访问方式和随机文件的访问方式类似，读/写语句也是 Get 和 Put，区别在于：二进制文件以字节为单位进行读/写操作；随机文件以记录为单位进行读/写操作。

1. 二进制文件的写操作

二进制文件的写操作使用 Put 语句。

格式：Put [#]文件号,[位置],变量名

功能：将"变量名"包含的数据写入二进制文件中。

说明：

(1) "变量名"可以是任何类型的变量。每次写入的数据长度为"变量名"所指的变量长度。

(2) "位置"表示从文件头开始的字节数，文件中的第 1 个字节的位置是 1，第 2 个字节的位置是 2，以此类推。若缺省该项，则从上次读/写操作的记录位置加 1 的字节处开始写入。

2. 二进制文件的读操作

二进制文件的读操作使用 Get 语句。

格式：Get [#]文件号,[位置],变量名

功能：从打开的二进制文件中，将指定位置的数据读出，并赋值给指定变量。

说明：

（1）读取出的数据长度等于"变量名"所指的变量长度。

（2）"位置"在 Get 语句中的含义与 Put 语句中相同。若缺省"位置"，则从文件指针当前所指的位置(上次操作位置加 1 字节处)开始读取，数据读出后指针移动变量长度的位置。

【例 10-7】　用二进制访问方式将 D 盘 Data 文件夹下的文件 File1.dat 复制到 E 盘 VB 文件夹下，文件名改为 Myfile.dat。

代码设计如下：

```
Private Sub Form_Load()
    Dim char As Byte             '定义字节型变量(二进制文件读写单位为字节)
    Open "D:\Data\file1.dat" For Binary As #1    '打开源文件
    Open "E:\VB\Myfile.dat" For Binary As #2     '打开(建立)目标文件
    Do While Not EOF(1)   '判断是否已经读到文件 1 的文件尾，若没有，则循环操作
        Get #1, , char    '从文件 1 中读出
        Put #2, , char    '写入文件 2
    Loop
    Close #1, #2
End Sub
```

10.3.5　常用文件及目录操作语句和函数

Visual Basic 提供了许多与文件操作有关的语句和函数，以便用户对文件或文件夹进行复制、删除等维护工作。在 Windows 系统中，目录和文件夹是同一个概念，在本章的叙述中不再作区分。

1. CurDir( )函数

格式：CurDir(驱动器名)

功能：返回某驱动器的当前路径，返回值为一个字符串。若缺省"驱动器"，则返回当前驱动器的工作路径。

例如，假设 C 为当前驱动器，当前路径为 C:\Data，要返回当前路径，相应语句应为：

```
Dim MyPath As String
MyPath = CurDir              '返回"C:\Data"
MyPath = CurDir("C")         '返回"C:\Data"
```

2. ChDrive 语句

格式：ChDrive　驱动器名

功能：改变当前驱动器的位置。如果"驱动器名"为一个空字符串，则当前的驱动器不会改变。

例如，将当前驱动器改为 D，相应语句应为：

```
ChDrive "D"
```

3. ChDir 语句

格式：ChDir　文件夹名

功能：改变当前的目录或文件夹。注意，ChDir 语句改变默认目录的位置，但不会改变当前驱动器。

例如，当前驱动器为 C:，下列语句将把默认目录改至 D:\VB，而 C:仍是当前驱动器，相应语句应为：

```
ChDir "D:\VB"
```

4. MkDir 语句

格式：MkDir 文件夹名

功能：创建一个新的目录或文件夹。注意，如果没有指定驱动器，则 MkDir 会在当前的驱动器上创建新的目录或文件夹。

例如，在 E 盘根目录下创建一个 VB 文件夹，相应语句应为：

```
MkDir "E:\VB"
```

5. RmDir 语句

格式：RmDir 文件夹名

功能：删除路径名指定的目录或文件夹。注意，RmDir 只能删除空文件夹，若利用该语句试图删除一个含有文件的文件夹，将会发生错误。

例如，要删除上例中建立的 E 盘根目录下的 VB 文件夹，相应语句应为：

```
RmDir "E:\VB"
```

6. FileCopy 语句

格式：FileCopy 源文件名,目标文件名

功能：将"源文件名"（可包含路径）所指定的文件进行复制，并将复制出来的文件以"目标文件名"命名及指定存放路径。注意，FileCopy 不能复制一个已打开的文件，否则会产生错误。

例如，将 D 盘 VB 文件夹下的 hello.txt 文件复制生成一个新的文件到 C 盘 Documents 文件夹下命名为 ABC.txt，相应语句应为：

```
FileCopy "D:\VB\hello.txt","C:\Documents\ABC.txt"
```

7. Kill 语句

格式：Kill 文件名

功能：用于删除"文件名"（可包含路径）指定的文件。

例如，删除 E 盘 Data 文件夹下的 Student.dat 文件，相应语句应为：

```
Kill "E:\Data\Student.dat"
```

8. Name 语句

格式：Name 原文件名 As 新文件名

功能：将指定的文件从"原文件名"（可包含路径）重命名为"新文件名"（可包含路径）。

注意：

（1）Name 语句不能创建新文件或新文件夹。

（2）在执行 Name 语句前，必须先关闭要进行更名操作的文件，否则会出错。

（3）若"新路径名"所指定的文件事先已存在，此语句也会出错。

（4）Name 语句不能使用通配符(*或?)。

例如，将 D 盘根目录下的 Test.doc 文件改名为 Hello.doc，并移动到 E 盘 Data 文件夹下，相应语句应为：

```
Name "D:\Test.doc" As "E:\Data\Hello.doc"
```

9. FileLen( )函数

格式：FileLen(文件名)

功能：用于返回以字节为单位表示的文件长度，返回值为长整型。若所指定的文件已经打开，则返回的值是文件打开之前的长度。

例如，使用 FileLen( )函数来获得文件 D:\hello.txt 的长度，相应语句应为：

```
FileSize = FileLen("D:\hello.txt")
```

10.4 常用文件系统控件

Visual Basic 为用户进行文件操作提供了两种方式：一种是使用前文已经介绍过的 CommonDialog 控件所提供的标准对话框(利用"打开/保存"通用对话框)；另外一种就是使用可直接浏览系统目录结构和文件的文件系统控件：驱动器列表框(DriveListBox)、目录列表框(DirectoryListBox)、文件列表框(FileListBox)，这 3 个控件封装了大量的方法和属性，利用它们可以便捷地实现各种文件操作，编写文件管理程序。

10.4.1 驱动器列表框

驱动器列表框(DriveListBox)用来显示系统中所有有效磁盘驱动器的下拉列表，默认时显示当前驱动器(磁盘)。在工具箱中的图标如图 10-8(a)所示，在窗体中呈现的设计状态如图 10-8(b)所示。

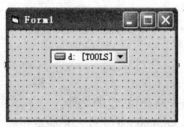
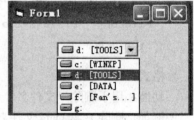

(a) 工具箱中的 DriveListBox　　(b) DriveListBox 的设计状态　　(c) DriveListBox 的运行状态

图 10-8 DriveListBox 控件

当该控件得到焦点时，用户可以输入任何有效的驱动器标识符，或单击右侧箭头，以下拉列表框形式列出所有的有效驱动器，当用户选择一个驱动器后，选中对象将出现在列表框的顶部，如图 10-8(c)所示。

1. 重要属性——Drive 属性

用于返回和设置在驱动器列表框中显示的驱动器。Drive 属性只能在程序代码中设置、访问，而不能在属性窗口中设置默认值为当前驱动器。

格式：[对象名.]Drive [=驱动器名]

说明：

(1) 对象名：表示驱动器列表框名。

(2) 驱动器名：表示驱动器名称的字符串。

(3) 改变 Drive 属性的设置值将激活 Change 事件。

注意：从列表框中选择驱动器并不能自动地变更系统当前的工作驱动器，要改变系统当前的工作驱动器需要用 ChDrive 命令来实现。例如：

```
Drive1.Drive = "F:\"        '设置驱动器
ChDrive Drive1.Drive        '表示将驱动器 F:变成当前的工作驱动器
```

2. 重要事件——Change 事件

驱动器列表框的常用事件为 Change 事件。当选择一个新的驱动器或通过代码改变 Drive 属性的设置时将触发此事件。

例如，把在驱动器列表中选择的驱动器设置为当前驱动器，代码设计如下：

```
Private Sub Drive1_Change()
    ChDrive Drive1.Drive
End Sub
```

10.4.2 目录列表框

目录列表框（DirListBox）显示系统当前驱动器的目录结构及当前目录下的所有子目录，在工具箱中的列表如图 10-9(a)所示。在窗体中呈现的设计状态如图 10-9(b)所示。目录列表框通过显示一个树形的目录结构来列出当前目录名及其下一级目录名。双击某一目录时，将打开该目录并显示其子目录结构，如图 10-9(c)所示。

 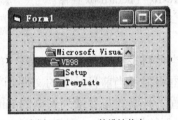 

(a) 工具箱中的 DirListBox　　　(b) DirListBox 的设计状态　　　(c) DirListBox 的运行状态

图 10-9　DirListBox 控件

1. 重要属性——Path 属性

用于设置或返回当前工作目录的完整路径(包括驱动器符号)。

该属性只能在程序代码中设置、访问，而不能在属性窗口中设置。设置 Path 属性时，将激活一个 Change 事件。它适用于目录列表框和文件列表框。

格式：[对象名.]Path [=路径名]

说明：

(1) 对象名：表示目录列表框或文件列表框名。

(2) 路径名：表示指定路径的字符串，若缺省 "=路径名"，则显示当前路径。例如：

```
Print Dir1.Path              '输出当前路径
```

注意：在目录列表框中选择目录并不能改变系统的当前目录，要真正改变系统当前目录必须使用 ChDir 语句。例如：

```
Dir1.Path = "C:\Documents"          '设置目录路径
ChDir Dir1.Path                     '修改系统的当前目录
```

2. 重要事件——Change 事件

目录列表框的常用事件。与驱动器列表框一样，双击一个新目录或通过代码改变 Path 属性值时都会触发此事件。例如，将在目录列表中选择的目录设置为当前目录，代码如下：

```
Private Sub Dir1_Change()
    ChDir Dir1.Path
End Sub
```

10.4.3 文件列表框

文件列表框(FileListBox)用来显示指定目录下的文件列表。在工具箱中的图标如图 10-10(a)所示。在窗体中呈现的设计状态如图 10-10(b)所示。运行状态如图 10-10(c)所示。该控件一般与目录列表框控件配合使用。

　　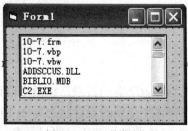　　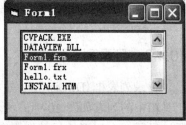

(a) 工具箱中的 FileListBox　　　(b) FileListBox 的设计状态　　　(c) FileListBox 的运行状态

图 10-10　FileListBox 控件

1. 常用属性

（1）Path 属性：用于设置或返回当前目录的路径名。

当设置 Path 属性值后，文件列表框将显示当前目录下的文件。该属性在设计阶段不可用，只能在运行阶段通过程序代码进行设置。其格式与目录列表框的 Path 属性格式类似。

例如，让目录列表框控件显示 D:\下的目录结构，则相应语句应为：

```
Dir1.Path = "D:\"
```

（2）FileName 属性：用于设置或返回指定文件的当前路径和文件名。

该属性在设计阶段不可用。

格式：[对象名.]FileName [=文件名]

说明：

（1）对象名：表示文件列表框名。

（2）文件名：表示指定的文件名称。在设置该属性时，可以使用完整的文件名(绝对路径名)，也可以使用不带路径的文件名；在读取该属性时，则返回当前从列表中选择的不带路径名的文件名或空值。例如：

```
File1.FileName="E:\Data\Student.frm"    '表示将 E 盘 Data 目录下的 Student.frm
                                         文件作为当前文件。
```

注意：FileName 属性的返回值仅为指定文件的文件名，不包含路径，即为"Student.frm"。

改变该属性值将会触发一个或多个事件（如 PathChange、PatternChange 或 DblClick 事件）。

（3）Pattern 属性：用于设置或返回指定的文件类型。在设计阶段和运行阶段都可设置 Pattern 属性。

格式：[对象名.]Pattern[=属性值[;]]

其中，"属性值"：为指定的文件类型。缺省情况下，其值为"*.*"，即所有文件。若有多个类型，则用分号分隔。例如：

```
    FileListBox1.Pattern = "*.mp3 ; *.wma"        '表示仅允许列表框中显示 mp3 文件
                                                  和 wma 文件
```

其返回值为一个带通配符的文件名字符串，代表要显示的文件名类型，如*.txt 的功能。

（4）ReadOnly、Archive、System、Normal、Hidden 属性：这些属性用于指定在 FileListBox 控件中所显示的文件类型。运行时，可以在程序中设置这些属性中的任一个为 True，而其他属性为 False，使 FileListBox 控件只显示具有指定属性的文件。

2. 常用事件

（1）PathChange 事件：当文件列表框的 Path 属性值发生变化时触发 PathChange 事件。

（2）PatternChange 事件：当文件列表框的 Pattern 属性值发生变化时触发 PatternChange 事件。

【例 10-8】 设计一个图 10-11 所示的"打开可执行文件"的管理界面。

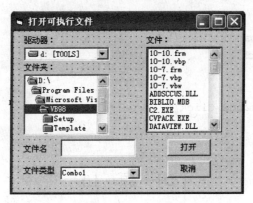

图 10-11　界面设计

代码设计如下：

```
Dim filename As String               '在通用部分声明变量 filename
Private Sub Form_Load()
    Combo1.AddItem "*.exe"
    Combo1.AddItem "*.com"
    Combo1.AddItem "*.bat"
End Sub

Private Sub Drive1_Change()          '目录列表框和驱动器列表同步
    Dir1.Path = Drive1.Drive
End Sub

Private Sub Dir1_Change()            '文件列表框与目录列表框同步
```

```
        Text1.Text = Dir1.Path
        File1.Path = Dir1.Path
    End Sub

    Private Sub File1_Click()           '选定文件
        If Right$(Dir1.Path, 1) = "\" Then
            s = ""
        Else
            s = "\"
        End If
        '把选定文件的路径和文件名赋给变量filename
        filename = Dir1.Path + s + File1.filename
        Text1.Text = File1.filename     '文本框与文件列表框同步
    End Sub

    Private Sub Combo1_Click()          '筛选文件类型
        File1.Pattern = Combo1.Text     '文件列表框与组合框同步
    End Sub

    Private Sub File1_DblClick()        '执行打开指定文件的操作
        file = Shell(filename, 1)       'Shell()函数的作用是打开可执行程序
    End Sub

    Private Sub Command1_Click()
        File1_DblClick
    End Sub

    Private Sub Command2_Click()
        End
    End Sub
```

习 题 10

一、判断题(正确填写 A，错误填写 B)

1. 按照文件的存取方式及其组成结构可以分为两种类型：文本文件和随机文件。（ ）

2. 二进制文件与随机文件的主要区别是：二进制文件与随机文件类似，必须限制固定长度，可用喜欢的方式来存取文件。（ ）

3. 在 Visual Basic 中包括 4 个文件类控件，它们分别是 DriveListBox 控件、DirListBox 控件、FileListBox 控件和 CommandDialog 控件。（ ）

4. 用 Output 模式打开文件，如果指定文件和路径不存在，则会自动创建指定文件及路径。（ ）

5. 若要新建一个磁盘上的顺序文件，可用 Output、Append 方式打开文件。（ ）

6. Visual Basic 中，文件号最大可取的值为 511。（ ）

7. 执行语句 Open " Tel.dat" For Random As #1 Len = 50 后，对文件 Tel.dat 中的数据能够执行的操作是只能写，不能读。（ ）

8. Visual Basic 中，使用 Append 方式打开数据文件时，文件指针被定位于文件尾。（ ）
9. 目录列表框的 Path 属性的作用是显示当前驱动器或指定驱动器某目录下的文件名。（ ）
10. Kill "*.doc"语句的意思是，删除当前文件夹下的所有扩展名为 doc 的文件。（ ）

二、选择题

1. 关于顺序文件的描述，下面正确的是（   ）。
    A. 每条记录的长度必须相同
    B. 可通过编程对文件中的某条记录进行修改
    C. 数据只能以 ASCII 码形式存放在文件中，可通过文本编辑软件显示
    D. 文件的组织结构复杂
2. 以下能判断是否到达文件尾的函数是（   ）。
    A. Bof( )   B. Loc( )   C. Lof( )   D. Eof( )
3. 按文件的访问方式，文件分为（   ）。
    A. 顺序文件、随机文件和二进制文件   B. ASCII 文件和二进制文件
    C. 程序文件、随机文件和数据文件   D. 磁盘文件和打印文件
4. 顺序文件是因为（   ）。
    A. 文件中按每条记录的记录号从小到大排序好的
    B. 文件中按每条记录的长度从小到大排序好的
    C. 文件中按记录的某关键数据项从小到大排序好的
    D. 记录按进入的先后顺序存放的，读出也是按原写入的先后顺序读出
5. 要从磁盘上新建一个文件名为 "D:\test.txt" 的顺序文件，下列（   ）是正确的语句。
    A. F = "D:\test.txt"
       Open F For Append As #2
    B. F = "D:\test.txt"
       Open "F" For Output As #2
    C. Open D:\test.txt For Output As #2
    D. Open "D:\test.txt" For Input As #2
6. 在窗体上有一个文本框，代码窗口中有如下代码，则下述有关该段程序代码所实现的功能正确的说法是（   ）。

```
Private Sub form_load()
    Open "C:\data.txt" For Output As #3
    Text1.Text = ""
End Sub
Private Sub text1_keypress(keyAscii As Integer)
    If keyAscii = 13 Then
        If UCase(Text1.Text) = "END" Then
            Close #3
            End
        Else
            Write #3, Text1.Text
            Text1.Text = ""
        End If
```

```
        End If
    End Sub
```

    A．在 C 盘当前目录下建立一个文件

    B．打开文件并输入文件的记录

    C．打开顺序文件并从文本框中读取文件的记录，若输入 End 则结束读操作

    D．在文本框中输入的内容按 Enter 键存入，然后文本框内容被清除

7．以下叙述中正确的是(　　)。

    A．一个记录中所包含的各个元素的数据类型必须相同

    B．随机文件中每个记录的长度是固定的

    C．Open 命令的作用是打开一个已经存在的文件

    D．使用 Input #语句可以从随机文件中读取数据

8．以下程序段实现的功能是(　　)。

```
Option Explicit
Sub appeS_file1()
    Dim StringA As String, X As Single
StringA="Appends a new number:"
    X=-85
    Open "d:\S_file1.dat" For Append As #1
    Print #1, StringA; X
    Close
End Sub
```

    A．建立文件并输入字段   B．打开文件并输出数据

    C．打开顺序文件并追加记录   D．打开随机文件并写入记录

9．在窗体上画一个名称为 Command1 的命令按钮和一个名称为 Text1 的文本框，在文本框中输入以下字符串：Microsoft Visual Basic Programming。

    然后编写如下事件过程：

```
Private Sub Command1_Click()
    Open "d:\temp\outf.txt" For Output As #1
    For i = 1 To Len(Text1.Text)
        c = Mid(Text1.Text, i, 1)
        If c >= "A" And c <= "Z" Then
            Print #1, LCase(C)
        End If
    Next i
    Close
End Sub
```

程序运行后，单击命令按狃，文件 outf.txt 中的内容是(　　)。

    A．MVBP   B．mvbp

    C．M   D．m

      V   v

      B   b

      P   p

第10章 文件操作

10. 在窗体上画一个名称为 Drive1 的驱动器列表框，一个名称为 Dir1 的目录列表框。当改变当前驱动器时，目录列表框应该与之同步改变。设置两个控件同步的命令放在一个事件过程中，这个事件过程是（　　）。

    A. Drive1_Change   B. Drive1_Click   C. Dir1_Click   D. Dir1_Change

三、填空题

1. 打开文件所使用的语句为_____，其中可设置的输入输出方式包括_____、_____、_____、_____、_____，如果省略，则为_____方式。

2. 顺序文件通过_____和_____语句将缓冲区中的数据写入磁盘。

3. 随机文件的读写操作语句为_____和_____。

4. 文件列表框中的_____属性决定显示文件的类型。

5. 打开文件前，可通过_____函数获得可利用的文件号。

6. 进行文件操作时，可以使用_____函数返回以字节为单位的文件长度。

7. 关闭文件需要使用的语句是_____语句。

8. 在 Visual Basic 中，顺序文件的读操作通过_____、_____语句或_____函数实现。随机文件的读/写操作分别通过_____和_____语句实现。

9. 用户可使用_____语句删除指定的文件。

10. 使用 FileListBox 控件时，如果需要返回所选文件的路径和文件名，需要设置_____属性。

第 11 章 Visual Basic 与数据库

数据库是用于存储大量数据的区域，它通常包括一个或多个表。数据库应用成为当今计算机应用的主要领域之一。Visual Basic 提供了功能强大的数据库管理功能，能够方便、灵活地完成数据库应用中涉及的诸如建立数据库、查询和更新等各种基本操作。本章讨论数据库的基本概念、Visual Basic 中 ADO Data 控件的使用方法和 SQL 语言。

11.1 数据库概述

数据库技术是计算机科学的重要分支，数据库应用成为当今计算机应用的主要领域之一。在学习 Visual Basic 访问数据库的开始，掌握数据库的基本概念和基本知识是学习本章内容的基础。

11.1.1 数据库的基本概念

1. 数据库系统

数据库系统(Data Base System，DBS)是指以数据库方式管理的拥有大量共享数据的计算机应用系统。它一般由计算机硬件系统、操作系统、数据库管理系统、数据库、应用程序及用户(最终用户和数据库管理人员)组成。

2. 数据库管理系统

数据库管理系统(Data Base Management System，DBMS)是指能够帮助用户使用和管理数据库的软件系统。例如，Microsoft Access、PowerBuilder、SQL Server、Oracle、Infomix 等都是目前较为常用的数据库管理系统软件。

数据库管理系统位于操作系统与用户之间，在操作系统的支持下，提供了一系列数据库的操作命令。用户使用各种操作命令完成对数据库的各种管理工作，以及开发数据库应用程序，都需要通过数据库管理系统才能够实现。数据库管理系统提供了数据描述语言，用来描述数据库的结构，供用户建立数据库；数据操作语言，用来对数据库进行数据查询、数据统计汇总和数据存储(包括数据的增加、删除和修改)等操作；除此，还提供了其他管理和控制功能(安全、通信控制)等。

3. 数据库

数据库(Data Base，DB)是指以一定的组织方式存储在一起的、能够为多用户共享的、并且独立于应用程序的相互关联的数据集合。

数据库中的数据按照特定的数据模型加以组织、描述和存储，具有较高的数据独立性和可扩展性。数据库相对以前的数据管理工具而言，具有独立性、完整性、共享性和数据冗余度低等特点。用户使用 DBMS 提供的命令，能够方便地建立所需要的数据库，保存数据供日后使用。

4. 数据库应用程序

数据库应用程序是指针对实际工作的需要而开发的各种基于数据库管理方式的应用程序。用户可以使用 DBMS 提供的各种命令直接开发，也可以使用 Visual Basic 等开发工具在开发前台界面的同时，去访问后台的数据库。

5. 用户

用户是指最终操作使用应用程序的人员和数据库管理员。应用程序运行中的操作一般是由从事实际工作的人员承担，数据库管理员负责数据库的维护和管理。大型数据库的管理一般都需要配备专业的数据库管理员承担管理工作。

11.1.2 关系数据库的基本概念

数据库存储的是经过组织的、结构化的数据，数据组织可以采用不同的数据模型：层次模型、网状模型、关系模型。目前大多数的数据库管理系统都是基于关系模型的。

1. 关系数据库的定义

关系模型数据库管理系统(RDBMS)以关系代数为理论基础，在逻辑上可以将数据库理解为表。因此关系模型数据库的概念更易于理解，和日常处理表格的工作很接近，便于掌握和使用。关系模型提出后，关系数据库得到迅速发展，广泛应用于社会各个方面。

关系数据库是根据表、记录和字段之间的关系进行组织和访问的，以行和列组织的二维表的形式存储数据，并且通过关系将这些表联系在一起。另外，可以使用结构查询语言(SQL)来描述关系数据库的数据查询问题，极大地提高了查询效率。

2. 关系数据库的概念

1) 数据库

在数据库中，数据以数据表为单位进行组织，一个数据库通常由一个或多个数据表及其他相关的对象组成。每个数据库以文件的形式存储在磁盘上，对应一个物理文件。

2) 数据表

数据表(Table，简称表)是按行、列排列的具有相关信息的逻辑组，类似 Excel 中的工作表。表与日常的二维表格对应。例如，一个班级学生的基本情况，存入数据库的表中，其中的一行就是某个学生的学号、姓名等各项情况；表中的一列，表示全班各个学生的学号、姓名等各项情况；行列交叉的位置，则表示其中的一个数据，如图 11-1 所示。

"学生"表

学号	姓名	性别	学院	总分
2007011001	肖大海	男	物理	85
2007012002	张宇	女	中文	90
2007013003	张强	男	化学	75
2007011002	聂方舟	男	地理	80
2007014005	刘红	女	外语	82
...	...	...	...	...

"选课"表

学号	课程号	课程名
2007011001	A110	VB 程序设计
2007011001	A112	动画制作
2007014005	A114	教育技术
2007012002	A113	多媒体技术
2007013003	A115	摄影入门
...	...	...

图 11-1 关系表

3) 记录

记录(Record)指表中的一行数据，由多个基本数据项组成。表中每条记录，描述了一个对象的情况。一般来说，数据表中不允许出现内容完全相同的两条记录。

4) 字段

数据库表中的每一列称为一个字段(Field)。表是由其包含的各种字段定义的，每个字段描述了它所含有的数据，使用时通过字段名引用某列数据。创建数据库中的表时，须为每个字段分配一个字段名，并确定字段的数据类型、最大长度和其他属性。一般来说，在数据库的表中，字段的顺序可以任意排列，但是应该符合日常习惯。

5) 关键字

关键字是表中的某个字段或多个字段的组合，表按关键字索引后，能够在表中实现快速检索。关键字可以是唯一的，也可以不是唯一的，取决于是否允许重复。唯一的关键字可以指定为主关键字，用来唯一标识表的一条记录。例如，学号可以作为主关键字，它能够唯一地标识一个学生。而学生姓名不能做主关键字，因为姓名可能有重复。

6) 索引

当数据库较大时，为了提高访问数据库的速度，可以对数据库使用索引。基于索引的查询能够使数据获取更为快捷。索引包含原数据库中经定义的关键字段的值和指向记录物理位置的指针，关键字段的值和指针根据所指定的排序顺序排列，从而可以快速查找所需要的数据。索引类似书的目录，通过书的目录及其指向的页码，能够快速找到需要阅读的内容，索引具有同样的原理。

7) 关系

在实际问题中，数据库可以由多个表组成，每个表集中了相关的一批数据。利用表之间的关系把各个表连接起来，可以将来自不同表的数据组织在一起，使数据的处理和表达更具灵活性。表与表之间的关系是通过各个表中的关键字段建立起来的，建立表关系所用的关键字段应具有相同的数据类型。关系有 3 种：一对一关系、一对多关系和多对多关系。

11.1.3 数据访问基础

数据访问是指用 Visual Basic 开发应用程序的前端，前端程序负责与用户交互，可以选择数据库中的数据，并将所选择的数据按用户的要求显示出来。数据库系统本身称为后端，后端数据库通常是关系表的集合，为前端提供数据。数据访问首先要求数据库能够支持访问，在 Visual Basic 应用程序中才能访问这些数据库。

1. Visual Basic 访问数据库的类型

在 Visual Basic 中可以访问的数据库有以下 3 类。

1) Jet 数据库

数据库由 Jet 引擎直接生成和操作，具有灵活快速的特点。Visual Basic 使用的 Jet 引擎数据库与 Microsoft Access 相同。

2) ISAM 数据库

ISAM 数据库(索引顺序访问方法数据库)有多种不同的数据库，如 DBASE、FoxPro、Paradox 等。在 Visual Basic 中可以生成并操作这些数据库。

3) ODBC

ODBC(开放式数据库连接)是 Microsoft 公司推出的连接外部数据库的标准。Visual Basic 可以访问任何支持 ODBC 标准的数据库,如 Microsoft SQL Server、Oracle 等。ODBC 提供了能够访问大量数据库的接口,使前端客户应用程序的开发独立于后端服务器。

2. Visual Basic 访问数据的接口

在 Visual Basic 中,可以使用的数据访问接口有 3 种:数据访问对象(Data Access Objects, DAO)、远程数据对象(Remote Data Objects, RDO)和 ActiveX 数据对象(ActiveX Data Objects, ADO)。数据访问接口是一个对象模型,它代表了访问数据的各个方面。在数据访问技术不断发展的过程中,DAO、RDO 和 ADO 代表了该项技术发展的不同阶段。

ADO 是数据访问的最新技术,它扩展了 DAO 和 RDO 所使用的对象模型,包含较少的对象,更多的属性、方法(和参数)及事件。ADO 实际是一种提供访问各种数据类型的连接机制。ADO 设计为一种极简单的格式,通过 OLEDB 的方法同数据库接口。可以使用任何一种 OLEDB 数据源,既适合于 SQL server、Oracle、Access 等数据库,也适合于其他格式的文件,如 Excel 表格等,是一个便于使用的应用程序层接口。ADO 是一种更加简单、灵活的对象模型,已经成为广泛使用的数据访问接口。

3. Visual Basic 访问数据库的方法

Visual Basic 访问数据库的方法一般可分为 3 种:数据控件法、使用数据库对象变量进行编程、直接调用 ODBC2.0API。第一种方法操作简便、灵活、易于掌握,是 3 种方法中编码量最小的,不必了解更多的细节。第二种方法可以控制多种记录集类型、记录集合对象,可以存取存储过程和查询动作,可以存取数据库集合对象等。第三种方法可以直接参与结果集的开发、管理及规范化,对结果集游标提供了更多的控制,并且提供了更多的游标类型和执行动作,能够确定 ODBC 驱动程序及 SQL 的一致性级别,可以更好地控制 Windows 的执行调度及资源利用。

11.2 使用可视化数据库管理器

Visual Basic 提供了一个非常实用的工具程序,即可视化数据库管理器(Visual Data Manager),使用它可以方便地建立数据库、数据表和数据查询。可以说,凡是有关数据库的操作,都能使用它来完成,并且由于它提供了可视化的操作界面,因此很容易掌握。

11.2.1 建立数据库

1. 启动数据库管理器

在 Visual Basic 集成环境中,执行 "外接程序 | 可视化数据库管理器" 命令,即可打开可视化数据库管理器 VisData 窗口,如图 11-2 所示。

"数据库管理器" 窗口由菜单栏、工具栏、子窗口区和状态条组成,启动完成时,其子窗口区为空。

2. 建立 Jet 数据库

建立 Jet 数据库的步骤如下:

(1) 执行"文件|新建"命令,出现一个子菜单,列出如下可选的数据库类型:
- Microsoft Access:Microsoft Access(Version 2.0 或 7.0).mdb。
- Dbase:Dbase(Version 5.0,Ⅳ或Ⅱ)数据库。
- FoxPro:FoxPro(Version 3.0,2.6,2.5 或 2.0)数据库。
- Paradox:Paradox(Version 5.0,4.x 或 3.x)数据库。
- ODBC:新的 ODBC 数据源。
- Text Files:存储表文件的目录。

在其中选择一项,如 Microsoft Access。若再出现下级子菜单,则再选一项,如 Version 7.0 MDB。

(2) 出现"创建数据库"对话框,在该对话框中选择保存数据库的路径和库文件名,如输入数据库文件名为"student",保存文件夹为"E:\vb"。

(3) 单击"保存"按钮后,在 VisData 多文档窗口中将出现"数据库窗口"和"SQL 语句"两个子窗口。在"数据库窗口"中单击"+"号,将列出新建数据库的常用属性,如图 11-3 所示。

图 11-2　可视化数据库管理器窗口

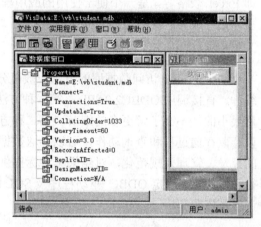

图 11-3　新建数据库的属性

11.2.2　添加数据表

利用可视化数据管理器建立数据库后,就可以向该数据库添加数据表。下面以添加 Access 表为例介绍添加和建立表的方法。

1. 建立数据表结构

建立数据表结构的步骤如下:

(1) 打开已经建立的 Access 数据库,如 student.mdb。

(2) 右击数据库窗口,在出现的快捷菜单中选择"新建表"命令,打开"表结构"对话框。在"表结构"对话框中,"表名称"必须输入,即数据表必须有一个名字,如"学生"。"字段列表"显示表中的字段名,单击"添加字段"和"删除字段"按钮进行字段的添加和删除。有索引关键字的可向"索引列表"中添加或删除索引。

(3) 单击"添加字段"按钮打开"添加字段"对话框。在"名称"文本框中输入一个字段名,在"类型"下拉列表中选择相应的数据类型,在"大小"文本框中输入字段长度,选择字段是"固定字段"还是"可变字段",以及"允许零长度"和"必要的"。还可以定义验证规则来对取值进行限制,可以指定插入记录时字段的默认值。

添加一个字段后,单击"确定"按钮,该对话框中的内容将变为空白,可继续添加该表中的其他字段。当所有字段添加完毕后,单击该对话框中的"关闭"按钮,返回"表结构"对话框。

(4) 单击"表结构"对话框中的"添加索引"按钮,打开"添加索引"对话框。在"名称"文本框中输入索引名,每个索引都要有一个名称。在"可用字段"中选择建立索引的字段名。一个索引可以由一个字段建立,也可以由多个字段建立。

如果要使某个字段或几个字段的值不重复,可以建立索引,并使索引为唯一的,否则一定不要选中"唯一的"复选项。

(5) 建立好"学生"的表结构,如图 11-4 所示。在"表结构"对话框中,单击"生成表"按钮生成表,关闭"表结构"对话框,在数据库窗口中可以看到生成的表。

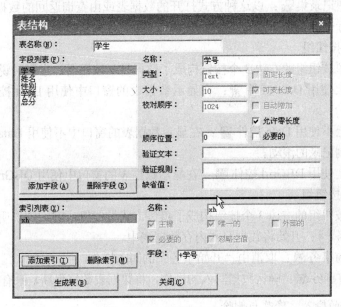

图 11-4 "表结构"对话框

2. 修改数据库结构

在可视化数据管理器中,可以修改数据库中数据表的结构。操作如下:

(1) 打开要修改的数据表的数据库。在数据库窗口中右击要修改表结构的数据表的表名,出现快捷菜单,如图 11-5 所示。

(2) 在快捷菜单中选择"设计"命令,打开"表结构"对话框。此时的"表结构"对话框与建立表时的对话框不完全相同。在该对话框中可以修改表名称、修改字段名、添加与删除字段、修改索引、添加与删除索引、修改验证和默认值等。单击"打印结构"按钮打印表结构,单击"关闭"按钮完成修改。

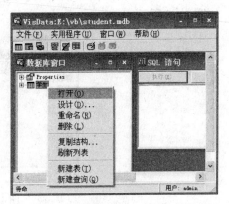

图 11-5 "数据库窗口"中的快捷菜单

11.2.3 编辑数据表中数据

1. 数据管理器的工具栏

可视化数据管理器的工具栏由"记录集类型按钮组"、"数据显示按钮组"和"事务方式按钮组"3部分组成。

1) 记录集类型按钮组

记录集类型按钮组为开头的3个按钮,它们的说明如下。

(1) 表类型记录集：以这种方式打开数据表中数据时,所进行的增、删、改等操作都直接更新数据表中的数据。

(2) 动态集类型记录集：以这种方式可以打开数据表或由查询返回的数据,所进行的增、删、改及查询等操作都先在内存中进行,速度快。

(3) 快照类型记录集：以这种方式打开的数据表或由查询返回的数据仅供读取而不能更改,适用于进行查询工作。

2) 数据显示按钮组

在记录集类型按钮组的右边3个按钮构成了数据显示按钮组,它们的说明如下。

(1) 在窗体上使用Data控件：在显示数据表的窗口中使用Data控件来控制记录的滚动。

(2) 在窗体上不使用Data控件：在显示数据表的窗口中不使用Data控件,而是使用水平滚动条来控制记录的滚动。

(3) 在窗体上使用DBGrid控件：在显示数据表的窗口中使用DBGrid控件。

3) 事务方式按钮组

在数据显示按钮组的右边3个按钮构成了事务方式按钮组,它们的说明如下。

(1) 开始事务：开始将数据写入内存数据表中。

(2) 回滚当前事务：取消由"开始事务"的写入操作。

(3) 提交当前事务：确认数据写入的操作,将数据表数据更新,原有数据将不能恢复。

2. 数据记录的输入、修改与删除

在数据管理器的工具栏中选择"表类型记录集"、"在窗体上使用Data控件"和"开始事务"选项,然后在图11-5所示的快捷菜单中选择"打开"命令,即可打开数据记录处理窗口,如图11-6所示。

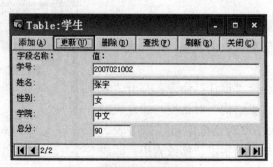

图11-6 数据记录处理窗口

在该窗口中有 6 个按钮用于记录操作，它们的作用如下。
（1）添加/取消：向表中添加新记录或取消添加的记录。
（2）更新：保存窗口中的当前记录。
（3）删除：删除窗口中的当前记录。
（4）查找：根据指定条件查找满足条件的记录。
（5）刷新：用于记录刷新，这仅对多用户应用程序才是需要的。
（6）关闭：关闭表处理窗口。

11.2.4 使用数据窗体设计器

使用数据窗体设计器可以创建数据窗体，并把它们添加到当前的 Visual Basic 工程中。使用这个工具，不必编写任何代码，就能创建用于浏览、修改和查询数据的应用程序。

"数据窗体设计器"菜单项在"实用程序"菜单中，只有打开一个数据库后，该菜单项才有效。数据窗体设计器的使用步骤如下。

1. 打开表

执行"文件 | 打开数据库"命令，打开前面建立的 student.mdb 数据库，这时在"实用程序"菜单中的"数据窗体设计器"菜单项变为可用的。

2. 选取字段

执行"实用程序 | 数据窗体设计器"命令，出现"数据窗体设计器"对话框。在"窗体名称(不带扩展名)"文本框中输入"stud"，在"记录源"下拉列表框中选择"学生"，这时"可用的字段"列表框中列出学生表的所有字段，单击">>"按钮将其全部移到"包括的字段"列表框中，如图 11-7 所示。

图 11-7 添加窗体字段

3. 生成窗体

单击"生成窗体"按钮，当所有字段消失后，数据窗体被加入到当前的工程中。

4. 保存窗体

单击"关闭"按钮，关闭"数据窗体设计器"对话框。此时在工程中生成的数据窗体如图 11-8 所示。以 frmstud 文件名保存该窗体。

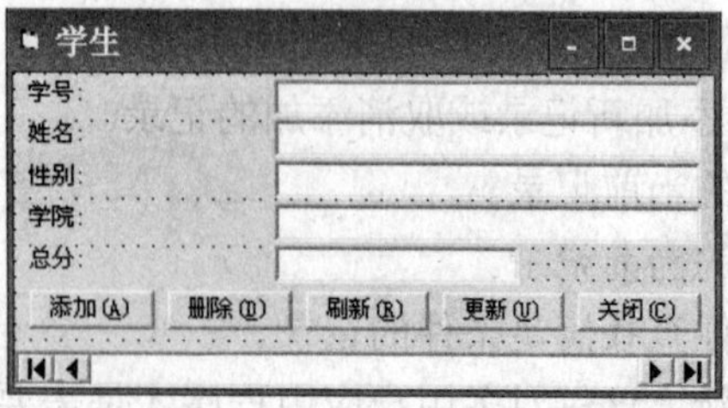

图 11-8 自动生成的窗体

实际上,该窗体是 Visual Basic 自动生成的,其中包括 5 个标签(分别为对应字段的字段名)、5 个文本框(分别用于输入各字段的值)、5 个命令按钮(标题分别为"添加"、"删除"、"刷新"、"更新"和"关闭",对应的命令按钮名字分别是 cmdAdd、cmdDelete、cmdRefresh、cmdUpdate 和 cmdClose)和一个 Data 控件(名字为 Data1)。在这些命令按钮上分别设计以下 Click 事件过程:

```
Private Sub cmdAdd_Click()
    Data1.Recordset.AddNew
End Sub
Private Sub cmdDelete_Click()
    '如果删除记录集的最后一条记录或记录集中唯一的记录
    Data1.Recordset.Delete
    Data1.Recordset.MoveNext
End Sub
Private Sub cmdRefresh_Click()
    '这仅对多用户应用程序才是需要的
    Data1.Refresh
End Sub
Private Sub cmdUpdate_Click()
    Data1.UpdateRecord
    Data1.Recordset.Bookmark = Data1.Recordset.LastModified
End Sub
Private Sub cmdClose_Click()
    Unload Me
End Sub
```

以上代码均由 Visual Basic 自动生成,在学习 Data 控件后,读者可以理解"数据窗体设计器"自动生成窗体的原理。

5. 使用窗体

执行"工程|工程 1 属性"命令,出现"工程属性"对话框。在"启动对象"下拉列表框中选择 frmstud,然后运行工程。这时窗体如图 11-9 所示,通过命令按钮可以执行相应的数据表操作。

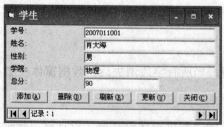

图 11-9 运行后的数据窗体

11.2.5 使用查询生成器

有时候需要浏览符合特定条件的一组记录，这就要建立一些表达式用于查询，这些表达式将被存储于数据库中。需要浏览这些记录时只需运行这些表达式即可。在可视化数据数据库管理器中用户可以建立和使用查询。

在 Visual Basic 6.0 中，查询生成器用来生成复杂的查询表达式。在可视化数据管理器中执行"实用程序 | 查询生成器"命令，或者在数据库窗口中右击，在弹出的快捷菜单中选择"新建查询"命令均可启动"查询生成器"对话框，如图 11-10 所示。

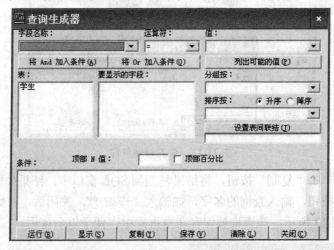

图 11-10 "查询生成器"对话框

"查询生成器"对话框中包括以下选项。

(1)"字段名称"下拉列表框：显示数据表中的所有字段，可以选择一个或多个字段进行查询。

(2)"运算符"下拉列表框：包含=、>、>=、<、<=等运算符，可以从中选择一个运算符，以表明所选字段的数据与查询值之间的关系。

(3)"值"下拉列表框：在此输入要查询的值。

(4)"将 And 加入条件"按钮：如果是复杂的表达式，在表达式间加上 And 运算符，以表明前后表达式之间"与"的关系。

(5)"将 Or 加入条件"按钮：如果是复杂的表达式，在表达式间加上 Or 运算符，以表明前后表达式之间"或"的关系。

(6)"表"列表框：显示当前数据库中的所有数据表，可以从中选择要查询的表。

(7)"要显示的字段"列表框：用于确定查询完成后，显示符合条件的记录的字段，可以从中选择需要的显示的字段。

(8)"设置表间联结"按钮：如果查询需要涉及多个表，则需要设置表间的连接条件。

(9)"运行"按钮：运行查询并查看查询结果。

(10)"显示"按钮：显示所生成的 SQL 语句。

(11)"复制"按钮：把生成的 SQL 语句复制到 SQL 窗口。

(12)"保存"按钮：将生成的 SQL 语句按指定的名称保存。

(13)"清除"按钮：清除所有设置，回到初始状态。

(14)"关闭"按钮：关闭"查询生成器"对话框。

例如，要在"学生"表和"选课"表中查询"肖大海"同学所选课程及成绩，显示其基本情况，并按成绩从高到低降序排序，设置如图 11-11 所示。

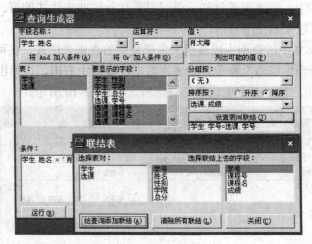

图 11-11　设置查询条件

查询完成后，单击"复制"按钮，将结果复制到 SQL 窗口中，结果如图 11-12 所示。

单击"保存"按钮，输入查询的名字，如输入"查询1"，关闭后，在数据库窗口中将出现该查询，如图 11-13 所示，该查询被保存在数据库中，便于以后使用。

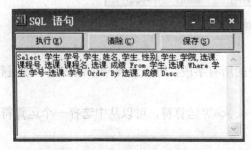

图 11-12　复制查询结果到 SQL 窗口

图 11-13　保存查询

使用查询生成器生成 SQL 语句方便、可靠，但是其功能受到一定的限制，实际上查询是结构化查询语言 SQL 的重要功能，可以在 SQL 窗口中直接输入 SQL 语句来完成对数据的添加、删除、修改、查询等操作，SQL 语言在 11.4 节作进一步介绍。

11.3　ADO Data 控件

ADO Data 控件（有时简称为 ADO 控件）与 Visual Basic 固有的 Data 控件相似。使用 ADO Data 控件，可以利用 Microsoft ActiveX Data Objects（ADO）快速建立数据绑定控件和数据提供者之间的连接。

ADO Data 控件可以实现以下功能：

（1）连接一个本地数据库或远程数据库。

（2）打开一个指定的数据库表，或定义一个基于结构化查询语言（SQL）的查询、存储过程视图的记录集合。

(3) 将数据字段的数值传递给数据绑定控件，可以在这些控件中显示或更改这些数值。

(4) 添加新的记录，或根据更改显示在绑定的控件中的数据来更新一个数据库。

(5) 要使用 ADO Data 控件，执行"工程|部件"命令，并在"部件"对话框中选择 Microsoft ADO Data Control 6.0 选项，如图 11-14 所示。单击"确定"按钮，Visual Basic 中的控件工具箱如图 11-15 所示。通过数据控件可以直接对记录集进行访问，移动记录指针，不需要编写代码即可实现对数据库的操作。

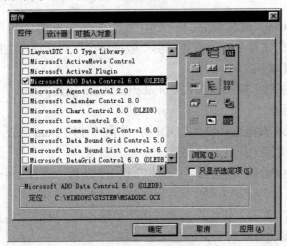

图 11-14 "部件"对话框

图 11-15 ADO 控件

11.3.1 ADO Data 控件的属性

ADO Data 控件的常用属性如下。

1. Align 属性

用于把数据控件摆放在窗体的特定位置，有 5 个可选的位置。

(1) vbAlignNone：用鼠标指针拖动控件到窗口的任何位置。

(2) vbAlignTop：将控件放到窗口的顶端。

(3) vbAlignBottom：将控件放到窗口的底部。

(4) vbAlignLeft：将控件放到窗口的最左边。

(5) vbAlignRight：将控件放到窗口的最右边。

2. BOFAction 和 EOFAction 属性

当移动数据库记录指针时，如果记录指针移动到 BOF 或 EOF 位置后，再向前或向后移动记录指针将发生错误。BOFAction 和 EOFAction 属性指定当发生上述错误时，数据控件采取什么样的操作。BOFAction 属性有 2 个可选常量。

(1) adDoMoveFirst：移动记录指针到第一个记录。

(2) adStayBOF：移动记录指针到记录的开始。记录指针移动到记录的开始位置时将引发数据控件的 Validate 事件和 Reposition 事件，这时可编写程序代码确定要执行的操作。

EOFAction 属性有 3 个可选常量。

(3) adDoMoveLast：移动记录指针到最后一个记录。

(4) adStayEOF：移动记录指针到记录的结尾，同样可利用它所引发的事件编写程序代码。

(5) adDoAddNew：当记录指针移动到文件尾部时，引发数据控件的 Validate 事件，然后自动执行 AddNew 方法添加新记录，并在新记录上引发 Reposition 事件。

3. ConnectionString 属性

ConnectionString 属性用来建立到数据源的连接信息。由于 Visual Basic 的 ADO 对象模型可以链接不同类型的数据库，所以在使用 ADO Data 控件时也能够通过 ConnectionString 属性来设置要链接的数据库。

在设计时，可以将 ConnectionString 属性设置为一个有效的连接字符串，也可以将 ConnectionString 属性设置为定义连接的文件名。该文件是由"数据链接"对话框产生的。

设置 ConnectionString 属性的步骤如下：

(1) 单击 ADOData 控件，并在"属性"窗口中单击 ConnectionString 属性的"…"按钮，出现如图 11-16 所示的"属性页"对话框。

(2) 如果已经创建了一个 Microsoft 数据链接文件(.UDL)，单击"使用 Data Link 文件"单选按钮，并单击"浏览"按钮，以找到计算机上的文件。

(3) 如果使用 DSN，则单击"使用 ODBC 数据源名"单选按钮，并从框中选择一个 DSN，或单击"新建"按钮，创建一个连接。

(4) 如果想创建一个连接字符串，单击"使用连接字符串"单选按钮，单击"生成"按钮，然后在图 11-17 所示的"数据链接属性"对话框创建一个连接。

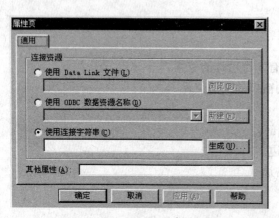

图 11-16 "属性页"对话框

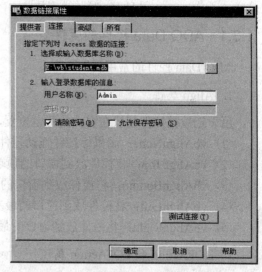

图 11-17 "数据链接属性"的"连接"选项卡

(5) 在创建连接字符串后，单击"确定"按钮。ConnectionString 属性将使用一个类似于下面一行的字符串来填充：

```
drive=[SQL Server];server=bigsmile;uid=sa;pwd=pwd;database=pubs
```

在运行时，可以动态地设置 ConnectionString 更改数据库。

4. RecordSource 属性

RecordSource 属性设置要链接的表或者 SQL 查询语句。可以在"属性"窗口中将"记录源"属性设置为一个 SQL 语句。例如：

```
SELECT * FROM 学生 WHERE 性别="男"
```

5. CommandType 属性

CommandType 属性用于指定 RecordSource 属性的取值类型。可直接在属性窗口中 CommandType 属性框右边的下拉列表框中选择需要的类型，其取值如下。

（1）adCmdUnknown：默认值。CommandText 属性中的命令类型未知。

（2）adCmdTable：将 CommandText 作为其列全部由内部生成的 SQL 查询返回的表格的名称进行计算。

（3）adCmdText：将 CommandText 作为命令或存储过程调用的文本化定义进行计算。

（4）adCmdStoreProc：将 CommandText 作为存储过程名进行计算。

6. UserName 属性

UserName 属性指定用户的名称，当数据库受密码保护时，需要指定该属性。该属性可以在 ConnectionString 中指定。如果同时提供一个 ConnectionString 属性以及一个 UserName 属性，则 ConnectionString 中的值将覆盖 UserName 属性的值。

7. Password 属性

Password 属性指定密码，在访问一个受保护的数据库时指定密码是必需的。和 Provider 属性与 UserName 属性类似，如果在 ConnectionString 属性中指定了密码，则将覆盖在该属性中指定的值。

8. ConnectionTimeout 属性

该属性设置等待建立一个连接的时间，以秒为单位。如果连接超时，则返回错误信息。

11.3.2 ADO Data 控件的事件

ADO Data 控件的常用事件如下：

1. WillMove 和 MoveComplete 事件

WillMove 事件在当前记录的位置即将发生变化时触发，如使用 ADO Data 控件上的按钮移动记录位置时。WillComplete 事件在位置改变完成时触发。

2. WillChangeField 和 FieldChangeComplete 事件

WillChangeField 事件是当前记录集中当前记录的一个或多个字段发生变化时触发。而 FieldChangeComplete 事件则是当字段的值发生变化后触发。

3. WillChangeRecord 和 RecordChangeComplete 事件

WillChangeRecord 事件是当记录集中的一个或多个记录发生变化前产生的。而 RecordChangeComplete 事件则是当记录已经完成后触发。

11.3.3 Recordset 对象

Recordset（记录集）对象是指一个数据表或多个数据表中相关记录的集合，它是 SQL 查询的结果或者是工作中使用的多个数据表数据的集合。Recordset 对象只存在于程序运行的过程中，一旦 Recordset 对象被关闭，则此对象就不存在了。由于在对数据操作时绝大多数情况下都是对记录进行操作，所以记录集对象的属性和方法也是非常丰富的。

1. Recordset 对象的属性

（1）BOF 和 EOF 属性：BOF 表示记录指针是否位于数据表中第一条记录之前。EOF 则表示记录指针是否位于最后一条记录之后，通常用这两个属性来判断记录指针的位置，防止指针已经移到数据表的头部和末端后仍然继续发出移动记录的指令，从而导致程序发生错误。

（2）Bookmarkable 属性：表明该记录集是否支持书签功能，如果支持则返回 True，反之则返回 False。在使用书签功能之前要检验该记录集是否支持书签功能。

（3）Bookmark 属性：为记录做一个书签，以加快指针的移动速度。指定完书签后就可对记录进行操作，需要时可以迅速地将指针移回标记了书签的位置。

（4）Filter 属性：设置过滤记录的条件。只有符合条件的记录才包含在记录集之中。

（5）Sort 属性：用来设置记录集中记录的排序方式。可指定按照记录集中的某一个字段进行排序。

（6）Index 属性：指出表的记录集中以哪一个索引字段进行排序。

（7）Nomatch 属性：用来检测用 Seek 方法按索引查找记录时是否找到记录，如果没有找到则为 True，找到了则为 False。

（8）RecordCount 属性：返回记录指针最后一次访问过的记录总数。将记录指针移动到第一条记录，再移动指针到最后一条记录，然后用 Recordcount 属性即可得到记录总数。

（9）Fields 属性：Recordset 对象的 Fields 属性是一个集合，该集合包含 Recordset 对象的所有 Field（字段）对象。每个 Field 对象对应于记录集的一列。使用 Field 对象的 Value 属性可以设置或返回当前记录的数据。

例如，窗体上有一个 Adodc1 控件，要显示其 Recordset 对象当前记录的"姓名"字段的内容，可用如下代码实现：

```
Print Adodc1.Recordset.Fields("姓名").Value
```

2. Recordset 对象的方法

（1）AddNew 方法：为记录集增加新的记录。

（2）Edit 方法：编辑修改记录集中的记录。

（3）Update 方法：将新增或修改过的记录写进记录集。

（4）CancelUpdate 方法：不保存新增或修改过的记录集。

（5）Clone 方法：复制记录集。

（6）Close 方法：关闭记录集并取消所有未完成的更改或事务。

（7）Delete 方法：对某一记录进行删除。

（8）Find 方法：DAO 对象模块总共提供了 4 种 Find 方法，使用 Find 方法时需要指定搜索条件，通常指定字段名等于特定值的表达式。

① FindFirst 方法：当符合条件的记录不止一个时，找到满足条件的第一个记录。

② FindLast 方法：当符合条件的记录不止一个时，找到满足条件的记录范围的最后一个记录。

③ FindNext 方法：当符合条件的记录不止一个时，找到满足条件的记录范围的下一个记录。

④ FindPrevious 方法：当符合条件的记录不止一个时，找到满足条件的记录范围的上一个记录。

(9) Seek 方法：用来搜索特定的记录。Seek 方法搜索记录必须有索引，如果当前记录集有多个索引，则数据库引擎将使用由 Index 属性定义的当前索引，Seek 在对记录集进行搜索时总是将记录指针定位在记录集的头部，针对整个记录集进行搜索，而不是从当前指针的位置进行搜索。

(10) Move 方法：Move 方法可移动记录的指针。DAO 对象模型提供了 5 种移功指针的方法，具体说明如下。

① MoveFirst 方法：把指针移动到表的第一条记录上。
② MoveLast 方法：把指针移动到表的最后一条记录上。
③ MoveNext 方法：把指针从当前记录的位置移动到下一条记录上。
④ MovePrevious 方法：把指针从当前记录移动到上一条记录上。
⑤ Move(n) 方法：把指针从当前位置向前或向后移动几个记录(n 可为正、负数)。

11.3.4　数据绑定控件

使用 ADO 数据控件可以方便快捷地建立与数据源的连接，但 ADO 数据控件本身不能直接显示记录集中的数据，它必须通过与之相绑定的控件来实现数据的显示。这些能与 ADO 数据控件进行绑定的控件被称为绑定控件。

1. 数据绑定控件

数据绑定控件是识别数据的控件，可以通过它来访问数据库中的信息，当一个控件被绑定到数据控件，Visual Basic 会把从当前数据库记录中取出的字段值传送给数据绑定控件，由数据绑定控件显示数据。如果用户更改了数据，则数据绑定控件会接受更改。当记录指针移动时，这些改变会自动写入数据库。Visual Basic 中提供了许多基本控件，其中有不少控件具有识别数据的能力，可以与数据控件一起使用的标准绑定控件：复选框、图像、标签、图片框、文本框、组合框、OLE 容器控件。

2. 共有属性

下面主要介绍数据绑定控件共有的属性。

1) DataSource 属性

DataSource 属性用来设置链接的数据控件的名称。在安放了数据控件后可以在本属性的下拉列表框中选择要链接的数据控件。DataSource 属性指定了数据绑定控件要链接的数据表。

2) DataField 属性

DataField 属性指明数据绑定控件要显示数据表中的哪一个字段，在设置完 DataSource 属性后，DataField 属性的下拉列表框中将包含数据表的有效字段，用户可以在此选择需要控件显示的字段。

11.3.5　ADO Data 控件的应用

(1) 设计一个窗体，先将 ADO Data 控件放置到窗体中，名字为 Adodc1，进入其属性窗口，单击 ConnectionString 属性右边的"…"按钮，出现"属性页"对话框，单击"使用连接字符串"

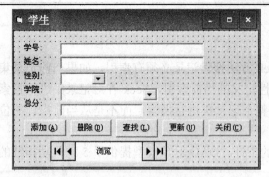

图 11-18 ADO Data 控件应用例子界面设计

单选按钮,再单击其右边的"生成"按钮进入"数据链接属性"对话框的"提供者"选项卡,选择 Microsoft Jet 3.51 OLE DB Provider 选项,单击"下一步"按钮,出现图 11-17 所示的"连接"选项卡,单击"选择或输入数据库名称"右边的"..."按钮,在出现的"打开"对话框中选中"E:\vb\student.mdb"数据库,单击"测试连接"按钮,在成功连接后单击"确定"按钮返回。

(2)在属性窗口中单击"RecordSource"属性右边的"..."按钮,在出现的对话框中的"命令类型"中选择"2-adCmdTable"。在"表或存储过程名称"列表框中选择"学生",单击"确定"按钮返回。

(3)在窗体中设计其他标签、文本框、组合框和命令按钮,如图 11-18 所示。窗体各控件的属性设置如表 11-1 所示。

表 11-1 各控件的属性设置

控件名	属性名	设置值
Adodc1	ConnectString	"Provider=Microsoft.Jet.OLEDB.3.51;
		Persist Security Info=False;
		DataSource=E:\vb\student.mdb"
	RecordSource	"学生"表
	Caption	"浏览"
Combo1	DataField	"性别"
	DataSource	"Adodc1"
Combo2	DataField	"学院"
	DataSource	"Adodc1"
txtFields(0)	DataField	"学号"
	DataSource	"Adodc1"
txtFields(1)	DataField	"姓名"
	DataSource	"Adodc1"
txtFields(2)	DataField	"总分"
	DataSource	"Adodc1"
lblLabels(0)	Caption	"学号"
lblLabels(1)	Caption	"姓名"
lblLabels(2)	Caption	"性别"
CmdUpdate	Caption	"更新"
cmdClose	Caption	"关闭"
cmdFind	Caption	"查找"
cmdDelete	Caption	"删除"
cmdAdd	Caption	"添加"

本窗体设计的事件过程如下:

```
Private Sub cmdAdd_Click()
    Adodc1.Recordset.AddNew
    cmdDelete.Enabled = False
    cmdFind.Enabled = False
    cmdUpdate.Enabled = True
    txtFields(0).SetFocus
End Sub
Private Sub cmdDelete_Click()
    If MsgBox("真的要删除当前记录吗", vbYesNo, "信息提示") = vbYes Then
        Adodc1.Recordset.Delete
        Adodc1.Recordset.MoveNext
        If Adodc1.Recordset.EOF Then
            Adodc1.Recordset.MoveFirst
            If Adodc1.Recordset.BOF Then
                cmdDelete.Enabled = False
                cmdFind.Enabled = False
            End If
        End If
    End If
End Sub
Private Sub cmdClose_Click()
    Unload Me
End Sub
Private Sub cmdFind_Click()
    Dim str As String
    Dim tpbookmark As Variant
    tpbookmark = Adodc1.Recordset.Bookmark
    str = InputBox("输入查找表达式,如姓名='张三'", "查找")
    If str = "" Then Exit Sub
    Adodc1.Recordset.MoveFirst
    Adodc1.Recordset.Find str
    If Adodc1.Recordset.EOF Then
        MsgBox "指定的条件没有匹配的记录", , "信息提示"
        Adodc1.Recordset.Bookmark = tpbookmark
    End If
End Sub
Private Sub cmdUpdate_Click()
    Adodc1.Recordset.Update
    Adodc1.Recordset.MoveLast
    cmdUpdate.Enabled = False
    cmdDelete.Enabled = True
    cmdFind.Enabled = True
End Sub
Private Sub Form_Load()
    If Adodc1.Recordset.EOF And Adodc1.Recordset.BOF Then
        cmdFind.Enabled = False
```

```
            cmdDelete.Enabled = False
        End If
        cmdUpdate.Enabled = False
        Adodc1.Recordset.MoveFirst
    End Sub
```

窗体的运行界面如图 11-19 所示。

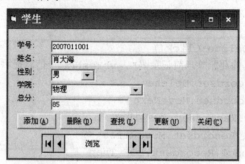

图 11-19　ADO Data 控件应用例子执行界面

11.4　结构化查询语言

结构化查询语言(Structured Query Language，SQL)是目前各种关系数据库管理系统广泛采用的数据库语言，很多数据库和软件系统都支持 SQL 或提供 SQL 接口。本节介绍基本的 SQL，特别是 SELECT 语句，在以后的数据库编程中会经常用到。

SQL 是一种功能全面的数据库查询语言。使用 SQL 可以完成更新数据、提取数据等各种操作，具有功能丰富、简洁易学、使用方式灵活等特点。SQL 于 1974 年被提出后，经过发展已经成为关系数据库语言的国际标准，深受广大用户的喜爱。

11.4.1　SQL 的组成

SQL 包括查询、操纵、定义、控制等几部分，通过相应的命令动词实现其功能。

1. 数据定义

数据定义包括定义表、索引、视图等，命令动词为：CREATE、DROP。

2. 数据查询

数据查询包括简单的字段查询和复杂的条件查询等，命令动词为：SELECT。

3. 数据操纵

数据操纵包括数据的增加、删除、更改等，命令动词为：INSERT、UPDATE、DELETE。

4. 数据控制

数据控制包括对数据的安全、完整性、并发控制和恢复等，命令动词为：GRANT、REVOKE。

11.4.2　数据的查询

SQL 的核心技术是数据查询，查询语句 SELECT 以自然化的语言形式实现了各种查询功能。

1. 语句的基本格式

格式：

　　SELECT 语句由多个子句构成：

　　　　SELECT 字段表
　　　　FROM 表名
　　　　WHERE 查询条件
　　　　GROUP BY 分组字段
　　　　HAVING 分组条件
　　　　ORDER BY 字段 [ASC|DESC]

说明：

SELECT：指定查询结果中包含的字段或内容。
FROM：指定数据的来源，可以是表或查询。
WHERE：指定查询条件。
GROUP BY：指定分组的字段。
HAVING：指定分组需要满足的条件。
ORDER BY：指定对记录排序的依据。

2. 关系运算符和常用函数

查询内容可以是字段，也可以是表达式，其中涉及各种函数。另外，在描述查询条件时也要用到各种关系运算符。

1) 关系运算符（表 11-2）

表 11-2　关系运算符

符号	功能说明
=	等于
<>	不等于
>	大于
>=	大于等于
<	小于
<=	小于等于
IN	在一组值中
LIKE	与通配符(*或? 等)匹配
BETWEEN 值1 AND 值2	在两个值之间

* 通配符可使用 "_" 代表一个字符位，"%" 代表零个或多个字符位

2) 统计函数（表 11-3）

表 11-3　统计函数

函数名称	功能说明
SUM	对指定的数值型字段求和
AVG	对指定的数值型字段求平均值
COUNT	统计满足条件的记录个数
MAX	对指定的字段求其中的最大值
MIN	对指定的字段求其中的最小值

3. 查询语句(SELECT)示例

用几个示例说明关系运算符的使用方法。

1) 关于 IN 的示例

运算符 IN 用于在一组值中进行匹配查找。

【例 11-1】 在"学生"表中查找学号为"200101001"和"200101005"的记录，并按总分升序排序。

```
SELECT 学号,姓名 FROM 学生
WHERE 学号 IN ('200101001',' 200101005')
ORDER BY 总分
```

2) 关于 LIKE 的示例

运算符 LIKE 表示查找与 LIKE 后跟随的通配符相匹配的数据，用于模糊查找。其中，通配符可使用"_"代表一个字符，"%"代表零个或多个字符。

【例 11-2】 在"学生"表中查询所有姓张的同学信息。

```
SELECT 学号,姓名,学院 FROM 学生 WHERE 姓名 LIKE '张%'
```

3) 关于 BETWEEN … AND … 的示例

范围运算符 BETWEEN … AND … 表示查找数据的范围，相当于"与"逻辑表达式的作用。

【例 11-3】 在"学生"表中查询"总分"为 500～550 分的学生信息。

```
SELECT 姓名,性别,学院 FROM 学生 WHERE 总分 BETWEEN 500 AND 550
```

4) 关于函数的示例

能够正确使用 SQL 提供的函数，可以在查询的同时完成一定的统计汇总工作，下面的例题用到了求和函数 MAX。

【例 11-4】 在"选课"表中查询选"A120"课程的最高分。

```
SELECT MAX(成绩) AS 最高分 FROM 选课 WHERE 课程号='A120'
```

下面的例题用到了求平均函数 AVG( )和计数函数 COUNT( )。

【例 11-5】 在"选课"表中查询选课人数在 5 人以上的课程号和各课程平均成绩。

```
SELECT 课程号,AVG(成绩) AS 平均分 FROM 选课
GROUP BY 课程号 HAVING COUNT(*)>=5
```

11.4.3 数据表的操作

1. 数据表的创建

在 SQL 中创建表需要使用 CREATE 命令。

格式：

　　CREATE TABLE 表名 （列名 数据类型(宽度),…）

【例 11-6】 建立一个"学生"表，包含学号，姓名，性别字段。

```
CREATE TABLE 学生
    (学号 CHAR(10),
     姓名 CHAR(10),
     性别 CHAR(2))
```

2. 数据的新增

在 SQL 中创建表需要使用 INSERT 命令。

格式：

   INSERT INTO 表名 VALUES (字段 1 的值, 字段 2 的值,…)

【例 11-7】 在"学生"中新增一条新记录。学号"2001020001"，姓名"李山"，性别"女"。

```
INSERT INTO 学生 VALUES ('2001020001', '李山', '女')
```

3. 数据的删除

删除表中原有的数据，使用 SQL 的 DELETE 语句。

格式：

   DELETE *
   FROM 表名称
   WHERE 条件

该语句将删除表名称所指定的表中满足条件的记录。

【例 11-8】 在表"选课"中删除所有选了"A120"的记录。

```
DELETE * FROM 选课 WHERE 课程名='A120'
```

4. 数据的修改

修改表中的数据，使用 SQL 的 UPDATE 语句。

格式：

   UPDATE 表名称
   SET 字段 1=新数据 1,字段 2=新数据 2,…
   WHERE 条件

该语句将在表名称所指定的表中，对于满足条件的记录，用新数据替换原来字段中的内

【例 11-9】 将"学生.dbf"中"李山"的学号改成"2001010025"。

```
UPDATE 学生 SET 学号='2001010025' WHERE 姓名='李山'
```

11.4.4 SQL 的应用

在程序运行时，可以通过使用 SQL 语句设置 Data 控件的 RecordSource 属性，建立与 Data 控件相关联的数据集。使用 SQL 语句的查询功能不影响数据库中的任何数据，只是在数据库中检索符合某种条件的数据记录。下面通过几个例子说明 SQL 的基本使用方法。

【例 11-10】 将学生表的所有记录挑选出来作为 Data1 控件的记录集。

```
Data1.RecordSource="SELECT * FROM 学生"
```

【例 11-11】 将学生表的学号、姓名两列的所有记录都挑选出来作为 Data1 控件的记录集。

```
Data1.RecordSource="SELECT 学号,姓名 FROM 学生"
```

【例 11-12】 将学生表中所有男学生的学号、姓名两列挑选出来作为 Data1 控件的记录集。

```
Data1.RecordSource="SELECT 学号,姓名 FROM 学生 WHERE 性别='男'"
```

习 题 11

一、判断题(正确填写 A，错误填写 B)

1. 一个数据库只能由一张表构成。（ ）
2. 用户可以通过给表建立索引来加快查询速度。（ ）
3. Visual Basic 只能使用 Microsoft Access 数据库。（ ）
4. DBMS 是数据库管理系统的简称，是数据库系统的核心。（ ）
5. 关系型数据库表的一行称为一个记录。（ ）
6. SQL 语句 "SELECT * FROM 学生 WHERE 性别='女'" 的作用是从学生表中查询女生的信息。（ ）
7. 将销售表中所有的商品价格改为 7 折出售，可使用 SQL 语句 "UPDATE 销售 价格=价格*0.7"。（ ）
8. ADO 数据控件的记录集可以来自表，也可以来自查询。（ ）
9. 用户可以在 SQL 窗口输入 SQL 语句，也可以用查询生成器来建立查询。（ ）
10. 使用数据窗体设计器生成的窗体不能再修改。（ ）

二、选择题

1. 关于数据库，以下说法错误的是（ ）。
    A．一个表可以构成一个数据库
    B．多个表可以构成一个数据库
    C．表中的每一条记录中的各数据具有相同的类型
    D．同一个字段的数据具有相同的数据
2. 以下关于索引的说法错误的是（ ）。
    A．一个表可以建立一个到多个索引   B．每个表至少要建立一个索引
    C．索引字段可以是多个字段的组合   D．利用索引可以加快查找速度
3. Microsoft Access 数据库文件的扩展名是（ ）。
    A．.dbf   B．.acc   C．.mdb   D．.db
4. SQL 语句 "SELECT 学号,姓名,系别 FROM 学生 WHERE 系别='物理'" 所查询的表名称是（ ）。
    A．学号   B．姓名   C．系别   D．学生
5. 语句 "SELECT * FROM 学生 WHERE 姓名='张%'" 中的 "张%" 表示（ ）。
    A．名叫张%的人   B．姓张的人   C．名字中有张的人   D．所有的人
6. 当 EOF 属性值为 True 时，表的状态为（ ）。
    A．当前记录位置位于 Recordset 对象的第一条记录
    B．当前记录位置位于 Recordset 对象的第一条记录之前
    C．当前记录位置位于 Recordset 对象的最后一条记录
    D．当前记录位置位于 Recordset 对象的最后一条记录之后
7. 以下说法正确的是（ ）。
    A．使用 ADO 数据控件可以直接显示数据库中的数据
    B．使用数据绑定控件可以直接访问数据库中的数据
    C．使用 ADO 数据控件可以对数据库中的数据进行操作，却不能显示数据库中的数据
    D．ADO 数据控件中有通过数据绑定控件才可以访问数据库中的数据

8. 通过设置 ADO 数据控件的（　　）属性可以建立该控件到数据源的连接。
　　A．RecordSource　　　　B．Recordset　　　　C．ConnectionString　　　　D．DataBAse
9. 通过设置 ADO 数据控件的（　　）属性可以确定具体访问的数据，这些数据构成了记录集对象 Recordset。
　　A．RecordSource　　　　B．Recordset　　　　C．ConnectionString　　　　D．DataBAse
10. 使用 Field 对象的（　　）属性可以设置或返回当前记录的指定字段值。
　　A．FieldValue　　　　B．Value　　　　C．Caption　　　　D．Text

三、填空题

1. 数据库的简称是_____。
2. 一个数据库表中的一行称为_____，表中的一列称为_____。
3. 从"学生"表中查询所有女同学的姓名和学院的 SQL 语句为_____。
4. 将"学号"为 2007011008、"姓名"为"李阳"、"总分"为 580 的记录插入到"学生"表中，该 SQL 语句为_____。
5. 删除"学生"表中总分在 500 分以下的记录，该 SQL 语句为_____。
6. 设置 ADO 数据控件所连接的数据库的名称及位置，需要设置其_____属性。
7. 设置记录集 Recordset 对象中当前记录的位置，需通过_____属性。
8. 在由 ADO 数据控件 Adodc1 所确定的记录集中，将当前记录的"姓名"字段改成"刘红"，该语句为_____。
9. 在由 ADO 数据控件所确定的记录集中，要将当前记录从第 8 条移到第 2 条，该语句为_____。
10. 在由 ADO 数据控件所确定的记录集中，查找"姓名"字段为"肖大海"的记录，该语句为_____。

参 考 答 案

习 题 1

一、判断题

1. A   2. B   3. B   4. A   5. A

二、填空题

1. Alt+Q   2. 设计模式
3. 代码   4. 编辑器
5. 对话框

习 题 2

一、判断题

1. B   2. B   3. A   4. A   5. B   6. B   7. A   8. A   9. A   10. A

二、选择题

1. D   2. B   3. D   4. B   5. D   6. B   7. A   8. C   9. A   10. A

三、填空题

1. 属性   2. Ctrl
3. 代码   4. myForm.Show
5. BorderStyle   6. ToolTipText
7. Style   8. 1
9. PasswordChar   10. Text1.ForeColor=vbRed

习 题 3

一、判断题

1. A   2. A   3. B   4. A   5. B   6. B   7. A   8. A   9. B   10. B
11. B   12. A   13. B   14. B   15. A

二、选择题

1. D   2. D   3. C   4. B   5. A   6. B   7. A   8. B   9. C   10. C
11. C   12. C   13. B   14. B   15. B   16. A   17. D   18. C   19. B   20. B

三、填空题

1. Const PI!=3.14159 或 Const PI As Single = 3.14159
2. Dim Strv As String*10
3. X>=1 And X<=5
4. 5+(a+b)^2
5. 2*a*(7+b)
6. $|ab-c^3|^3$
7. True
8. False
9. False
10. 5
11. 2
12. False
13. X Mod 5=0 And X Mod 2=0 或 X Mod 10=0
14. a Mod b<>0
15. a>c And b>c

习 题 4

一、判断题

1. A 2. A 3. B 4. A 5. A 6. B 7. B 8. A 9. A 10. B

二、选择题

1. D 2. B 3. B 4. A 5. C 6. A 7. D 8. B 9. A 10. B
11. A 12. A 13. C 14. C 15. C 16. D 17. B 18. C 19. D 20. C

三、程序填空

1. InputBox，End If，70
2. If，Next
3. 0, 2, S+I
4. Result * x
5. m, t，m<40 或 m<=39
6. True, a=a+1, n

习 题 5

一、判断题

1. B 2. B 3. A 4. B 5. B 6. B 7. B 8. A 9. B 10. B

二、选择题

1. B 2. A 3. B 4. A 5. A 6. C 7. C 8. C 9. D 10. B
11. C 12. B 13. C 14. B 15. C 16. D 17. A 18. B 19. A 20. C

三、填空题

1. Picture
2. Stretch，True
3. 下拉组合框，简单组合框，下拉式列表框，Style，0，1，2
4. Alignment
5. List1.Clear
6. （1）List1.AddItem Text1.Text, 0
   （2）List1.AddItem Text1.Text, 2

（3）List1.AddItem Text1.Text
7．Picture1.Picture=Loadpicture("D:\VB\P7.JPG")
8．0, 1, 2
9．123321
10．北京，成都，武汉

习 题 6

一、判断题

1．A 2．B 3．A 4．B 5．A 6．A 7．B 8．B 9．B 10．A

二、选择题

1．D 2．A 3．B 4．C 5．C 6．D 7．B 8．A 9．B 10．A

三、填空题

1．Name, Index
2．变体（Variant）
3．11   3
4．25
5．6
6．8   13
7．max < a(i)   min > a(i)
8．0 1 2 3
9．2
10．a(i, j)   a(j, i)   s

习 题 7

一、判断题

1．A 2．A 3．B 4．B 5．A 6．B 7．B 8．A 9．A 10．A

二、选择题

1．B 2．D 3．D 4．C 5．A 6．A 7．C 8．B 9．A 10．B

三、填空题

1．20
2．6
3．3, 8, 2
4．1 3 2
   1 12 2
5．3
6．X As Control
7．Form1.Hide, Show
8．63
9．Fact=1,   abs(x)>1E-8,   x = 1 / fac(k)   10．10

习 题 8

一、判断题

1．A 2．A 3．B 4．B 5．A 6．A 7．A 8．B 9．A 10．B

二、选择题

1．D 2．C 3．B 4．B 5．A 6．B 7．C 8．A 9．A 10．C

三、填空题

1．下拉式菜单，弹出式菜单
2．6
3．-，内缩
4．Mousedown，Popupmenu
5．Click
6．预定义对话框，自定义对话框，通用对话框
7．1 或 3
8．Microsoft common dialog control 6.0
9．C:\vb\def\abc.txt，abc.txt
10．1，2，3，cd1.showprinter

习 题 9

一、判断题

1．A 2．B 3．B 4．B 5．B

二、填空题

1．坐标
2．Form1.ScaleMode=3
3．Form1.Scale(0,8)—(8,0)
4．Picture1.BackColor=rgb(255,0,0)
5．Shape, FillStyle
6．Form1.Line (500, 300)-(3000, 2500)，vbRed
7．Form1.Line (500, 300)-(3000, 2500)，vbRed, BF
8．a．Form1.Circle (0, 0), 0.5, vbBlue
   b．const pi=3.14159; Form1.Circle (0, 0), 1, vbBlue, 0, pi
   c．Form1.Circle (0, 0), 1, vbBlue, , , 2; Form1.Circle (0, 0), 1, vbBlue, , , 0.5
9．Cls
10．Pset

习 题 10

一、判断题

1．B 2．B 3．B 4．B 5．A 6．A 7．B 8．A 9．B 10．A

二、选择题

1．C 2．D 3．A 4．D 5．A 6．D 7．B 8．C 9．D 10．A

三、填空题

1．Open, Input, Output, Append, Random, Binary, Random
2．Print, Write
3．Get, Put
4．Pattern
5．FreeFile
6．FileLen( )
7．Close
8．Input, Line Input, Input, Put, Get
9．Kill
10．FileName

习 题 11

一、判断题

1. B   2. A   3. B   4. A   5. A   6. A   7. B   8. A   9. A   10. B

二、选择题

1. C   2. B   3. C   4. D   5. B   6. D   7. C   8. C   9. A   10. B

三、填空题

1. DB
2. 记录，字段
3. SELECT 姓名, 学院　FROM 学生　WHERE 性别 = '女'
4. INSERT INTO 学生(学号, 姓名, 总分) VALUES ('2007011008', '李阳', 580)
5. DELETE FROM　学生　WHERE 总分<500
6. ConnectionString
7. AbsolutePosition
8. Adodc1.Recordset.Fields("姓名").Value = "刘红"
9. Adodc1.Recordset.Move – 6
10. Adodc1.Recordset.Find 姓名="肖大海"

参 考 文 献

教育部高等学校计算机基础课程教学指导委员会. 2009. 高等学校计算机基础教学发展战略研究报告暨计算机基础课程教学基本要求. 北京：高等教育出版社

教育部高等学校计算机基础课程教学指导委员会. 2011. 高等学校计算机基础核心课程教学实施方案. 北京：高等教育出版社

教育部高等学校文科计算机基础教学指导委员会. 2008. 大学计算机教学基本要求. 北京：高等教育出版社

教育部考试中心. 2011. 全国计算机等级考试二级教程——Visual Basic 语言程序设计(2012 年版). 北京：高等教育出版社

罗朝盛, 余文芳, 余平. 2009. Visual Basic 6.0 程序设计教程. 3 版. 北京：人民邮电出版社

邱李华. 2011. Visual Basic 程序设计上机指导. 北京：人民邮电出版社

邱李华, 郭全. 2009. Visual Basic 程序设计教程. 北京：人民邮电出版社

求是科技. 2006. Visual Basic 6.0 程序设计与开发技术大全. 北京：人民邮电出版社

万燕. 1997. 面向对象的理论与 C++实践. 北京：清华大学出版社